高等院校石油天然气类规划教材

化工热力学

（第二版）

陈光进　等编著

石油工业出版社

内 容 提 要

本书在简介化工热力学的功能及其局限性，热力学的发展历程、趋势和常用术语的基础上，详细介绍了流体的热力学性质、热力学第一定律及其应用、热力学第二定律及其应用、化工过程的有效能分析、溶液热力学基础、相平衡及其计算方法。书中各章都配有例题和习题。

本书可作为化学工程、化学工艺、环境工程、应用化学等专业本科生、研究生的教学用书，也可作为相关专业技术人员和研究人员的参考用书。

图书在版编目(CIP)数据

化工热力学/陈光进等编著. —2 版. —北京：石油工业出版社，2018. 8
(2020. 9 重印)
高等院校石油天然气类规划教材
ISBN 978 - 7 - 5183 - 2808 - 6

Ⅰ. ①化… Ⅱ. ①陈… Ⅲ. ①化工热力学—高等学校—教材 Ⅳ. ①TQ013. 1

中国版本图书馆 CIP 数据核字(2018)第 190128 号

出版发行：石油工业出版社
(北京市朝阳区安华里 2 区 1 号楼　100011)
网　址：www. petropub. com
编辑部：(010)64256990　图书营销中心：(010)64523633
经　销：全国新华书店
排　版：北京密东文创科技有限公司
印　刷：北京中石油彩色印刷有限责任公司

2018 年 8 月第 2 版　2020 年 9 月第 8 次印刷
787 毫米 × 1092 毫米　开本：1/16　印张：14. 75
字数：378 千字

定价：30. 00 元
(如发现印装质量问题，我社图书营销中心负责调换)

第二版前言

《化工热力学》第一版为高等院校石油天然气类规划教材，自 2006 年 10 月出版以来，作为本科生教材每年在中国石油大学(北京)以及兄弟院校教学中使用，受到读者欢迎。与此同时，"化工热力学"课程获评 2010 年度北京市精品课程。根据教学需要和读者要求，吸取我们十多年来在该课程教学中的体会和经验以及广大读者对本书第一版提出的改进意见，决定对原书进行必要的修订补充后重新出版。

这次修订在第一版的基础上对第 1 章到第 7 章做了一些增删。对第 2 章的 p—T 相图做了较大修改。对原来的第 3 章、第 4 章、第 5 章中的某些热力学基本概念、热力学函数(尤其是功和热量)的定义及其符号进行了统一，相应的热力学方程也做了修改。第 6 章补充了 Scatchard 和 Hildebrand 的正规溶液理论、基于无热溶液理论的 Flory - Huggins 模型和石油体系相平衡处理方法；第 7 章调整了各类型的相平衡介绍顺序，并补充了液—液平衡方面的内容。同时对全书例题和习题进行了修正和补充。

本次修订工作的具体分工如下：第 1 章至第 4 章由陈光进修订；第 5 章由马庆兰修订；第 6 章由马庆兰和郭绪强共同修订；第 7 章由孙长宇修订。全书由陈光进统稿。

本书第一版出版后，被辽宁石油化工大学、西安石油大学等一些兄弟院校采用作为教材，许多读者也对本书提出了不少宝贵的意见，我们非常感谢。

由于水平有限，谬误之处在所难免。衷心希望读者对本书给予批评指正，以便将来进一步修订。

编著者

2018 年 5 月

第一版前言

化工过程以及装备的设计和模拟涉及最多的是流体相态和物性的计算以及能量平衡计算,而要完成这些计算均需要热力学的理论和方法。因此化工热力学日益受到化学工程工作者的重视,已经是公认的化学工程专业的专业基础课程,为该专业本科生所必修。近几十年来,在引进国外优秀教材的基础上,国内也出版了许多优秀的化工热力学教材,它们各具特色。但随着时代的进步,化工热力学也在不断发展,教材也必须跟上时代的步伐。基于这样的考虑,中国石油大学(北京)和辽宁石油化工大学、西安石油大学等,编写了这本具有石油天然气特色的化工热力学教材。

编写本教材时,我们依循了以下原则:(1)强化基本概念和基本方法,降低基础理论诠释方面的抽象性,便于学生接受;(2)突出本时代的计算机特色,淡化传统教材中的图版法和手算法,即增加热力学模型和关联式的分量,并注重介绍与之相关的计算机算法;(3)注重各章节之间的贯通性和一致性,特别是在理论公式推导思路方面的类同性,便于学生的理解;(4)例题和习题编排以帮助学生理解基本概念、掌握基本方法为目标,降低复杂程度;(5)为体现石油天然气的特色,编排了多元流体相变规律,包括反冷凝和反蒸发等概念,另外还编排了天然气水合物方面的内容。

编者希望通过本课程的学习,使学生能达到以下目标:

(1)掌握经典热力学基本理论,培养热力学的理念和思维方式;

(2)掌握常用状态方程和活度系数模型的特点和适用范围,拥有自己的百宝箱(热力学模型库——解决实际问题的工具);

(3)掌握热力学性质、能量平衡和相平衡计算的基本方法,具备应用状态方程或活度系数模型解决具体问题的能力。

本书编写分工为:第 3 章由辽宁石油化工大学张强执笔,第 5 章由西安石油大学黄风林执笔,第 6 章由中国石油大学(北京)郭绪强执笔,第 7 章由中国石油大学(北京)孙长宇执笔,其他章节主要由中国石油大学(北京)陈光进编写。陈光进同时对全书进行了统稿。

本书在编写过程中参考了国内外现有的优秀化工热力学教材,它们已在参考文献部分列出,在此深表谢意。

由于时间仓促和水平有限,谬误之处在所难免。衷心希望读者给予批评指正,以便进一步修改。

编著者

2006 年 7 月

目　　录

第1章　绪　　论

热力学是自然科学的几大分支学科之一。热力学最初起源于人们对热和功相互转换的研究。做功是需要力的,由热产生的力称为热力,这就是热力学这一称谓的来历。描述热和功相互转化规律的热力学第一定律和热力学第二定律是热力学的基石。如何提高热/功转换效率,即开发高效热机或冷机成为早期热力学研究的主要任务。但随着科学技术的发展,热力学的功能已不再限于指导高效热机或冷机的开发,它已应用于众多物理和化学问题的解决。特别是在化学方面,热力学使其由定性向着定量转变,使化学日益成为一门精确的科学。化工热力学是将热力学基本理论应用于化工过程而逐步发展起来的一门科学。

1.1　化工热力学的功能及其局限性

1.1.1　化工热力学的特点

1. 经典热力学基本理论的普遍适用性和化工热力学的经验近似性

热力学的基石——热力学第一定律和热力学第二定律是人们通过长期生产实践和科学实验总结出来的,是可普遍适用的,其正确性也是不可怀疑的。经典热力学的基本理论体系是基于这两大定律,通过严格的数学推演建立起来的,因而其正确性也是没有任何限定的。热力学基本理论的普遍正确性是热力学的最大特点。我们任何时候都不要去怀疑热力学基本理论的正确性,这一点必须贯穿到热力学的学习和今后的工作中。不仅如此,在我们的科学研究和工作中还要经常地衡量一下自己的思想和方法是否违背了热力学的基本原理,这可以帮助我们少走弯路。这也是我们通过学习热力学这门课程所要达成的目标之一。

但必须指出,经典热力学回答的只是自然界物质变化和能量转换的普遍规律,这些基本原理只有和具体研究对象的特殊性结合起来才能解决实际问题。化工热力学就是经典热力学基本原理和化工过程中的实际问题相结合而发展起来的一门科学。由于自然界物质种类繁多、不同物质体系的个性差别很大,人类对它们的认识必然是渐进的、近似的和经验性的。因此化工热力学提供给化学工程师的各种方法和手段又常常是经验性的、近似的和具有特殊适用背景的。

2. 热力学只能解决过程进行的方向与限度,不能描述其历程

只关心过程进行的方向和限度,而不去描述过程的历程是热力学的另一个特点,也是其最大的局限性。例如,热力学可以帮助我们回答一个过程发生所需的最小功或所做的最大功,但不能回答该过程实际发生时到底和环境交换了多少功。又如,热力学可帮助我们判断一个可逆反应在特定的条件下是向正反应方向进行、还是向逆反应方向进行,确定何种情况下将达到反应平衡,达到反应平衡后体系的状态等,但不能回答反应进行的速度问题,不能确定反应达到平衡所需的时间。但热力学是建立反应动力学方程的基础。

在实际工作中,热力学常用来回答能不能的问题,而动力学则是回答可行性的问题。有时一个过程从热力学角度分析是可能发生的,但从动力学角度分析,可能因过程进行的速度十分缓慢而没有实际意义,因而是不可行的。但"可能"是前提,只有在具有可能性的前提下才有探讨其可行性的必要,这也是我们通过热力学的课程学习必须掌握的分析和解决问题的方法和原则。

1.1.2 化工热力学的基本功能和学习这门课程的意义

化工热力学的基本功能可归纳成以下几点:

(1)描述能量转换的规律,确定某种能量向目标能量转换的最大效率;

(2)描述物态变化的规律和状态性质;

(3)确定相变发生的可能性及其方向,确定相平衡的条件和达到相平衡时体系的状态;

(4)确定化学反应发生的可能性及其方向,确定反应平衡的条件和平衡时体系的状态。

图1.1是典型的化工过程示意图。一个化工过程主要包括化学反应过程、反应产物的输送及其分离纯化过程。反应是龙头,分离则是体积庞大的龙身。例如一套乙烯生产装置,其中承担反应部分的裂解炉占地并不大,而裂解产物的分离纯化则十分复杂庞大,占去了乙烯装置建设投资和运行费用的绝大部分。反应过程主要涉及化学热力学知识,分离过程则直接涉及化工热力学知识,而化学热力学和化工热力学知识有很大一部分是交叉重叠的,没有绝对的界限。

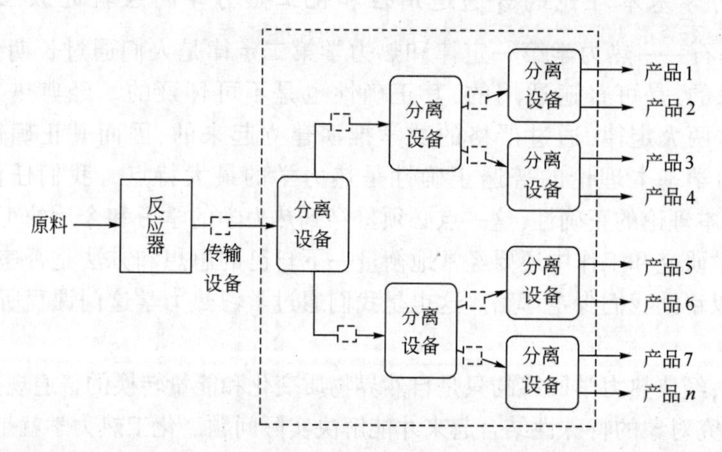

图1.1 典型的化工过程示意图

反应过程和装备设计中涉及的热力学问题可以有:

(1)能量平衡计算,需按热力学第一定律进行。

(2)化学反应平衡计算,需应用化学热力学知识。

(3)反应速率方程中热力学参数如分逸度和活度的计算,因为反应速率方程常会以下面的形式出现:

$$r = ka_A^\alpha a_B^\beta \quad 或 \quad r = k\hat{f}_A^\alpha \hat{f}_B^\beta \tag{1.1}$$

其中的组分的活度 a 和分逸度 $\hat{f}$ 需由热力学模型(活度系数模型或状态方程)依据反应体系的温度、压力和组成等条件计算。

分离过程装备设计中涉及的热力学问题最直接,不仅涉及能量平衡计算,还涉及相平衡计算,因为常见的分离过程均是以不同类型的相平衡原理为基础。例如:平衡闪蒸、蒸馏和精馏以汽—液平衡原理为基础;萃取以液—液相平衡原理为基础;吸收以气—液相平衡原理为基础;吸附以气—固吸附平衡原理为基础。

此外,化工过程中不同设备内的压力是不同的,物流要连续流动,需要压缩机、膨胀机、泵和管道等传输设备。这些设备的计算主要涉及能量平衡计算,需要直接用到热力学第一定律。而能量平衡计算中往往涉及物流焓变和熵变的计算,这又需要用到热力学模型,如状态方程等。可见化工热力学问题是伴随整个化工过程的。

化工热力学是化学工程学科领域的基础课,其基本原理和方法渗透到化学工程的其他分支科学,如反应工程、分离工程、传递过程和化学工艺等,并被广泛地直接应用于化工过程设计和模拟。目前大型的化工过程模拟软件,如 HYSIS 和 PROCESS 等都包含大量的热力学模型和算法,其计算结果的可靠性也取决于这些模型和算法的可靠性。有人估计过,一个化工过程模拟计算所费的机时中,80% 以上花在热力学方面的计算上。

通过本课程的学习,同学们要达成以下基本目标:

(1)掌握经典热力学基本理论,培养热力学的理念和思维方法;

(2)掌握常用状态方程和活度系数模型的特点和适用范围,拥有自己的“百宝箱”(热力学模型库——解决实际问题的工具);

(3)掌握热力学性质、能量平衡和相平衡计算的基本方法,具备应用状态方程或活度系数模型解决具体问题的能力。

本教材也正是本着帮助学生达成上述目标的意愿而编写的。

1.2 热力学的发展历程和趋势

热力学的发展经历了以下四个阶段:

(1)经典热力学基本定律的诞生(19 世纪中期);

(2)基于热力学基本定律建立经典热力学理论体系;

(3)在大量的实验数据积累之上,开发了大量的具有特殊适用背景的热力学模型方法并将其用于化工过程设计和模拟;

(4)利用统计热力学开发理论基础更强的热力学模型方法。

目前实际使用的热力学模型和方程几乎都是建立在大量的实验数据基础上的关联式,其使用范围一般限定在实验数据的测定范围之内,因而预测性比较差。统计热力学通过配分函数的概念把分子体系的微观运动行为和物质的宏观性质联系起来,并预测这些性质。统计热力学也是一门严谨的科学,具有普遍适用性。但当将统计热力学理论应用于具体体系时,会遇到一些物理和数学上难以克服的难题。首先,人们对微观粒子之间的相互作用行为的物理描述还不成熟。其次,当采用反映粒子间微观相互作用的较复杂的分子间作用力模型时,会使宏观性质计算的数学过程显得十分复杂,不做近似假设,几乎无法求解。所以很长一个时期内,统计热力学只能被用来解决像理想气体和晶体等简单体系的热力学描述,对复杂体系则很难直接应用。近几十年来,随着分子热力学理论和计算机分子模拟技术的飞速发展,统计热力学在解决复杂的实际问题方面也取得了长足的进步。分子热力学面向大量分子构成的体系,将相对近似的分子间作用力模型和统计热力学的基本原理结合,构建分子体系的宏观热力学性质的计算模型。分子热力学模型的开发大致遵循以下原则:

(1)尽量利用统计热力学的成就,至少以此为出发点来构建模型;

(2)运用合适的分子物理和物理化学的概念来建立分子间作用力模型;

(3)为了克服从统计力学理论构建热力学模型所遇到的数学上的困难,往往需要根据分子间作用力模型的特点做一些适当的近似处理;

(4)从非常少量、但有代表性的实验数据来得到模型参数,但由此获得的数学模型具有很宽的适用范围。

分子热力学模型的理论性较强,需要的实验数据又较少,并且可以随时利用物理和化学理论上的最新成就对模型进行改进,从而扩展其应用范围,或提高其关联和推算的精度。

1.3 热力学的常用术语

体系和环境:体系是我们关心的对象,体系之外的空间及其内容物称为体系的环境,环境往往被看作是一个无穷大的体系。体系和环境共同组成自然界。体系的选择是人为的,选择的标准是便于问题的处理。目前体系大致按其和环境的关系划分为孤立体系、封闭体系和敞开体系。自然界可以视作一个无限大的孤立体系。

均相体系和非均相体系:均相体系是指体系内部各点的性质均完全相同的体系,均相体系一定是单相体系,但单相体系不一定是均相体系。自然,不是均相体系就是非均相体系。

化合物和溶液:化合物是指元素间的组成比例恒定、不随温度和压力等条件变化而变化的纯物质。如水就是一种化合物,因为水中氢原子和氧原子的比例(2∶1)是固定不变的。溶液则是组成可任意变化的、由几种不同化合物组成的均相混合物。如水和乙二醇的均相混合物,称为乙二醇水溶液,这种称呼不因混合物中水的含量变化而变。广义上,溶液可以是液态混合物,也可以是气态混合物或固态混合物。

可逆过程和内部可逆过程:可逆过程是指推动力无限接近于零的过程。可逆过程是一种物理抽象,现实的过程严格上说都是不可逆的。内部可逆过程是指所研究的体系在所经历的过程中一直保持热力学平衡态,但外部过程可能是不可逆的。

状态、性质、变量和函数:状态是体系所处的一种可描述的内外形态。体系状态固定后,相应的热力学性质也就固定下来。但体系的某种热力学性质固定下来,其状态却不一定是确定的。对于一个封闭体系,要确定其状态,需要给定两个独立的热力学变量(性质)。一般被直接调节或改变的热力学性质称为热力学变量,随之而变化的热力学性质称为函数。可见热力学变量和热力学函数均是热力学性质。

广度性质和强度性质:广度性质是指能够随着体系质量的增加而成比例地增加的性质。强度性质是指与物质的量无关的性质,如温度、压力、密度等。对于均相体系,各点的强度性质必须相同。任何一个广度性质都有其对应的强度性质,反之则不一定成立。例如,内能对应的强度性质为摩尔内能。

平衡状态:平衡状态是指在没有外力干扰的情况下,体系能长时间保持的状态。当单相体系处于平衡态时,各点的强度性质必须相同。当多相体系处于平衡态时,各相的质量、各相的摩尔组成、各相的强度性质保持恒定,不随时间而变化。

摩尔性质:1mol 物质所具有的性质,它属于强度性质。

单位和量纲:单位或量纲是准确描述一个热力学性质不可缺少的组成部分。量纲可以泛而不具体,例如说某变量 X 具有能量的量纲,而不具体说是焦耳、千焦耳、卡等,用以描述该变量的类型,常用于组合变量。单位则必须是明确的。只有单位相同的热力学变量或函数才能相加/减或比较(大于、小于、等于)。量纲/单位不同的热力学变量或函数只能相乘/除。由于存在不同的单位制,本课程要求统一到国际单位制。

第 2 章　流体的热力学性质

在化工生产中,多数场合涉及流体。分离过程中的蒸馏、吸收、萃取等单元操作,处理的都是流体。蒸发、结晶和吸附则部分涉及流体。对于反应过程,均相反应物料完全是流体。多相反应如焙烧和多相催化也涉及流体。因此,流体性质的计算是化工过程的开发和设计的基础。

流体通常包括气(汽)体和液体两大类。一般将流体的压力 p、温度 T、体积 V、内能 U、焓 H、熵 S、自由能 A 和自由焓 G 等统称为热力学性质。其中压力、温度和体积易于直接测量,这三者称为容积性质;其余的则不能直接测量。从广义上讲,流体的逸度和热容(定压热容 C_p 和定容热容 C_V)等也属热力学性质。

经典热力学的最大贡献在于它提供了由可测的热力学量及其相互关系推算不可测的热力学量的严格的数学方法。譬如化工计算经常碰到的热和功往往用焓变求得。焓不能直接测量,但可通过能直接测量的 p、V、T 和 C_p 等性质及其相互关系来计算。流体的 PVT 关系既是计算其他热力学性质的基础,又可用于设备或管道尺寸及强度的设计。可以说,只要有可靠的 PVT 关系,除化学反应平衡以外的热力学问题原则上均可得到解决。由此可见学习流体 PVT 关系相关知识的重要性。本章的学习要把握好三个环节。第一个环节是定性认识流体物态变化的基本规律,即 p、V、T 三个基本热力学变量之间的依存关系,掌握几种常见的描述流体 PVT 关系的状态方程;第二个环节是掌握用经典热力学给出的热力学函数基本关系式,由 PVT 关系推算其他不可测的热力学函数的理论原理;第三个环节是要掌握流体热力学性质计算的具体方法。

2.1　纯物质物态变化的基本规律

在建立 p、V、T 之间的定量关系前,我们首先应从定性上把握纯物质物态变化的基本规律,建立起感性认识。这对于我们下面学习和理解描述流体 PVT 关系的状态方程是大有裨益的。

图 2.1 所示为纯物质的 $p—T$ 相图。图中 12、2C 和 23 三条相分界线以及两条虚线将纯物质的物态分成固体、液体、蒸气、气体和压缩流体 5 个物态区域。12、2C 和 23 三线的交汇点 2 称为三相点。汽—液相边界线 2C 的终点 C 称为临界点。在临界点,汽、液两相难于分辨,汽相和液相间没有清晰的界限,临界压力也是最大的饱和蒸气压。蒸气和气体的区别是前者在恒温下增压可以液化(或固化),而后者则无论施加多大的压力也不可能液化,即具有不凝的特点,例如常温下的氮气。图 2.1 中用两条虚线划出的压缩流体的性质比较特殊,无论是从液体到压缩流体,还是从气体到压缩流体,都是一个密度连续变化的过程,不存在相变(流体密度出现不连续的突变)。另外,由汽相点 A 经过压缩流体区到液相点 B 也不会有相变发生。因此,压缩流体既不同于液体,也不同于气体,而是能实现气体、液体之间进行无相变转换的、高于临界温度和临界压力条件下存在的物质,被称为超临界流体。

在汽—固、汽—液和液—固的相分界线 12、2C 和 23 上,物质处于两相平衡共存状态,只有 1 个自由度。在单相区自由度为 2。对于给定物质而言,临界点和三相点是唯一的,这两点的自由度均为 0。应该指出的是,液—固的相分界线 23 的偏向与固体熔化过程的体积变化特点有关。如果液化后体积增大,则如图 2.1 所示的那样,它应向右偏斜。而如果固体液化后体积变小(如冰融化为水),则液—固的相分界线23应向左偏斜。图2.1所反映的物质物态变化最宏观的规律是:在临界温度以下,随着温度、压力的变化,物质可能经历气态、液态和固态等相态变化;在临界温度之上,则不会出现相变。据此我们需要建立的最一般的感性认识是:纯物质都具有一个三相点和一个临界点;降压或升温到一定程度,液体会汽化、固体会熔化;升压或降温到一定程度,气体会液化、液体会凝固;临界点是纯物质汽—液相变的终结点,临界温度是可能出现汽—液相变的最高温度,临界压力是最大的饱和蒸气压;超过临界温度我们再也观察不到相变。在这些粗略的认识基础上,我们可以建立一些更细致的认识,图2.2可以帮助我们做到这一点。

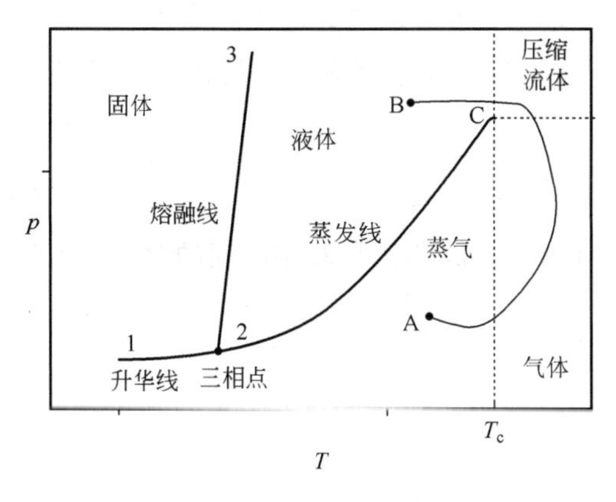

图2.1　纯物质的 p—T 相图

(适用于固体融化后体积变大的物质)

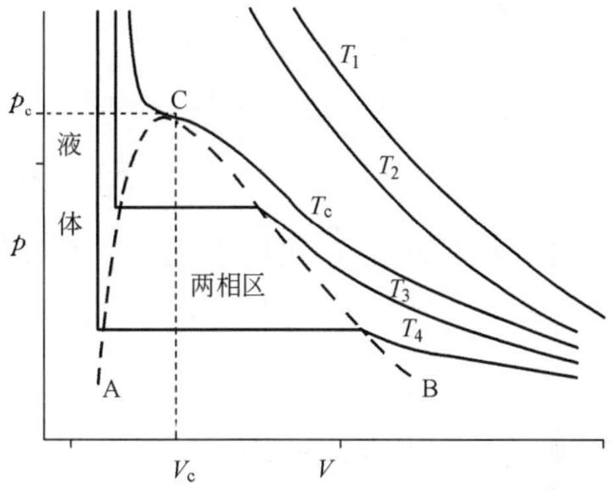

图2.2　纯物质的 p—V 相图

图2.2所示为流体的 p—V 相图,由一系列指定温度下的 p—V 曲线组成,这些 p—V 曲线称为 p—V 等温线,它反映了在温度恒定的情况下,压力随流体体积而变化的规律。图中曲线ACB称为相包线,在其下为两相区。曲线AC为饱和液体,其左为压缩液体区。曲线BC为饱和蒸气,其右为过热蒸气。饱和液体线AC和饱和蒸气线BC相交于C点,此点称为该物质的临界点。临界点对应的压力、体积和温度分别称为临界压力、临界体积和临界温度。大于临界温度的等温线 T_1、T_2 和相包线不相交,曲线十分平滑。小于 T_c 的等温线 T_3、T_4 则与相包线相交,并呈三个不同的部分。水平部分表示汽、液平衡混合物,变化范围从100%饱和蒸气到100%饱和液体。由于压力对液体体积变化的影响很小,故液相区等温线的斜率很陡。

两相区中水平等温线的长度随着温度升高而缩短,到临界温度时,水平线的长度变为零,水平线缩为一点,即临界点C,它的横、纵坐标分别为临界体积和临界压力。此外,C点也是临界等温线上凸、凹两部分曲线的交结点,即拐点,对应的曲率为零。由于C点由水平线段缩合而成,所以该点的斜率也等于零。C点习惯上被称为水平拐点,其在数学上的特点是

$$\left(\frac{\partial p}{\partial V}\right)_{T=T_c}\bigg|_{V=V_c}=0 \tag{2.1}$$

$$\left(\frac{\partial^2 p}{\partial V^2}\right)_{T=T_c}\bigg|_{V=V_c}=0 \tag{2.2}$$

一个要求能同时描述气相和液相及超临界区物态变化规律的状态方程至少要满足以上这两个约束条件。这两个方程也常被用来确定状态方程式中的物性参数。从 p—V 图上我们可以看出流体物态变化的大致规律。尽管具体到每种物质,p—V 等温线各不相同,但大致形状及其随温度的变化规律是相近的。对流体物态变化大致规律的了解是开发流体状态方程的基础。

2.2 流体的状态方程式

人们在对流体物态变化规律认知不断深化的过程中,开发了大量的状态方程。这些方程中有些比较简单,有些很复杂;有些有一定的理论基础,有些则是经验性的。它们都有各自不同的适用范围,没有一个状态方程是能普遍适用的。本节我们将介绍几种在石油天然气工业和化学工业中常用的几个状态方程。通过学习,我们要掌握这些状态方程的理论基础、基本特点、适用范围和具体应用方法。

从相律知道,纯态流体 p、V、T 三者中任意两个指定后,就完全确定了其状态。相当于 p、V、T 三者之间存在下面的函数关系式:

$$f(p,V,T) = 0 \tag{2.3}$$

此式称为状态方程式,可用来关联平衡状态下流体的压力、摩尔体积和温度间的关系。习惯上状态方程都写成压力的显函数形式,即

$$p = F(T,V) \tag{2.4}$$

函数 F 的具体表达式随流体的不同而不同。

2.2.1 理想气体状态方程

理想气体是一种科学的抽象,实际上并不存在,可以视其为一种模型气体。这种气体由没有大小、没有相互作用的质点组成。理想气体在任何压力和温度范围内都不会出现相变,永远处于气体状态。理想气体的状态变化严格地遵循下面的理想气体状态方程:

$$pv = RT \tag{2.5}$$

式中 p 和 T——压力与温度;

v——摩尔体积;

R——通用气体常数。

要注意通用气体常数的单位必须和 p、v、T 的单位相适应。表 2.1 列出了不同单位组合时的 R 值。除非特别需要,建议采用标准的国际单位制,此时 R 的值为 8.314,在表 2.1 中用粗体示出,这个数值需要牢记。

表 2.1 通用气体常数 R 的值

R	单 位	R	单 位
8.314	**$J \cdot mol^{-1} \cdot K^{-1}$ 或 $Pa \cdot m^3 \cdot mol^{-1} \cdot K^{-1}$**	83.14	$bar \cdot cm^3 \cdot mol^{-1} \cdot K^{-1}$
1.987	$cal \cdot mol^{-1} \cdot K^{-1}$	82.06	$atm \cdot cm^3 \cdot mol^{-1} \cdot K^{-1}$
8.314×10^7	$erg \cdot mol^{-1} \cdot K^{-1}$	8.206×10^{-5}	$atm \cdot m^3 \cdot mol^{-1} \cdot K^{-1}$

没有一种真实气体能在很大范围内服从理想气体状态方程,液体就更不用说了。单原子气体尚比较符合,气体分子越复杂,偏差也就越大;温度越高于临界点温度,越符合此状态方程。虽然理想气体状态方程很简单,却是一个有严格理论基础的状态方程,可由统计力学理论进行严格推导得到。

虽然理想气体在实际中并不存在,但理想气体的概念对开发状态方程和各种热力学性质的计算却是十分重要的,这主要通过以下的理想气体定律得以体现。

理想气体定律:任何真实流体,当压力趋于零或摩尔体积趋于无穷大时,都表现出理想气体的状态行为。也就是说,任何真实流体,当压力趋于零或摩尔体积趋于无穷大时,均可将其当作理想气体看待。因此,一个真实气体状态方程在低压(低密度)下都要能够简化为理想气体状态方程,这是衡量一个状态方程是否可靠的一个最起码的指标。另外,由于理想气体的性质较易描述,因此理想气体状态常常被作为计算真实流体热力学性质的参考态,这样可使问题大为简化。以后我们会经常使用这种处理和解决热力学问题的方法。

2.2.2 维里(Virial)方程

真实流体的 PVT 行为和理想气体状态方程存在偏差,人们通过引入压缩因子来衡量这种偏差。引入压缩因子后,真实流体的状态方程可写为

$$pv = ZRT \tag{2.6}$$

式中 Z 为压缩因子,有的文献中也称其为偏差系数。压缩因子也是状态函数,它往往是温度和摩尔体积的复杂函数:

$$Z = \frac{pv}{RT} = Z(T,v) \tag{2.7}$$

有时为了方便,我们也可以用摩尔密度代替摩尔体积,即将压缩因子看作温度和摩尔密度($\rho = 1/v$)的函数:

$$Z = Z(T,\rho) \tag{2.8}$$

根据理想气体定律,当密度趋于零时,压缩因子应等于1,即

$$Z(T,0) = 1 \tag{2.9}$$

以 $\rho = 0$ 为原点,在温度恒定的情况下,将压缩因子展开为关于密度 ρ 的泰勒级数:

$$\begin{aligned} Z &= Z(T,\rho = 0) + \frac{1}{1!}\left(\frac{\partial Z}{\partial \rho}\right)_T\bigg|_{\rho=0}\rho + \frac{1}{2!}\left(\frac{\partial^2 Z}{\partial \rho^2}\right)_T\bigg|_{\rho=0}\rho^2 + \frac{1}{3!}\left(\frac{\partial^3 Z}{\partial \rho^3}\right)_T\bigg|_{\rho=0}\rho^3 + \cdots \\ &= 1 + \left(\frac{\partial Z}{\partial \rho}\right)_T\bigg|_{\rho=0}\rho + \frac{1}{2!}\left(\frac{\partial^2 Z}{\partial \rho^2}\right)_T\bigg|_{\rho=0}\rho^2 + \frac{1}{3!}\left(\frac{\partial^3 Z}{\partial \rho^3}\right)_T\bigg|_{\rho=0}\rho^3 + \cdots \end{aligned} \tag{2.10}$$

很显然,上式中各幂项的系数都只是物性和温度的函数。为简单起见,分别用 B、C、D 代替,得到下面的表达式:

$$Z = 1 + B\rho + C\rho^2 + D\rho^3 + \cdots \tag{2.11}$$

以 $\rho = 1/v$ 代回上式,即得到著名的维里方程:

$$Z = \frac{pv}{RT} = 1 + \frac{B}{v} + \frac{C}{v^2} + \frac{D}{v^3} + \cdots \tag{2.12}$$

式中 B、C、D 分别称为第二、第三、第四维里系数,它们只是物性和温度的函数,和摩尔体积无关。

维里方程由荷兰人翁内斯(Onnes)在1901年首先提出,以上是维里方程的严格数学推

导。另外,从统计力学也可以推得维里方程,并赋予维里系数以明确的物理意义:如 B/v 项反映了双分子相互作用的贡献;C/v^2 反映了三分子相互作用的贡献,如此等等。第二维里系数很重要,在热力学性质计算和汽—液平衡计算中都有应用。

当压力趋近于零时,v 趋于无穷大,式(2.12)右端第二项以后均可略去,于是变成了理想气体方程。低压时,式(2.12)右端第二项远大于第三项,因而可以截取两项,即有

$$Z = \frac{pv}{RT} \approx 1 + \frac{B}{v} \tag{2.13}$$

式(2.13)在 $T < T_c$、$p < 1.5\text{MPa}$ 时用于一般真实气体 p、V、T 的计算已是足够准确。当 $T > T_c$ 时,满足此式的压力还可适当提高。为便于工程计算(即已知 T、p 求 v),可将此式右端的自变量由 v 转换为 p:

$$Z = \frac{pv}{RT} \approx 1 + \frac{Bp}{RT} \tag{2.14}$$

式(2.14)有较大的实用价值,其适用范围和精确度较式(2.13)要高。

第二维里系数 B 可以用统计热力学理论求得,也可以用实验测定,还可用普遍化方法计算。由于实验测定比较麻烦,而用理论计算精度又不够,故目前工程计算大都采用比较简便的普遍化方法。

当压力达到几个 MPa 时,第三维里系数渐显重要,其近似的截断式为:

$$Z = \frac{pv}{RT} \approx 1 + \frac{B}{v} + \frac{C}{v^2} \tag{2.15}$$

式(2.13)至式(2.15)均称为维里截断式。

目前能比较精确测得的只有第二维里系数,少数物质也测得了第三和第四维里系数。维里方程的理论意义大于实际应用价值。对于密度不是很大的气体,维里截断式具有实际应用价值;对于稠密流体,特别是液体,高阶维里项迅速发散,维里方程不再具有实际应用价值。

【例 2.1】 维里方程的另一种形式为 $Z = 1 + B'p + C'p^2 + D'p^3 + \cdots$,称为第二类维里方程,请用第一类维里方程的系数 B、C、D 表示 B'、C'。

解:由第一类维里方程:

$$Z = \frac{pv}{RT} = 1 + \frac{B}{v} + \frac{C}{v^2} + \cdots \tag{Ⅰ}$$

导出压力 p 的表达式:

$$p = RT\left(\frac{1}{v} + \frac{B}{v^2} + \frac{C}{v^3} + \cdots\right) \tag{Ⅱ}$$

将上面压力的表达式代入第二类维里方程,得到

$$Z = 1 + B'RT\left(\frac{1}{v} + \frac{B}{v^2} + \frac{C}{v^3} + \cdots\right) + C'R^2T^2\left(\frac{1}{v} + \frac{B}{v^2} + \frac{C}{v^3} + \cdots\right)^2 + \cdots \tag{Ⅲ}$$

将上式按 $\frac{1}{v}$ 的级数形式进行整理(注意上式的余项中 $\frac{1}{v}$ 的最低幂次为 3),得

$$Z = 1 + \frac{B'RT}{v} + \frac{B'BRT + C'R^2T^2}{v^2} + \cdots \tag{Ⅳ}$$

式(Ⅰ)和式(Ⅳ)均是压缩因子关于摩尔体积的幂级数展开式,应该是等价的,即两个方程右边的级数是恒等的。自然的,级数中各项的系数也应该是相等的。因此有

$$B = B'RT \rightarrow \qquad B' = \frac{B}{RT} \tag{Ⅴ}$$

$$C = B'BRT + C'R^2T^2 \rightarrow \qquad C' = \frac{C - B^2}{R^2T^2} \tag{Ⅵ}$$

如果在式(Ⅲ)中考虑更高的维里项,可以得到 D'、E'等的表达式,读者可自己做一下。将式(Ⅴ)代入第二类维里方程,可以得到第二类维里方程的截断形式:

$$Z = 1 + \frac{Bp}{RT} \tag{Ⅶ}$$

这也就是式(2.14)的来历。

2.2.3 立方型方程式

目前实际应用较多的是半理论、半经验的状态方程,可以将其分成两类。第一类是在维里方程基础上发展起来的多参数状态方程,如 BWR 方程及其改进形式 BWRS 方程和 Martin - Hou 方程等。这类方程通常有很多可调参数,需要由大量实验数据拟合得到。由于可调参数多、灵活性大,在拟合 p、V、T 数据时可以获得很高的精度。其最大的缺陷是计算复杂,且需用计算迭代求解体积根,耗时多,且易出现不收敛的问题。第二类是立方型状态方程,它们大部分是在范德瓦尔斯方程的基础上建立起来的。其特点是可以展开成体积的三次方程,能够用解析法求解。与多参数状态方程相比,虽然这类方程拟合 p、V、T 实验数据的精度略低,但已能满足一般的工程计算需要,而且计算耗时少,还可进行手算。因此,这类状态方程颇受重视,近年来发展很快,各种新型的立方型状态方程不断出现,在 p、V、T 关系计算及汽—液平衡计算中已占有不容忽视的地位。

1. 范德瓦尔斯方程(van der Waals Equation)

第一个立方型方程是在 1873 年由 van der Waals 提出的 van der Waals(vdW)方程:

$$p = \frac{RT}{v - b} - \frac{a}{v^2} \tag{2.16}$$

式中,a 和 b 称为状态方程的参数,它们只与物性有关,与热力学变量 p、V、T 等无关。它们通常由能反映物质特性的临界参数 T_c、p_c 和 v_c 来确定。具体方法是利用临界等温线在临界点出现水平拐点的特征:

$$\left(\frac{\partial p}{\partial v}\right)_{T=T_c}\Bigg|_{v=v_c} = \left(\frac{\partial^2 p}{\partial v^2}\right)_{T=T_c}\Bigg|_{v=v_c} = 0 \tag{2.17}$$

对式(2.16)求关于摩尔体积 v 的一阶偏导数和二阶偏导数,并在 $p=p_c$、$T=T_c$、$v=v_c$ 的条件下令其为零,这样就可得到两个用临界参数表示的方程,解之可得到用临界参数表达的状态方程参数 a、b 的表达式:

$$a = \frac{9RT_cv_c}{8} \tag{2.18}$$

$$b = \frac{v_c}{3} \tag{2.19}$$

因 v_c 的实验值误差较大,通常要将其消去,以能够准确测定的 p_c 和 T_c 来表达 a、b。这一变换需要用到状态方程本身。将 p_c、v_c 和 T_c 及式(2.18)、式(2.19)代入 vdW 状态方程可得到

$$v_c = \frac{3RT_c}{8p_c} \tag{2.20}$$

将式(2.20)代入式(2.18)和式(2.19),得到由 p_c 和 T_c 确定 a、b 的计算公式:

$$a = \frac{27R^2T_c^2}{64p_c} \tag{2.21}$$

$$b = \frac{RT_c}{8p_c} \tag{2.22}$$

由式(2.20)还可以得出 vdW 流体的临界压缩因子 Z_c 为一常数,$Z_c = 3/8 = 0.375$。这和真实流体的临界压缩因子(大多在 0.24 ~ 0.30 之间)有较大偏差,因此 vdW 方程用于描述真实流体的 PVT 性质时一般只在定性上是正确的。

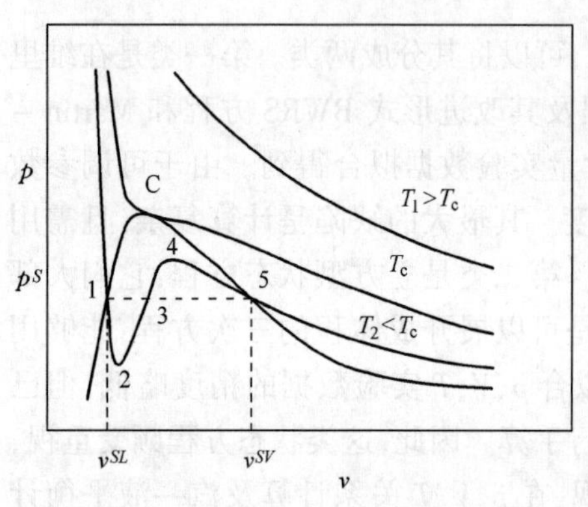

图 2.3　由立方型状态方程给出的 p—v 图

对于某种流体,当给出其特定的 a 和 b 值后,在任一恒定温度下,均可以将 p 视为 v 的函数。图 2.3 为由 vdW 方程给出的示意性的 p—v 图,其他的立方型方程也可以绘出类似的 p—v 图。图中有三条等温线和一条代表饱和液体与饱和蒸气的拱形曲线。T_1 等温线($T_1 > T_c$)随着摩尔体积的增大,压力单调下降。临界等温线($T = T_c$)在临界点 C 处有一个水平拐点。T_2 等温线($T_2 < T_c$)在液态区随着摩尔体积的增加,压力迅速下降,跨越饱和液体曲线后,下降至极小值,然后上升达极大值,最后又下降,在跨越饱和蒸气曲线后仍继续下降。实验的等温线在两相区为一水平线,如图 2.3 中虚线所示。立方型状态方程在两相区的表现不符合实际情况是能预料的,但是,在此区域用立方型状态方程预测的情况也不是完全不切实际的。当饱和液体降压时,倘若能小心地控制实验条件,避免气泡核形成,则此时汽化现象并不会发生,可以持续保持液态,直至压力低于蒸气压。同样,当提高饱和蒸气压力时,小心控制实验条件,避免冷凝现象发生,此时可持续保持汽态直至压力超过蒸气压。故在接近饱和液体和饱和蒸气处,形成过热液体和过冷蒸气的情况是可能的。在图 2.3 中,面积 1-2-3-1 应该等于面积 3-4-5-3。运用此关系可以求出温度为 T_2 时的饱和蒸气压 p^S 以及饱和液体与饱和蒸气的摩尔体积,即 v^{SL} 与 v^{SV},这就是著名的 Maxwell 等面积原理,它和相平衡的化学位判据或逸度判据在物理意义上是等价的。

虽然 vdW 方程现在看来并不能精确地描述流体的性质,不适于工程应用,但它在状态方程的发展史上却具有里程碑的意义。它是第一个能够用于描述真实气体的状态方程。更重要的是,该方程具备了现代状态方程的许多要素。例如:vdW 方程将压力分为斥力项和引力项两部分的模式仍为许多现代状态方程所采用,其关于体积的立方型形式也是目前工程用状态方程中最常用的形式。vdW 方程采用临界点约束条件确定状态方程参数的方法,也被现今大多数状态方程所采用。此外 vdW 方程还可通过采用对比变量表达成与物质特性无关的普遍化对比状态方程,体现了二参数的对应状态原理,这将在本章第 3 节介绍。1910 年,van der Waals 因其在状态方程方面的杰出贡献获得了诺贝尔物理学奖。

【例 2.2】　用 van der Waals 方程和等面积原理估算对比温度 $T_r = T/T_c = 0.95$ 时甲烷的饱和蒸气压和饱和液体及饱和蒸气的摩尔体积。

解:首先从附录Ⅱ中查到甲烷的临界参数:$T_c = 190.4\text{K}$,$p_c = 4.6\text{MPa}$。再计算 van der Waals 方程中参数 a、b 的值,计算中一定要注意将单位统一到国际单位制。

$$a = \frac{27R^2T_c^2}{64p_c} = \frac{27 \times 8.314^2 \times 190.4^2}{64 \times 4.6 \times 10^6} = 0.2298(\text{m}^6 \cdot \text{Pa} \cdot \text{mol}^{-2})$$

$$b = \frac{RT_c}{8p_c} = \frac{8.314 \times 190.4}{8 \times 4.6 \times 10^6} = 4.302 \times 10^{-5}(\text{m}^3 \cdot \text{mol}^{-1})$$

在对比温度 $T_r = T/T_c = 0.95$ 时的温度为 180.9 K,此时由 van der Waals 方程给出的 p—v 等温线方程为

$$p = \frac{RT}{v-b} - \frac{a}{v^2} = \frac{1504.11}{v - 4.302 \times 10^{-5}} - \frac{0.2298}{v^2}$$

用上面的 p—v 等温线方程计算在若干体积下的压力值,由此得到若干 p、v 坐标值,这样就可绘制 p—v 等温线了。在设定体积的取值时,首先应保证其不能小于 b;其次要掌握一些小技巧,一是通过 b 的倍数来给 v 赋值,二是 v 不要太接近 b,以免压力太高。针对本题的目标,只要绘出较完整的"S"曲线就行了,一般压力不必太过高于临界压力。本例题中所给定的用来绘制 p—v 等温线的坐标值见表 2.2 。

表 2.2 由 p—v 等温线方程确定的 p、v 坐标值

β	$v=\beta b$, $\text{m}^3 \cdot \text{mol}^{-1}$	p, MPa	β	$v=\beta b$, $\text{m}^3 \cdot \text{mol}^{-1}$	p, MPa
1.8	7.744×10^{-5}	5.38	4.0	1.721×10^{-4}	3.89
2.0	8.604×10^{-5}	3.92	4.5	1.936×10^{-4}	3.86
2.2	9.464×10^{-5}	3.48	5.0	2.151×10^{-4}	3.77
2.4	1.032×10^{-4}	3.42	6.0	2.581×10^{-4}	3.54
2.6	1.119×10^{-4}	3.48	7.0	3.011×10^{-4}	3.29
2.8	1.205×10^{-4}	3.59	8.0	3.442×10^{-4}	3.05
3.0	1.291×10^{-4}	3.69	9.0	3.872×10^{-4}	2.84
3.2	1.377×10^{-4}	3.77	10	4.302×10^{-4}	2.64
3.4	1.464×10^{-4}	3.83	12	5.162×10^{-4}	2.32
3.6	1.549×10^{-4}	3.87	14	6.023×10^{-4}	2.06
3.8	1.635×10^{-4}	3.89	16	6.883×10^{-4}	1.85

根据表 2.2 所列坐标值,绘得 p—v 等温线如图 2.4 所示。在图中做水平线,使其和等温线相交;调整水平线的垂直位置,使其和等温线交得的、分别位于水平线下方和上方的两块面积基本相等,此时水平线的纵坐标为所估算的 180.9 K 下的甲烷饱和蒸气压,约为 3.72 MPa,和实验值 3.55 MPa 比较接近,说明 van der Waals 方程在临界点附近也能较准确地预测饱和蒸气压,越靠近临界点,预测的准确度越高。水平线和等温线的三个交点对应的横坐标中最小的为饱和液体体积,约为 $8.829 \times 10^{-5}\text{m}^3 \cdot \text{mol}^{-1}$;最大的为饱和蒸气体积,约为 $2.250 \times 10^{-4}\text{m}^3 \cdot \text{mol}^{-1}$。饱和液体体积的预测值和实验值 $5.818 \times 10^{-5}\text{m}^3 \cdot \text{mol}^{-1}$ 的误差超过 50%,说明

van der Waals 方程不能用来预测饱和液体的体积。

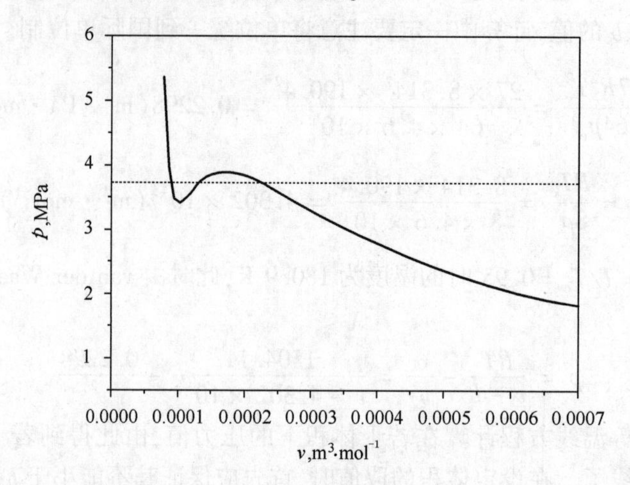

图 2.4　由 van der Waals 方程预测的甲烷在 180.9 K 时的 p—v 等温线

2. R－K 方程（Redlich－Kwong Equation）

立方型方程的现代发展起始于 1949 年发表的 R－K 方程：

$$p = \frac{RT}{v-b} - \frac{a}{T^{1/2}v(v+b)} \tag{2.23}$$

类似于 vdW 方程，根据临界等温线在临界点出现水平拐点的条件可以得到参数 a、b 的计算公式：

$$a = \frac{0.42747R^2T_c^{2.5}}{p_c} \tag{2.24}$$

$$b = \frac{0.08664RT_c}{p_c} \tag{2.25}$$

为了便于体积根的求解，立方型状态方程又常写成关于压缩因子的三次方程的形式。对于 R－K 方程，压缩因子的三次方程为

$$Z^3 - Z^2 + Z(A - B - B^2) - AB = 0 \tag{2.26}$$

其中，无量纲量 A 和 B 分别为

$$A = ap/(R^2T^{2.5}),\quad B = bp/(RT) \tag{2.27}$$

R－K 方程实际上是范德瓦尔斯方程的改进，虽然也只是两个参数，但计算的精度却比范德瓦尔斯方程高得多，尤其适用于非极性和弱极性的化合物。但对多数强极性化合物计算偏差较大。另外，由于 R－K 方程给出的临界压缩因子为 1/3，和真实流体有较大差异，在临界点附近计算值的偏差最为明显。R－K 方程只能用于气体 PVT 性质的计算，对液体体积的计算误差较大，不能用于汽—液相平衡的计算。

【例 2.3】　求 R－K 方程对应的第二、第三维里系数和温度之间的关系式。

解：维里系数可以根据其定义来求。第二、第三维里系数的定义分别为 $B = \left(\frac{\partial Z}{\partial \rho}\right)_T\Big|_{\rho=0}$ 和 $C = \frac{1}{2}\left(\frac{\partial^2 Z}{\partial \rho^2}\right)_T\Big|_{\rho=0}$。从它们的定义可看出，首先要得到压缩因子的函数表达式。这需由 R－K 方程来获得，R－K 方程为

$$p = \frac{RT}{v-b} - \frac{a}{T^{1/2}v(v+b)}$$

在等式的两边同乘 v/RT,得到

$$\frac{pv}{RT} = \frac{v}{v-b} - \frac{a}{RT^{3/2}(v+b)} = Z \qquad (\text{Ⅰ})$$

以 $v=1/\rho$ 代入上式得到压缩因子关于 T 和 ρ 的函数表达式:

$$Z = \frac{1}{1-b\rho} - \frac{a\rho}{RT^{3/2}(1+b\rho)}$$

对上式求关于 ρ 的一阶和二阶偏导数,并求其在 $\rho=0$ 时的值,就可得到 B、C 的表达式。但上面的求导过程比较复杂,我们还有一个更简便的方法去求 B、C。由维里方程:

$$Z = \frac{pv}{RT} = 1 + \frac{B}{v} + \frac{C}{v^2} + \frac{D}{v^3} + \cdots$$

有

$$(Z-1)v = B + \frac{C}{v} + \frac{D}{v^2} + \cdots \qquad (\text{Ⅱ})$$

$$\lim_{v\to\infty}(Z-1)v = B$$

$$[(Z-1)v - B]v = C + \frac{D}{v} + \cdots$$

$$\lim_{v\to\infty}[(Z-1)v - B]v = C$$

由式(Ⅰ)有

$$(Z-1)v = \frac{bv}{v-b} - \frac{av}{RT^{3/2}(v+b)}$$

因此

$$B = \lim_{v\to\infty}(Z-1)v = b - \frac{a}{RT^{3/2}}$$

$$[(Z-1)v - B]v = \frac{b^2 v}{v-b} + \frac{abv}{RT^{3/2}(v+b)}$$

$$C = \lim_{v\to\infty}[(Z-1)v - B]v = b^2 + \frac{ab}{RT^{3/2}}$$

式(Ⅱ)还用在第二、第三维里系数的实验测定方面。实验中可测定给定温度、不同摩尔体积下的压力;根据压缩因子的定义 $Z=pv/RT$,可进一步得到压缩因子;然后以 $(Z-1)v$ 对 $1/v$ 作图,得到一条曲线;将该曲线外延到不可测量的 $1/v=0$ 这一点,该点的纵坐标即为 B,斜率即为 C。

3. SRK 方程

在 R-K 方程问世以来,有不少人对其进行修正,但修正后的方程都不同程度地降低了原来 R-K 方程的简明性和易算性。在这些修正式中比较成功的是索夫(Soave)的修正式,简称 SRK 方程,其形式为

$$p = \frac{RT}{v-b} - \frac{a(T)}{v(v+b)} \qquad (2.28)$$

其中

$$a(T) = a_c\alpha(T_r) = 0.42747\frac{R^2T_c^2}{p_c}\alpha(T_r) \qquad (2.29)$$

$$b = 0.08664 \frac{RT_c}{p_c} \tag{2.30}$$

$$\alpha(T_r) = [1 + m(1 - T_r^{0.5})]^2 \tag{2.31}$$

$$m = 0.480 + 1.574\omega - 0.176\omega^2 \tag{2.32}$$

式中 ω 是偏心因子,也是物性参数。若已知物质的临界常数和 ω,就可根据式(2.28)计算容积性质。

SRK 方程也可通过压缩因子表达成如下形式:

$$Z^3 - Z^2 + Z(A - B - B^2) - AB = 0 \tag{2.33}$$

其中

$$A = ap/(R^2T^2), \qquad B = bp/(RT) \tag{2.34}$$

SRK 方程在计算容积性质方面并不明显优于 R-K 方程,有时反而还要差一些。但由于确定该方程参数 a 所用的 m 是由饱和蒸气压拟合出来的,因此该方程能够较准确地预测纯物质的饱和蒸气压。不仅如此,它还可以用于多元体系的汽—液相平衡计算,尤其适合烃类体系。但该方程计算液体体积性质时的误差较大,一般需要对计算结果进行校正。SRK 方程和 R-K 方程对应有相同的临界压缩因子 1/3,因此也不能给出可靠的临界体积。

4. Peng-Robinson 状态方程(P-R 方程)

Peng 和 Robinson 发现,经 Soave 改进的 Redlich-Kwong 方程虽然取得了明显改进,但仍有一些不足之处。例如 SRK 方程对液相密度的预测欠准确——对烃类组分(甲烷除外)预测的液相密度普遍小于实验数据。图 2.5 给出了饱和正丁烷摩尔体积计算值与实验值的比较——计算误差从 $T_r < 0.65$ 时的 7% 增加至接近临界点的 27%。

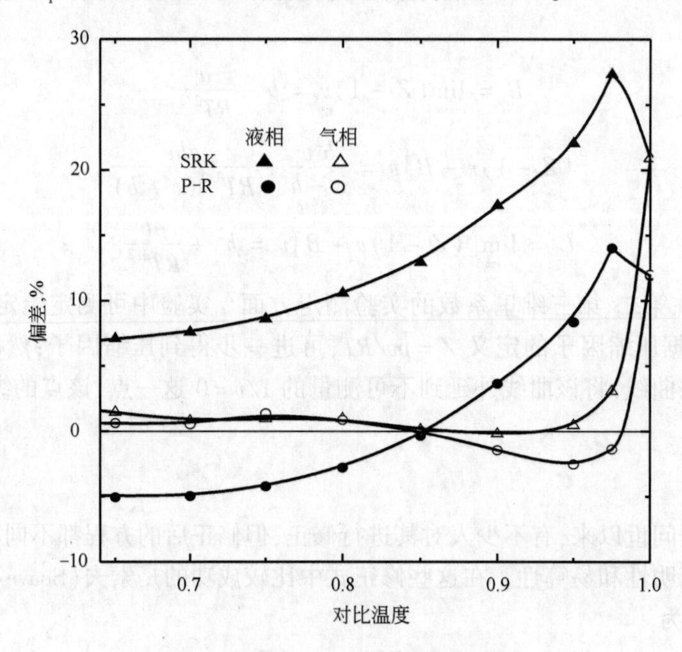

图 2.5 饱和正丁烷摩尔体积预测值的偏差

Peng 和 Robinson 指出,通过为状态方程的引力项选择适当的函数形式,可以使得临界压缩因子的预测值更接近于实验值。他们提出的 P-R 状态方程形式如下:

$$p = \frac{RT}{v-b} - \frac{a(T)}{v(v+b)+b(v-b)} \tag{2.35}$$

其中方程参数

$$a(T) = \alpha(T_r) \cdot a_c \tag{2.36}$$

$$a_c = \Omega_a R^2 T_c^2 / p_c, \qquad \Omega_a = 0.45724 \tag{2.37}$$

$$b = \Omega_b R T_c / p_c, \qquad \Omega_b = 0.07780 \tag{2.38}$$

$$\alpha(T_r) = [1 + m(1 - T_r^{0.5})]^2 \tag{2.39}$$

$$m = 0.37464 + 1.54226\omega - 0.26992\omega^2 \tag{2.40}$$

通过压缩因子 Z 表示的 P－R 方程形式如下：

$$Z^3 - (1-B)Z^2 + (A - 2B - 3B^2)Z - (AB - B^2 - B^3) = 0 \tag{2.41}$$

其中

$$A = ap/(R^2T^2), \qquad B = bp/(RT) \tag{2.42}$$

P－R 方程的临界压缩因子为 0.301，较接近真实流体的临界压缩因子，因此 P－R 方程在体积性质计算方面明显优于 SRK 方程，图 2.5 清楚地显示了这一点。P－R 方程对饱和液体体积的预测误差在 5% 左右，在临界点附近则更大一些。由于在确定参数 a 时也用到了实测的饱和蒸气压数据，P－R 方程在汽—液平衡计算方面和 SRK 方程不相上下，也是石油和化学工业中经常采用的状态方程之一。

【例 2.4】 一容积为 2L 的容器装有 10mol 乙烯，分别计算 20℃ 和 －20℃ 时容器内的压力。

解： 从附录Ⅱ中查得乙烯的物性参数 $T_c = 282.4$ K，$p_c = 5.04$ MPa，$\omega = 0.089$。20℃超过了乙烯的临界温度，容器内乙烯应该处在单一的气相。－20℃低于临界温度，乙烯有可能处在汽—液两相共存的状态，因此需要判定相态。

首先考虑 20℃时的情况。在这里我们分别用 R－K，SRK，P－R 方程来计算，看看有多大的差别。

先用 R－K 方程：

$$p = \frac{RT}{v-b} - \frac{a}{T^{1/2}v(v+b)}$$

其参数 a、b 的值为

$$a = \frac{0.42748R^2T_c^{2.5}}{p_c} = \frac{0.42748 \times 8.314^2 \times 282.4^{2.5}}{5.04 \times 10^6} = 7.858(\text{m}^6 \cdot \text{Pa} \cdot \text{K}^{0.5} \cdot \text{mol}^{-2})$$

$$b = \frac{0.08664RT_c}{p_c} = \frac{0.08664 \times 8.314 \times 282.4}{5.04 \times 10^6} = 4.036 \times 10^{-5}(\text{m}^3 \cdot \text{mol}^{-1})$$

又已知摩尔体积 $v = 2 \times 10^{-4} = 20 \times 10^{-5} \text{m}^3 \cdot \text{mol}^{-1}$，$T = 293.15$K，因此：

$$p = \frac{8.314 \times 293.15}{(20 - 4.036) \times 10^{-5}} - \frac{7.858}{293.15^{1/2} \times 20 \times (20 + 4.036) \times 10^{-10}} = 5.721 \times 10^6(\text{Pa})$$

$$= 5.721(\text{MPa})$$

如用 SRK 方程：

$$p=\frac{RT}{v-b}-\frac{a(T)}{v(v+b)}$$

$$m=0.480+1.574\omega-0.176\omega^2=0.6187$$

$$\alpha(T_r)=[1+m(1-T_r^{0.5})]^2=[1+0.6187(1-1.038^{0.5})]^2=0.9768$$

$$a(T)=0.42747\frac{R^2T_c^2}{p_c}\alpha(T_r)=\frac{0.42747\times 8.314^2\times 282.4^2\times 0.9768}{5.04\times 10^6}$$

$$=0.45676(\mathrm{m^6\cdot Pa\cdot mol^{-2}})$$

$$b=\frac{0.08664RT_c}{p_c}=\frac{0.08664\times 8.314\times 282.4}{5.04\times 10^6}=4.036\times 10^{-5}(\mathrm{m^3\cdot mol^{-1}})$$

$$p=\frac{8.314\times 293.15}{(20-4.036)\times 10^{-5}}-\frac{0.45676}{20\times(20+4.036)\times 10^{-10}}=5.766\times 10^6(\mathrm{Pa})$$

$$=5.766(\mathrm{MPa})$$

如用 P－R 方程：$a=0.4792\mathrm{m^6\cdot Pa\cdot mol^{-2}}$，$b=3.624\times 10^{-5}\mathrm{m^3\cdot mol^{-1}}$，$p$ 为 5.873 MPa。比较三个方程给出的结果，均比较接近。P－R 方程给出的结果应该更可靠些。

再来考虑温度为 －20℃时的情况，我们选用 SRK 方程来计算。先假设乙烯仍为气体，用 SRK 方程计算压力：

$$\alpha(T_r)=[1+m(1-T_r^{0.5})]^2=[1+0.6187(1-0.8964^{0.5})]^2=1.03421$$

$$a(T)=0.42747\frac{R^2T_c^2}{p_c}\alpha(T_r)=0.4836(\mathrm{m^6\cdot Pa\cdot mol^{-2}})$$

$$b=4.036\times 10^{-5}(\mathrm{m^3\cdot mol^{-1}})$$

$$p=\frac{8.314\times 253.15}{(20-4.036)\times 10^{-5}}-\frac{0.4836}{20\times(20+4.036)\times 10^{-10}}=3.125\times 10^6(\mathrm{Pa})$$

$$=3.125(\mathrm{MPa})$$

判断此时乙烯是否会液化，要看上面计算得到的压力值是否高于该温度下乙烯的饱和蒸气压。从文献查得 －20℃时的饱和蒸气压为 2.528MPa，显然乙烯会发生液化，而能否全部液化，则要看目前的摩尔体积是否小于 －20℃时的饱和液体摩尔体积。查有关文献可知该温度下乙烯的饱和液体摩尔体积为 $0.67\times 10^{-4}\mathrm{m^3\cdot mol^{-1}}$，远小于当前的摩尔体积 $2.0\times 10^{-4}\mathrm{m^3\cdot mol^{-1}}$，说明此时乙烯处于汽—液共存状态，容器内的压力应为饱和蒸气压 2.528MPa。

注意：如果计算压力低于饱和蒸气压，并不一定是气态，此时应进一步计算饱和蒸气的摩尔体积：如果它小于流体当前的摩尔体积，则一定处在气态；如果它大于流体当前的摩尔体积，则可处在汽—液两相共存区或液态。

【例 2.5】 用 SRK 方程计算某温度下乙烯的饱和蒸气压、饱和液体及饱和蒸气的摩尔体积。

解:我们知道 SRK 方程能准确预测烃类流体的饱和蒸气压,而饱和蒸气压的计算需遵从 Maxwell 等面积原理或第七章要学到的逸度准则。由 Maxwell 等面积原理可以推导出下面与之等价的关系式:

$$\int_{v^{SL}}^{v^{SG}} p\mathrm{d}v = p^{S}(v^{SG} - v^{SL})$$

或

$$\ln\frac{v^{SG} - b}{v^{SL} - b} = \frac{a(T)}{bRT}\left[\ln\frac{v^{SG}(v^{SL} + b)}{v^{SL}(v^{SG} + b)}\right] + \frac{p^{S}(v^{SG} - v^{SL})}{RT} \tag{Ⅰ}$$

上式中饱和液体体积(v^{SL})和饱和蒸气体积(v^{SG})还应是下面方程的最小正根和最大正根:

$$p^{S} = \frac{RT}{v - b} - \frac{a(T)}{v(v + b)} \tag{Ⅱ}$$

所以,通过式(Ⅰ)、式(Ⅱ)的联解,可得到饱和蒸气压(p^{S})、饱和液体体积(v^{SL})和饱和蒸气体积(v^{SG})。

为规范化,一般将压力方程(Ⅱ)转换成压缩因子表达的方程:

$$Z^{3} - Z^{2} + Z(A - B - B^{2}) - AB = 0 \tag{Ⅲ}$$

其中,$A = ap^{S}/R^{2}T^{2}$;$B = bp^{S}/RT$。假定三次方程(Ⅲ)的最小正根和最大正根分别是 $Z_{\min}$、$Z_{\max}$,则 $v^{SL} = Z_{\min}RT/p^{s}$;$v^{SG} = Z_{\max}RT/p^{S}$。这样 p^{S}、v^{SL}和 v^{SG}的计算方法可用图2.6所示的框图表示。

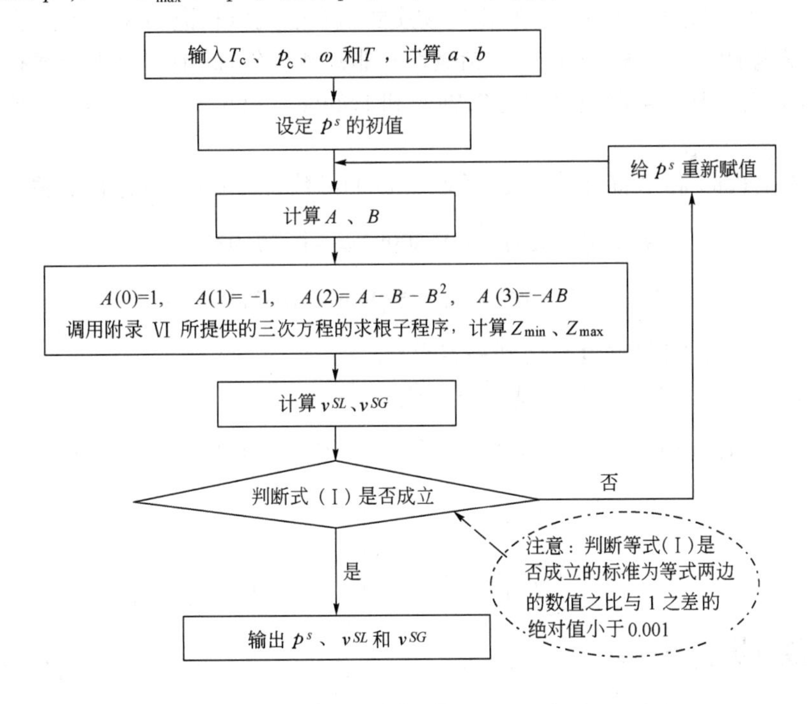

图 2.6 饱和蒸气压的计算框图

5. Patel - Teja 方程(P - T 方程)

Patel 和 Teja 为改善体积性质的计算精度,于 1982 年在 P - R 方程的基础上提出了以下的三参数立方型状态方程：

$$p = \frac{RT}{v-b} - \frac{a(T)}{v(v+b)+c(v-b)} \tag{2.43}$$

该方程有 $a(T)$、b 和 c 三个参数，$a(T)$ 与温度有关。这些参数可由以下公式求得

$$a(T) = \Omega_a \alpha(T_r) R^2 T_c^2 / p_c \tag{2.44}$$

$$b = \Omega_b R T_c / p_c \tag{2.45}$$

$$c = \Omega_c R T_c / p_c \tag{2.46}$$

其中

$$\Omega_c = 1 - 3\zeta_c \tag{2.47}$$

$$\Omega_a = 3\zeta_c^2 + 3(1-2\zeta_c)\Omega_b + \Omega_b^2 + 1 - 3\zeta_c \tag{2.48}$$

Ω_b 是下式的最小正根：

$$\Omega_b^3 + (2-3\zeta_c)\Omega_b^2 + 3\zeta_c^2\Omega_b - \zeta_c^3 = 0 \tag{2.49}$$

对于 $\alpha(T_r)$ 和 T_r 之间的关系，Patel 和 Teja 比较了以下两种函数形式的效果：

$$\alpha(T_r) = [1 + F(1 - T_r^{0.5})]^2 \tag{2.50}$$

式中，F 为经验常数，相当于 SRK 方程和 P－R 方程中的 m。与 SRK 和 P－R 方程不同，在 P－T 方程中将 F 和 ζ_c 作为两个经验常数，由纯物质的饱和蒸气压和饱和液体体积求得。

由 P－T 方程计算了一些纯组分（包括极性和非极性组分）的饱和液体密度和饱和蒸气密度（1070 个数据点），其平均误差分别为 2.94% 和 1.44%。可见 P－T 方程在计算饱和性质方面是较好的。

为便于应用，Patel 和 Teja 还将 F、ζ_c 关联成 ω 的函数，得到以下普遍化的关联式：

$$F = 0.452413 + 1.30982\omega - 0.295937\omega^2 \tag{2.51}$$

$$\zeta_c = 0.329062 - 0.076799\omega + 0.0211947\omega^2 \tag{2.52}$$

然而使用以上关联式时计算精度会受到一定影响。

P－T 方程的压缩因子 Z 可表示成以下形式：

$$Z^3 + (C-1)Z^2 + (A - 2BC - B^2 - B - C)Z + (BC + C - A)B = 0 \tag{2.53}$$

其中

$$A = \frac{ap}{R^2T^2}, \quad B = \frac{bp}{RT}, \quad C = \frac{cp}{RT} \tag{2.54}$$

2.2.4 多参数状态方程式

多参数状态方程中较有名的有 BWR 方程及其改进形式 BWRS 方程、Lee－Kesler 方程和 Martin－Hou 方程等。本书只介绍在石油化工中应用较多的 BWRS 方程。

BWR 状态方程是基于维里方程开发出来的一个 9 参数状态方程。该方程虽然应用于轻烃及其混合物热力学性质的计算时一般可获得很满意的结果，但对非烃气体含量较多的混合

物、较重的烃组分(如已烷以上)以及较低的温度($T_r<0.6$)并不十分满意。曾有不少研究工作者提出了各种改进 BWR 方程的方法,Starling 和 Han 在关联大量实验数据基础上提出了经修正的 BWR 状态方程(以下简称 BWRS 方程)。该方程扩大原 BWR 方程的应用范围并进一步提高计算精度。以该状态方程为基础的汽—液平衡模型被认为是当前烃类分离计算中最佳的模型之一。

BWRS 方程的形式如下:

$$p=\rho RT+\left(B_0RT-A_0-\frac{C_0}{T^2}+\frac{D_0}{T^3}-\frac{E_0}{T^4}\right)\rho^2+\left(bRT-a-\frac{d}{T}\right)\rho^3$$

$$+\alpha\left(a+\frac{d}{T}\right)\rho^6+\frac{c\rho^3}{T^2}(1+\gamma\rho^2)\exp(-\gamma\rho^2) \tag{2.55}$$

该状态方程共有 11 个参数,即 B_0、A_0、C_0、γ、b、a、α、c、D_0、d 和 E_0。各参数均已普遍化,与临界参数 T_c、ρ_c 及偏心因子 ω 关联如下:

$$\rho_{ci}B_{0i}=A_1+B_1\omega_i \tag{2.56}$$

$$\frac{\rho_{ci}A_{0i}}{RT_{ci}}=A_2+B_2\omega_i \tag{2.57}$$

$$\frac{\rho_{ci}C_{0i}}{RT_{ci}^3}=A_3+B_3\omega_i \tag{2.58}$$

$$\rho_{ci}^2\gamma_i=A_4+B_4\omega_i \tag{2.59}$$

$$\rho_{ci}^2b_i=A_5+B_5\omega_i \tag{2.60}$$

$$\frac{\rho_{ci}^2a_i}{RT_{ci}}=A_6+B_6\omega_i \tag{2.61}$$

$$\rho_{ci}^3\alpha_i=A_7+B_7\omega_i \tag{2.62}$$

$$\frac{\rho_{ci}^2c_i}{RT_{ci}^3}=A_8+B_8\omega_i \tag{2.63}$$

$$\frac{\rho_{ci}^2D_{0i}}{RT_{ci}^4}=A_9+B_9\omega_i \tag{2.64}$$

$$\frac{\rho_{ci}^2d_i}{RT_{ci}^2}=A_{10}+B_{10}\omega_i \tag{2.65}$$

$$\frac{\rho_{ci}E_{0i}}{RT_{ci}^5}=A_{11}+B_{11}\omega_i\exp(-3.8\omega_i) \tag{2.66}$$

以上诸式中下标 i 表示化合物 i 对应的性质或参数;A_j 和 B_j($j=1,2,\cdots,11$)为通用常数。Starling 通过对正构烷烃的多性质分析(p、V、T、焓和蒸气压)得到了 A_j 和 B_j 值,列于表 2.3。关联时对正构烷烃(甲烷至辛烷)所用的 T_{ci}、ρ_{ci} 和 ω_i 值则列于表 2.4。由于不同来源的基础数据常有一定出入(特别是 ω_i),因此在使用 BWRS 方程时不宜选用其他来源的数据。BWRS 方程虽然有多达 11 个参数,但仅需具备各组分的 T_{ci}、ρ_{ci} 和 ω_i 数据便可由式(2.56)至式(2.66)确定其数值,而上述数据是不难取得的。BWRS 方程可以应用于很宽广的温度和密度范围——相对温度可低至 $T_r=0.3$,相对密度可高至 $\rho_r=3.0$。

表 2.3 通用常数 A_j 和 B_j 值

j	A_j	B_j	j	A_j	B_j
1	0.443690	0.115449	7	0.0705233	-0.044448
2	1.284380	-0.920731	8	0.504087	1.32245
3	0.356306	1.70871	9	0.0307452	0.179433
4	0.544979	-0.270896	10	0.0732828	0.463492
5	0.528629	0.349261	11	0.006450	-0.022143
6	0.484011	0.754130			

表 2.4 使用 BWRS 方程时推荐使用的物性参数

组　分	T_{ci},℃	p_{ci},atm	ρ_{ci},kmol·m^{-3}	ω_i	M_i
甲烷	-82.461	45.44	10.050	0.013	16.042
乙烷	32.23	48.16	6.756	0.1018	30.068
丙烷	96.739	41.94	4.999	0.157	44.094
正丁烷	152.03	37.47	3.921	0.197	58.12
正戊烷	196.34	33.25	3.215	0.252	72.146
正己烷	234.13	29.73	2.717	0.302	86.172
正庚烷	267.13	27.00	2.347	0.353	100.198
正辛烷	295.43	24.54	2.057	0.412	114.224

2.3 PVT 关系的普遍化计算

2.3.1 对应状态原理

如果引入对比变量 $T_r=T/T_c$、$p_r=p/p_c$ 和 $V_r=v/v_c$,vdW 方程可以变成下面以对比变量表示的状态方程:

$$p_r=\frac{8T_r}{3V_r-1}-\frac{3}{V_r^2} \tag{2.67}$$

上面的状态方程和原 vdW 方程的显著差别是方程中不再含有随物质的不同而变化的参数 a、b,而成为一个普遍化的方程。这个方程所表达的物理意义是:对于不同的物质,如果 T_r、V_r 和 p_r 中有两个相同,那么另一个也相同,这就是所谓的对应状态原理。尽管式(2.67)一般不能正确地反映实际气体 T_r、V_r 和 p_r 之间的关系,但对应状态原理本身对大多数气体还是近似符合实际情况的。对应状态原理的数学表达式为

$$V_r = f(T_r, p_r) \tag{2.68}$$

f是与物性无关的普适函数。根据对应状态原理,人们开发了一些计算气体压缩因子的普遍化方法。

2.3.2 普遍化压缩因子方法

根据压缩因子的定义:

$$Z = \frac{pv}{RT} = \frac{p_c v_c}{RT_c}\frac{p_r V_r}{T_r} = Z_c \frac{p_r V_r}{T_r} \tag{2.69}$$

对于大多数有机化合物,除强极性和大分子物质外,Z_c 几乎都在0.27~0.29的范围内。倘若将 Z_c 视为常数,则根据对应状态原理公式(2.68),Z 仅与 T_r、p_r 有关:

$$Z = f_1(T_r, p_r) \tag{2.70}$$

此即为两参数的普遍化压缩因子关系式。它的含义是,所有气体处在相同的 T_r 和 p_r 时,必定具有相近的 Z 值,这就是两参数对应状态原理。但要获得普遍化函数 f_1 的数学表达式很困难,因此人们对有代表性的气体在不同对比温度和对比压力下的压缩因子进行系统测定,再将实验数据进行统计归纳处理后绘成图表,即以图表的形式来代替函数 f_1。这种图表被称为压缩因子图,一般由一系列的等对比温度线组成。在传统的热力学教材上均介绍了这种图表及其使用方法。但随着计算机技术的高速发展,传统查图表的方法已经不能适应时代的要求,因此本书不再介绍这些图表及相关的使用方法。

两参数压缩因子图是将临界压缩因子视为常数得出的,是一种近似的处理方法。它对非极性的球对称分子(如氩、氪、氙等)较适用,对非球形弱极性分子一般误差也不大,但有时误差也颇为可观。对大约80种常见物质的统计发现,临界压缩因子 Z_c 处在0.2~0.3的范围内,可见 Z_c 并非常数。为此,许多学者认为在对比状态方程式中,除 T_r 和 p_r 外,还应引入第三参数,使对比状态法能较精确地适用于各种气体。

压缩因子的两参数普遍化方法计算精度不高的原因是该方法没有反映物质特性。要对其改进就必须引入反映物质特性的分子结构参数。有人曾用分子键长,也有人用正常沸点下的汽化热,还有人用临界压缩因子等作为第三参数进行尝试,结果都不太满意。目前被普遍认可的第三参数为Pitzer等人提出的偏心因子 ω。

纯态物质的偏心因子是根据饱和蒸气压来定义的。实验发现,纯态流体对比饱和蒸气压 p_r^S 的对数与对比温度 T_r 的倒数近似于线性关系,即

$$\frac{d(\lg p_r^S)}{d(1/T_r)} = a \tag{2.71}$$

倘若两参数对应状态原理是正确的话,那么对于所有的流体,a 都是相同的。但实验结果并非如此,每一种流体都有其不同的特定值。这表明采用三参数对应状态原理是必要的。Pitzer考虑用简单流体(惰性气体)和当前流体的对比饱和蒸气压的对数之差,$\lg p_r^S(SF) - \lg p_r^S$,来定义第三参数。由于这个差值随对比温度而变,因此还需进一步确定下来。Pitzer发现简单流体的对比温度为0.7时,对比饱和蒸气压接近为0.1,它的对数则等于-1。为简单起见,Pitzer把偏心因子 ω 进一步定义为

$$\omega = -\lg(p_r^S)_{T_r=0.7} - 1 \tag{2.72}$$

Pitzer 定义偏心因子并将其作为第三参数时多少带有一定的经验性,也不一定是最理想的第三参数的定义方法。但由于它长期得到认同,而且人们已经根据此定义确定了大多数物质的偏心因子,并应用于状态方程等热力学模型的开发,我们应该接受并使用它。偏心因子在物理意义上可以认为它表征了物质分子的偏心度,即非球形分子偏离球对称的程度。由 ω 的定义可知,简单流体的偏心因子为零。这些气体的压缩因子仅是 T_r 和 p_r 的函数。

对于所有 ω 值相同的流体,若处在相同的 T_r、p_r 下,其压缩因子 Z 也相等,这就是三参数对应状态原理。此时,Z 的普遍化关系式为

$$Z = Z^0 + \omega Z^1 \tag{2.73}$$

式中 Z^0 与 Z^1 都是 T_r 和 p_r 的复杂函数,由于很难得到具体的数学表达式,前人用图表来进行表达。如前所言,现代计算机技术已经代替传统的图表法,我们在今后的工作中也很难用到这些方法,就不再做详细介绍了。

基于图表的普遍化压缩因子法虽然不再具有明显的实用价值,但其中所揭示的物理规律却很重要,我们要很好地把握。通过普遍化方法的学习,至少要建立这样一个概念:压力越高或温度越低,气体越偏离理想气体行为的说法是不确切的。相同温度下,丙烷在 1MPa 下可能已经很偏离理想气体行为,而甲烷即使在 5MPa 下也未必显著偏离理想气体行为,关键要看对比压力和对比温度是多少。

2.3.3 普遍化第二维里系数法

普遍化压缩因子计算方法的缺陷是需要查图。为解决压缩因子的计算问题,这里引出一个近似的解析计算式:

$$Z \approx 1 + \frac{Bp}{RT} = 1 + \frac{Bp_c}{RT_c}\left(\frac{p_r}{T_r}\right) \tag{2.74}$$

Pitzer 等人提出式(2.74)第二项 Bp_c/RT_c 可用下式求出:

$$\frac{Bp_c}{RT_c} = B^0 + \omega B^1 \tag{2.75}$$

由于第二维里系数 B 仅是物性和温度的函数,因此 B^0、B^1 也仅是 T_r 的函数。Pitzer 等人提出用下述两式求 B^0、B^1:

$$B^0 = 0.083 - \frac{0.422}{T_r^{1.6}} \tag{2.76}$$

$$B^1 = 0.139 - \frac{0.172}{T_r^{4.2}} \tag{2.77}$$

这就是普遍化第二维里系数法,其最大的优点是可以用解析的方法计算压缩因子,无须查图。普遍化第二维里系数法只能在较低的对比压力下采用($p_r < 1 \sim 2$,和对比温度有关,对比温度越大,适用的对比压力范围也越大)。

虽然普遍化第二维里系数法比较简单,但由于其适用范围窄,而现在常用的状态方程的适用范围一般均能覆盖它,因此在大型化工设计软件中一般不会被采用,只能用于一些小型的计算,特别是手算。

【**例 2.6**】(1)分别用普遍化维里系数表达式和 R－K 方程计算乙烯在 50℃时的第二维里系数;

(2)分别用普遍化第二维里系数法和 R－K 方程计算乙烯在 50℃、0.5MPa 和 50℃、5MPa 下的压缩因子。

解:(1)普遍化第二维里系数表达式为

$$\frac{Bp_c}{RT_c} = B^0 + \omega B^1$$

从附录Ⅱ中查得乙烯的物性参数 $T_c = 282.4\ \text{K}$,$p_c = 5.04\ \text{MPa}$,$\omega = 0.089$。而 50℃时的对比温度 $T_r = 1.1443$,因此有

$$B^0 = 0.083 - \frac{0.422}{T_r^{1.6}} = 0.083 - \frac{0.422}{1.1443^{1.6}} = -0.2571$$

$$B^1 = 0.139 - \frac{0.172}{T_r^{4.2}} = 0.139 - \frac{0.172}{1.1443^{4.2}} = 0.0414$$

所以

$$B = (B^0 + \omega B^1)\frac{RT_c}{p_c} = (-0.2571 + 0.089 \times 0.0414) \times \frac{8.314 \times 282.4}{5.04 \times 10^6}$$

$$= -1.180 \times 10^{-4}(\text{m}^3 \cdot \text{mol}^{-1})$$

由例 2.3 可知 R－K 方程对应的第二维里系数表达式为

$$B = b - \frac{a}{RT^{3/2}}$$

其中参数 a、b 的值为

$$a = \frac{0.42747R^2T_c^{2.5}}{p_c} = \frac{0.42747 \times 8.314^2 \times 282.4^{2.5}}{5.04 \times 10^6} = 7.858(\text{m}^6 \cdot \text{Pa} \cdot \text{K}^{0.5} \cdot \text{mol}^{-2})$$

$$b = \frac{0.08664RT_c}{p_c} = \frac{0.08664 \times 8.314 \times 282.4}{5.04 \times 10^6} = 4.036 \times 10^{-5}(\text{m}^3 \cdot \text{mol}^{-1})$$

因此

$$B = b - \frac{a}{RT^{3/2}} = 4.036 \times 10^{-5} - \frac{7.858}{8.314 \times 323.15^{1.5}} = -1.223 \times 10^{-4}(\text{m}^3 \cdot \text{mol}^{-1})$$

对比两种方法得到的 B 值,彼此之间的偏差约 3%。

(2)由普遍化第二维里系数计算的 50℃、0.5MPa 的乙烯压缩因子为

$$Z = 1 + \frac{Bp}{RT} = 1 + \frac{-1.180 \times 10^{-4} \times 0.5 \times 10^6}{8.314 \times 323.15} = 0.978$$

由普遍化第二维里系数计算的 50℃、5MPa 的乙烯压缩因子为

$$Z = 1 + \frac{Bp}{RT} = 1 + \frac{-1.180 \times 10^{-4} \times 5 \times 10^6}{8.314 \times 323.15} = 0.780$$

由 R－K 方程计算压缩因子时,可先将其转换成如式(2.26)所示的压缩因子形式,然后调用附录Ⅵ中的三次方程的求根程序得到压缩因子。本例题中将采用迭代法来计算。由 R－K 方程:

$$p = \frac{RT}{v - b} - \frac{a}{T^{1/2} v(v + b)}$$

可构建以下迭代方程:

$$v = b + \frac{RT}{p} - \frac{a(v - b)}{T^{1/2} v(v + b)p}$$

迭代时体积的初值可取 $v_0 = RT/p$。

在 50℃、0.5MPa 时,$v_0 = RT/p = 5.3737 \times 10^{-3}(\mathrm{m^3 \cdot mol^{-1}})$

$$\begin{aligned} v_1 &= b + \frac{RT}{p} - \frac{a(v_0 - b)}{T^{1/2} v_0(v_0 + b)p} \\ &= 4.036 \times 10^{-5} + 537.37 \times 10^{-5} \\ &\quad - \frac{7.858 \times (537.37 - 4.036) \times 10^{-5}}{323.15^{0.5} \times 537.37 \times (537.37 + 4.036) \times 10^{-10} \times 0.5 \times 10^6} \\ &= 541.41 \times 10^{-5} - \frac{0.08743 \times (537.37 - 4.036)}{537.37 \times (537.37 + 4.036)} \\ &= 525.38 \times 10^{-5}(\mathrm{m^3 \cdot mol^{-1}}) \end{aligned}$$

$$\begin{aligned} v_2 &= b + \frac{RT}{p} - \frac{a(v_1 - b)}{T^{1/2} v_1(v_1 + b)p} = 541.41 \times 10^{-5} - \frac{0.08743 \times (525.38 - 4.036)}{525.38 \times (525.38 + 4.036)} \\ &= 525.022 \times 10^{-5}(\mathrm{m^3 \cdot mol^{-1}}) \end{aligned}$$

$$\begin{aligned} v_3 &= b + \frac{RT}{p} - \frac{a(v_2 - b)}{T^{1/2} v_2(v_2 + b)p} = 5.41.41 \times 10^{-5} - \frac{0.08743 \times (525.022 - 4.036)}{525.022 \times (525.022 + 4.036)} \\ &= 525.011 \times 10^{-5}(\mathrm{m^3 \cdot mol^{-1}}) \end{aligned}$$

v_2 和 v_3 已经非常接近,所以 50℃、0.5MPa 下乙烯的摩尔体积为 $525.011 \times 10^{-5}\mathrm{m^3 \cdot mol^{-1}}$。此时的压缩因子为 $Z = pv/(RT) = 0.977$,和普遍化第二维里系数法的结果非常接近。同样的方法可求得 50℃、5MPa 下的乙烯压缩因子为 0.742,和普遍化第二维里系数法的结果存在 5% 的差别。如果用 R－K 方程确定的第二维里系数,用维里方程计算压缩因子,结果分别为 0.977 和 0.772,和普遍化维里系数法的结果差别很小,但在高压下和 R－K 方程的结果则存在较大偏差。本例说明在压力较高时,维里方程不宜采用。

2.3.4 基于状态方程的压缩因子普遍化计算

我们前面介绍的立方型状态方程大多能转化成压缩因子的普遍化计算关系式。如由 R－K方程可得到

$$Z = \frac{1}{1 - h} - \frac{4.9340}{T_r^{1.5}} \frac{h}{1 + h} \tag{2.78}$$

$$h = \frac{0.08664p_r}{ZT_r} \tag{2.79}$$

以上表明 R－K 方程相当于一个两参数的普遍化压缩因子关系式，但不是一个显函数形式，计算压缩因子需要用到迭代方法。

由 SRK 方程可得到

$$Z = \frac{1}{1-h} - \frac{4.9340Fh}{1+h} \tag{2.80}$$

$$F = \frac{1}{T_r}[1 + S(1 - T_r^{1/2})]^2 \tag{2.81}$$

$$S = 0.480 + 1.574\omega - 0.176\omega^2 \tag{2.82}$$

$$h = \frac{0.08664p_r}{ZT_r} \tag{2.83}$$

以上表明 SRK 方程相当于一个三参数的普遍化压缩因子关系式。此外 P－R 方程也可以转化为一个三参数压缩因子表达式。

2.4 热力学函数关系

在以上几节里我们介绍的 PVT 关系及状态方程涉及的都是可通过实验测定的容积性质。但仅仅知道这些性质对化工过程设计是很不够的，我们还需要确定焓、熵、逸度等一大批不可测的热力学状态函数。经典热力学的最完美之处就是给我们提供了严格的、不带任何假设的、由可测的 PVT 关系和热容推算不可测的热力学状态函数的数学关系式。这些关系式建立在热力学第一定律和热力学第二定律基础之上，是经典热力学的精髓，必须牢牢掌握。

2.4.1 热力学基本方程

根据热力学第一定律，我们知道对于封闭体系，经历任何一个热力学过程均有下式成立：

$$dU = \delta Q + \delta W \tag{2.84}$$

如果是可逆过程，根据热力学第二定律有 $\delta Q = TdS$，而 $\delta W = -pdV$，故

$$dU = TdS - pdV \tag{2.85}$$

由于内能是状态函数，因此无论外部过程是否可逆，只要体系内部在所经历的过程中一直处于平衡态或十分接近平衡态（习惯上称这样的过程为内部可逆过程），则式(2.85)就是成立的。由该式的推导过程可以看出，它包含了热力学第一定律和第二定律的物理内涵，故称为热力学基本方程，它反映了体系经历一个内部平衡过程时体系的热力学状态函数必须遵循的一个基本关系。为了强调体系处于平衡态这一约束条件，我们也常称其为平衡热力学基本方程。由此方程衍生出来的理论体系称为平衡热力学。有一点必须强调的是，对于一个内部可逆、外部不可逆的过程，等式 $\delta Q = TdS$ 和 $\delta W = -pdV$ 不再成立。

通过定义焓（$H = U + pV$）、自由能（$A = U - TS$）、自由焓（$G = H - TS$）等几个热力学辅助函

数,可以衍生出其他三个热力学基本方程:

$$dH = TdS + Vdp \tag{2.86}$$

$$dA = -SdT - pdV \tag{2.87}$$

$$dG = -SdT + Vdp \tag{2.88}$$

以上这四个热力学基本方程适用于封闭的均相或封闭的非均相体系,可以是纯物质,也可以是混合物。除 p、T 两个天然的强度变量外,其他变量可以是强度量,也可以是广度量,但等式的两边必须统一。

2.4.2 Maxwell 关系式和两个重要方程

根据微分原理,当变量 F 为 x、y 的连续函数时,对 F 的全微分为

$$dF = \left(\frac{\partial F}{\partial x}\right)_y dx + \left(\frac{\partial F}{\partial y}\right)_x dy = Mdx + Ndy$$

式中,如果 x、y、F 均为是可微分的连续函数,则必定存在倒易关系:

$$\left(\frac{\partial M}{\partial y}\right)_x = \left(\frac{\partial N}{\partial x}\right)_y$$

由此可得到著名的麦克斯韦(Maxwell)关系式:

$$\left(\frac{\partial T}{\partial V}\right)_S = -\left(\frac{\partial p}{\partial S}\right)_V \tag{2.89a}$$

$$\left(\frac{\partial T}{\partial p}\right)_S = \left(\frac{\partial V}{\partial S}\right)_p \tag{2.89b}$$

$$\left(\frac{\partial p}{\partial T}\right)_V = \left(\frac{\partial S}{\partial V}\right)_T \tag{2.89c}$$

$$\left(\frac{\partial V}{\partial T}\right)_p = -\left(\frac{\partial S}{\partial p}\right)_T \tag{2.89d}$$

Maxwell 关系式的重要意义在于将不能直接测量的热力学性质和可以直接测量的 PVT 关系联系起来,从而可以用 PVT 关系来计算热力学性质。根据热力学基本方程和 Maxwell 关系式可得到以下两个重要方程:

$$\left(\frac{\partial U}{\partial V}\right)_T = -p + T\left(\frac{\partial p}{\partial T}\right)_V \tag{2.90}$$

$$\left(\frac{\partial H}{\partial p}\right)_T = V - T\left(\frac{\partial V}{\partial T}\right)_p \tag{2.91}$$

之所以称它们为重要方程,是因为通过它们可以得到由可测的 PVT 性质和热容计算内能、焓和熵的数学公式。

【例 2.7】 推导两个重要方程之一:式(2.91)。

解:在关于焓的热力学基本方程:

$$dH = TdS + Vdp$$

的两边,在保持温度恒定的情况下同除以 dp,得

$$\left(\frac{\partial H}{\partial p}\right)_T = T\left(\frac{\partial S}{\partial p}\right)_T + V \tag{Ⅰ}$$

再用从自由焓的基本方程衍生出的 Maxwell 关系式:

$$\left(\frac{\partial S}{\partial p}\right)_T = -\left(\frac{\partial V}{\partial T}\right)_p$$

替换掉式(Ⅰ)中的$\left(\frac{\partial S}{\partial p}\right)_T$,最后得到

$$\left(\frac{\partial H}{\partial p}\right)_T = V - T\left(\frac{\partial V}{\partial T}\right)_p \tag{Ⅱ}$$

这就是两个重要方程之一的式(2.91)。

在推导热力学函数关系式时,要掌握一个技巧:分别把内能和自由能、焓和自由焓看作配偶函数。如果前面的关系式中已经用到焓的基本方程,后面要做进一步的处理(如上面的替换),应从自由焓的基本方程中去找关系式,而不要从自由能的基本方程去找,反之亦然,否则会走入死胡同。同样,如果前面的关系式中已经用到内能的基本方程,后面要做进一步的处理,则应从自由能的基本方程中去找关系式,而不要从自由焓的基本方程去找。只要掌握了这一技巧,一般的热力学函数关系推导问题,利用热力学基本方程及其衍生出来的 Maxwell 关系式、两个重要方程,通过一定的加减法均能较容易地得到解决。

2.4.3 内能、焓和熵的计算式

对于一个封闭体系,三个状态变量 p、V、T 中如果有两个确定,体系的状态就确定下来,体系的其他热力学状态函数也随之确定。在计算热力学函数时,独立状态变量的指定是有一定技巧的。在化工计算中,由于温度和压力易于测定和控制,人们很自然地用 T 和 p 作为独立变量。但如果用状态方程去计算热力学性质,我们会发现数学处理上是不方便的,此时以 T 和 V 为独立变量更为合适。下面我们分别给出以 T 和 p 为独立变量和以 T 和 V 为独立变量的内能、焓和熵的计算式。

1. 以 T、p 为独立变量计算

令 $H=H(T,p)$,对 H 求全微分得

$$dH = \left(\frac{\partial H}{\partial T}\right)_p dT + \left(\frac{\partial H}{\partial p}\right)_T dp \tag{2.92}$$

式中,$\left(\frac{\partial H}{\partial T}\right)_p$ 称为定压热容,可被认为是一个可测的热力学量,以 C_p 表示。而$\left(\frac{\partial H}{\partial p}\right)_T$ 已经由两个重要方程之一给出,因此不难得出以 PVT 关系和热容表达的焓的全微分表达式:

$$dH = C_p dT + \left[V - T\left(\frac{\partial V}{\partial T}\right)_p\right]dp \tag{2.93}$$

将上式代入热力学基本方程(2.86)得到熵的全微分表达式:

$$dS = C_p \frac{dT}{T} - \left(\frac{\partial V}{\partial T}\right)_p dp \tag{2.94}$$

而内能可通过其与焓的简单关系 $U=H-pV$ 得出。

2. 以 T、V 为独立变量计算

令 $U=U(T,V)$，对 U 求全微分得

$$dU=\left(\frac{\partial U}{\partial T}\right)_V dT+\left(\frac{\partial U}{\partial V}\right)_T dV \tag{2.95}$$

式中 $\left(\frac{\partial U}{\partial T}\right)_V$ 称为定容热容，可被认为是一个可测的热力学量，以 C_V 表示。而 $\left(\frac{\partial U}{\partial V}\right)_T$ 已经由两个重要方程之一给出，因此不难得出以 PVT 关系和热容表达的内能的全微分表达式：

$$dU=C_V dT+\left[-p+T\left(\frac{\partial p}{\partial T}\right)_V\right]dV \tag{2.96}$$

将上式代入热力学基本方程(2.85)得到熵的全微分表达式：

$$dS=C_V\frac{dT}{T}+\left(\frac{\partial p}{\partial T}\right)_V dV \tag{2.97}$$

而焓可通过其与内能的简单关系 $H=U+pV$ 得出。

由于状态方程一般表达成 p 关于 V、T 的显函数形式，所以以 T、V 为独立变量来计算内能、焓和熵更为方便。

2.5 理想气体的热力学性质

理想气体状态方程最为简单，理想气体的热力学性质和 PVT 之间的关系也最为简单。掌握理想气体的热力学性质特点，可以为我们计算真实流体的热力学性质提供一个很好的基础。为方便起见，以下各节内容均以 1mol 流体为研究对象，摩尔体积用 v 表示，其他热力学函数的符号不变。

2.5.1 内能

根据内能的微分表达式(2.96)，摩尔内能的微分表达式为

$$dU=C_V dT+\left[T\left(\frac{\partial p}{\partial T}\right)_V-p\right]dv \tag{2.97a}$$

对于理想气体，由于 $p=RT/v$，因此，$\left[T\left(\frac{\partial p}{\partial T}\right)_V-p\right]=0$，故有：

$$dU^{id}=C_V^{id}dT \tag{2.98}$$

公式的上标“id”是“ideal”(理想)的缩写。

2.5.2 焓

类似于上面关于理想气体内能的推导，可得到理想气体焓的表达式：

$$dH^{id}=C_p^{id}dT \tag{2.99}$$

2.5.3 熵

以 T、v 为独立变量时：

$$dS^{id} = \frac{C_V^{id}}{T}dT + Rd(\ln v) \tag{2.100}$$

以 T、p 为独立变量时：

$$dS^{id} = \frac{C_p^{id}}{T}dT - Rd(\ln p) \tag{2.101}$$

2.5.4 热容

因为：

$$\left(\frac{\partial C_p}{\partial p}\right)_T = -T\left(\frac{\partial^2 v}{\partial T^2}\right)_p \tag{2.102}$$

$$\left(\frac{\partial C_V}{\partial v}\right)_T = T\left(\frac{\partial^2 p}{\partial T^2}\right)_V \tag{2.103}$$

由理想气体状态方程有：

$$\left(\frac{\partial C_p^{id}}{\partial p}\right)_T = 0 \tag{2.104}$$

$$\left(\frac{\partial C_V^{id}}{\partial v}\right)_T = 0 \tag{2.105}$$

以上两式表明理想气体的热容仅是温度的函数，由此可以进一步推知理想气体的内能和焓也只是温度的函数。由于理想气体的特点，使得其热力学性质的计算变得十分简单，如：

$$U^{id}(T) = U^{id}(T_0) + \int_{T_0}^{T} C_V^{id}dT \tag{2.106}$$

$$H^{id}(T) = H^{id}(T_0) + \int_{T_0}^{T} C_p^{id}dT \tag{2.107}$$

$$S^{id}(T,p) = S^{id}(T_0,p_0) + \int_{T_0}^{T} \frac{C_p^{id}}{T}dT - R\ln\frac{p}{p_0} \tag{2.108}$$

或

$$S^{id}(T,v) = S^{id}(T_0,v_0) + \int_{T_0}^{T} \frac{C_V^{id}}{T}dT + R\ln\frac{v}{v_0} \tag{2.109}$$

以上各式中的下标“0”表示参考态，可以任意指定。

2.6 真实流体的热力学性质

虽然我们已经得到内能、焓和熵的全微分表达式，但我们还需进行积分才能得到我们所需要的热力学性质。而要进行这些积分，不仅需要反映 PVT 关系的状态方程，还需要知道 C_p 和 p、T 之间或 C_v 和 v、T 之间的关系。对于前者我们已经有了很多的状态方程可以选用，对于后者，则几乎没有可直接应用的资料。但对于理想气体，由于热容仅是温度的函数，人们已经建立了大量的纯物质处于理想气体状态时的热容和温度的关系。幸运的是我们知道了理想气体的热容就足够满足我们计算真实流体热力学性质的需要，而不一定需要真实流体的热容。这要归功于理想气体定律，我们以内能的计算为例来说明这一点。对于真实流体有

$$dU = C_V dT + \left[T\left(\frac{\partial p}{\partial T}\right)_V - p\right]dv$$

如果在恒温下从 $v = \infty$ 到 $v = v$ 对上式进行积分，有

$$U(T,v) - U(T,\infty) = \int_{\infty}^{v}\left[T\left(\frac{\partial p}{\partial T}\right)_V - p\right]dv \tag{2.110}$$

根据理想气体定律，当摩尔体积趋于无穷大时，真实流体具有理想气体的行为，因此有

$$U(T,v = \infty) = U^{id}(T) \tag{2.111}$$

$$U(T,v) = U^{id}(T) + \int_{\infty}^{v}\left[T\left(\frac{\partial p}{\partial T}\right)_V - p\right]dv \tag{2.112}$$

由上式我们可以看出，计算真实流体在温度为 T、体积为 v 时的内能只需 PVT 关系和理想气体状态时的内能。而计算理想气体状态时的内能只需理想气体状态时的热容。因此我们可以得到以下结论：计算真实流体的热力学性质时，只需要该流体的 PVT 关系和它处在理想气体状态时的热容和温度的关系。

利用流体处于理想状态（主要指理想气体状态或理想溶液状态）的性质计算其处在当前真实状态的性质的方法，是化工热力学中经常采用的一种技巧性方法。我们以后会反复用到这种方法。为了统一与规范化，在采用这些技巧性方法时，人们定义了一些辅助性的热力学变量。本章我们先介绍剩余性质，以后在学习溶液热力学理论时，还会介绍过量性质。

2.6.1 剩余性质

剩余性质概念的提出是为了方便利用理想气体的性质计算真实流体的性质。它被定义为真实流体的某种热力学性质与其处在与当前状态具有相同温度、压力的理想气体状态时的这种热力学性质之差，可以用下式表达：

$$M^R(T,p) \equiv M(T,p) - M^{id}(T,p) \tag{2.113}$$

式中，M 为摩尔性质，如 v、U、H、S 或 G 等。各种函数的剩余性质之间具有类似于这些函数之间存在的简单关系，如 $H^R = U^R + pv^R$，$G^R = H^R - TS^R$，$A^R = U^R - TS^R = G^R - pv^R$ 等。其中 v^R 可以很直接地由状态方程给出

$$v^R = (Z - 1)\frac{RT}{p} \tag{2.114}$$

其他几种热力学函数对应的剩余性质的计算式与独立变量的选择有关，下面做较详细的介绍。

1. *以 T、p 为独立变量计算*

当以 T、p 为独立变量时，剩余性质计算公式的推导可以用以下统一的思路和步骤进行：

第一步，计算真实流体在恒定的温度下压力从零变到当前压力时的某种性质变化。

第二步，计算该流体处于理想气体状态时，在同样恒定的温度下压力从零变到当前压力时的同种性质变化。

第三步，将上面求得的两个性质变化相减，同时利用理想气体定律，令真实流体在零压下的性质与理想气体在零压下的性质相等而消去该项。

具体推导时，还要强调一个原则，即 T、p 是“焓”的天然独立变量，而 T、v 是“能”的天然独立变量。因此，以 T、p 为独立变量时先解决“焓”的问题，“能”的问题随后很容易得到解决；而

以 T、v 为独立变量时先解决"能"的问题。这里所说的"焓"包括热焓 H 和自由焓 G，而"能"则指内能 U 和自由能 A。刚好是前面提到的两对配偶函数。

基于上述原则，以 T、p 为独立变量时先解决"焓"的问题。

1）剩余焓

第一步，在恒定的温度 T 下，从 $p=0$ 到 $p=p$ 对焓的微分表达式(2.93)进行积分，即求恒定温度 T 下，真实流体压力从 $p=0$ 变到 $p=p$ 时的焓变：

$$H(T,p)-H(T,p=0)=\int_0^p\left[v-T\left(\frac{\partial v}{\partial T}\right)_p\right]\mathrm{d}p \quad (\text{I})$$

第二步，求恒定温度 T 下，理想气体压力从 $p=0$ 变到 $p=p$ 时的焓变：

$$H^{\mathrm{id}}(T,p)-H^{\mathrm{id}}(T,p=0)=0 \quad (\text{II})$$

第三步，式(Ⅰ)和式(Ⅱ)相减，并令 $H(T,p=0)=H^{\mathrm{id}}(T,p=0)$，得

$$H(T,p)-H^{\mathrm{id}}(T,p)=\int_0^p\left[v-T\left(\frac{\partial v}{\partial T}\right)_p\right]\mathrm{d}p \quad (\text{III})$$

此即剩余焓在以 T、p 为独立变量时的计算公式：

$$H^R(T,p)=\int_0^p\left[v-T\left(\frac{\partial v}{\partial T}\right)_p\right]\mathrm{d}p \quad (2.115)$$

2）剩余自由焓

第一步，在恒定的温度 T 下，从 $p=0$ 到 $p=p$ 对自由焓的微分表达式(2.88)进行积分，即求恒定温度 T 下，真实流体压力从 $p=0$ 变到 $p=p$ 时的自由焓变：

$$G(T,p)-G(T,p=0)=\int_0^p v\mathrm{d}p \quad (\text{I})$$

第二步，求恒定温度 T 下，理想气体压力从 $p=0$ 变到 $p=p$ 时的自由焓变：

$$G^{\mathrm{id}}(T,p)-G^{\mathrm{id}}(T,p=0)=\int_0^p\frac{RT}{p}\mathrm{d}p \quad (\text{II})$$

第三步，式(Ⅰ)和式(Ⅱ)相减，并令 $G(T,p=0)=G^{\mathrm{id}}(T,p=0)$，得

$$G(T,p)-G^{\mathrm{id}}(T,p)=\int_0^p\left[v-\frac{RT}{p}\right]\mathrm{d}p \quad (\text{III})$$

此即剩余自由焓在以 T、p 为独立变量时的计算公式：

$$G^R(T,p)=\int_0^p\left(v-\frac{RT}{p}\right)\mathrm{d}p \quad (2.116)$$

U^R、S^R 和 A^R 可由它们与 H^R、G^R 的关系求出

$$U^R=H^R-pv^R=\int_0^p\left[v-T\left(\frac{\partial v}{\partial T}\right)_p\right]\mathrm{d}p-(Z-1)RT \quad (2.117)$$

$$S^R=\frac{H^R-G^R}{T}=\int_0^p\left[\frac{R}{p}-\left(\frac{\partial v}{\partial T}\right)_p\right]\mathrm{d}p \quad (2.118)$$

$$A^R=G^R-pv^R=\int_0^p\left(v-\frac{RT}{p}\right)\mathrm{d}p-(Z-1)RT \quad (2.119)$$

2. 以 T、v 为独立变量计算

前面已经提到，由于状态方程大多写成 p 对 T、v 的显函数形式，以 T、p 为独立变量会给数

学上的积分带来很大不便,而以 T、v 为独立变量则容易得多。因此,往往以 T、v 为独立变量的剩余性质的计算公式更为方便。但由于剩余性质已经定义为相同 T、p 下真实流体和理想气体性质之差,所以以 T、v 为独立变量的剩余性质的计算公式的推导要稍微复杂一些。但还是可以用以下统一的思路和步骤进行:

第一步,计算真实流体在恒定的温度下摩尔体积从无穷大变到当前值时的某种性质变化。

第二步,计算该流体处于理想气体状态时,在同样恒定的温度下摩尔体积从无穷大变到当前值时的同种性质变化。

第三步,将上面求得的两个性质变化相减,同时利用理想气体定律,令在摩尔体积等于无穷大时真实流体的性质与理想气体的性质相等而消去该项,从而得到 $M(T,v)-M^{id}(T,v)$。

第四步,利用下面的关系式,将 $M(T,v)-M^{id}(T,v)$ 转变成 $M(T,p)-M^{id}(T,p)$,即

$$\begin{aligned} M(T,v)-M^{id}(T,v) &= M(T,p)-M^{id}(T,p') \\ &= [M(T,p)-M^{id}(T,p)]+[M^{id}(T,p)-M^{id}(T,p')] \end{aligned}$$

式中,$p=ZRT/v$,为真实流体在 T、v 下的压力;$p'=RT/v$,为理想气体在 T、v 下的压力。

T、v 是“能”的天然独立变量,依据上面所述的原则,以 T、v 为独立变量时先解决“能”的问题。

1)剩余内能

第一步,在恒定的温度 T 下,从 $v=\infty$ 到 $v=v$ 对内能的微分表达式(2.96)进行积分,求真实流体的内能变化:

$$U(T,v)-U(T,v=\infty)=\int_{\infty}^{v}\left[-p+T\left(\frac{\partial p}{\partial T}\right)_v\right]\mathrm{d}v \tag{Ⅰ}$$

第二步,类似于第一步,求理想气体在体积从 $v=\infty$ 变到 $v=v$ 时的内能变化:

$$U^{id}(T,v)-U^{id}(T,v=\infty)=0 \tag{Ⅱ}$$

第三步,式(Ⅰ)和式(Ⅱ)相减,并令 $U(T,v=\infty)=U^{id}(T,v=\infty)$,得

$$U(T,v)-U^{id}(T,v)=\int_{\infty}^{v}\left[-p+T\left(\frac{\partial p}{\partial T}\right)_v\right]\mathrm{d}v \tag{Ⅲ}$$

第四步,

$$U(T,v)-U^{id}(T,v)=U(T,p)-U^{id}(T,p')=U(T,p)-U^{id}(T,p)$$

注意式中 $p=ZRT/v$,$p'=RT/v$。这样就得到了剩余内能在以 T、v 为独立变量时的计算公式:

$$U^R(T,p)=\int_{\infty}^{v}\left[-p+T\left(\frac{\partial p}{\partial T}\right)_v\right]\mathrm{d}v \tag{2.120}$$

2)剩余自由能

第一步,在恒定的温度 T 下,从 $v=\infty$ 到 $v=v$ 对自由能的微分表达式(2.87)进行积分,计算真实流体的自由能变化:

$$A(T,v) - A(T,v=\infty) = \int_{\infty}^{v} (-p)\mathrm{d}v \tag{Ⅰ}$$

第二步,求恒定温度 T 下,理想气体在体积从 $v=\infty$ 变到 $v=v$ 时的自由能变化:

$$A^{\mathrm{id}}(T,v) - A^{\mathrm{id}}(T,v=\infty) = \int_{\infty}^{v} \left(-\frac{RT}{v}\right)\mathrm{d}v \tag{Ⅱ}$$

第三步,式(Ⅰ)和式(Ⅱ)相减,并令 $A(T,v=\infty)=A^{\mathrm{id}}(T,v=\infty)$,得

$$A(T,v) - A^{\mathrm{id}}(T,v) = \int_{\infty}^{v} \left(-p+\frac{RT}{v}\right)\mathrm{d}v \tag{Ⅲ}$$

第四步,

$$\begin{aligned} A(T,v) - A^{\mathrm{id}}(T,v) &= [A(T,p) - A^{\mathrm{id}}(T,p)] + [A^{\mathrm{id}}(T,p) - A^{\mathrm{id}}(T,p')] \\ &= A^{R} + [A^{\mathrm{id}}(T,p) - A^{\mathrm{id}}(T,p')] \end{aligned} \tag{Ⅳ}$$

$$\begin{aligned} A^{\mathrm{id}}(T,p) - A^{\mathrm{id}}(T,p') &= [U^{\mathrm{id}}(T,p) - TS^{\mathrm{id}}(T,p)] - [U^{\mathrm{id}}(T,p') - TS^{\mathrm{id}}(T,p')] \\ &= [U^{\mathrm{id}}(T,p) - U^{\mathrm{id}}(T,p')] - [TS^{\mathrm{id}}(T,p) - TS^{\mathrm{id}}(T,p')] \\ &= -[TS^{\mathrm{id}}(T,p) - TS^{\mathrm{id}}(T,p')] \\ &= RT\ln(p/p') = RT\ln Z \end{aligned} \tag{Ⅴ}$$

由式(Ⅲ)、式(Ⅳ)、式(Ⅴ)得到剩余自由能(在以 T、v 为)独立变量时的计算公式:

$$A^{R}(T,p) = \int_{\infty}^{v} \left(-p+\frac{RT}{v}\right)\mathrm{d}v - RT\ln Z \tag{2.121}$$

H^{R}、S^{R} 和 G^{R} 可由它们与 U^{R}、A^{R} 的关系求出

$$H^{R} = U^{R} + pv^{R} = \int_{\infty}^{v} \left[-p + T\left(\frac{\partial p}{\partial T}\right)_{v}\right]\mathrm{d}v + (Z-1)RT \tag{2.122}$$

$$S^{R} = \frac{U^{R} - A^{R}}{T} = \int_{\infty}^{v} \left[-\frac{R}{v} + \left(\frac{\partial p}{\partial T}\right)_{v}\right]\mathrm{d}v + R\ln Z \tag{2.123}$$

$$G^{R} = A^{R} + pv^{R} = \int_{\infty}^{v} \left(-p+\frac{RT}{v}\right)\mathrm{d}v - RT\ln Z + (Z-1)RT \tag{2.124}$$

实际工作中,给定的已知条件往往是 T 和 P,而不是 T 和 v,此时应选用合适的状态方程去求 v,再用上述以 T、v 为独立变量的公式计算所需的剩余热力学性质。

【例 2.8】 推导 SRK 方程对应的剩余焓、剩余熵的表达式。

解:采用以 T、v 为独立变量的剩余焓、剩余熵积分表达式:

$$H^{R} = U^{R} + pv^{R} = \int_{\infty}^{v} \left[-p + T\left(\frac{\partial p}{\partial T}\right)_{v}\right]\mathrm{d}v + (Z-1)RT$$

$$S^{R} = \frac{U^{R} - A^{R}}{T} = \int_{\infty}^{v} \left[-\frac{R}{v} + \left(\frac{\partial p}{\partial T}\right)_{v}\right]\mathrm{d}v + R\ln Z$$

以上两式均涉及偏导数 $\left(\frac{\partial p}{\partial T}\right)_{v}$,对于 SRK 方程:

$$p = \frac{RT}{v-b} - \frac{a(T)}{v(v+b)}$$

该偏导数为

$$\left(\frac{\partial p}{\partial T}\right)_{v} = \frac{R}{v-b} - \frac{a'(T)}{v(v+b)}$$

所以

$$-p+T\left(\frac{\partial p}{\partial T}\right)_v=\frac{a(T)}{v(v+b)}-\frac{a'(T)T}{v(v+b)}$$

$$-\frac{R}{v}+\left(\frac{\partial p}{\partial T}\right)_v=-\frac{R}{v}+\frac{R}{v-b}-\frac{a'(T)}{v(v+b)}$$

其中

$$a'(T)=a_c\alpha'(T)=-ma_c[1+m(1-T_r^{0.5})]/(T_cT_r^{0.5})$$

$$a'(T)T=-ma_c[1+m(1-T_r^{0.5})]T_r^{0.5}$$

因此

$$H^R=\int_\infty^v\left[\frac{a(T)-a'(T)T}{v(v+b)}\right]dv+(Z-1)RT=\frac{a(T)-a'(T)T}{b}\ln\frac{v}{v+b}+(Z-1)RT$$

$$S^R=\int_\infty^v\left[-\frac{R}{v}+\frac{R}{v-b}-\frac{a'(T)}{v(v+b)}\right]dv+R\ln Z=R\ln\frac{v-b}{v}-\frac{a'(T)}{b}\ln\frac{v}{v+b}+R\ln Z$$

为保持表达式的简捷,$a(T)$和$a'(T)$的具体表达式不必代入上面的表达式。

2.6.2 流体热力学性质变化的计算

由于无法求得流体的热力学性质如内能、焓、熵、自由能、自由焓等的绝对值,只能给出相对于某个参考态的相对值,而化工过程设计中关心的也主要是流体经过一个过程后其热力学性质的变化,因此流体热力学性质变化的计算更重要。从前节可知,真实流体的热力学性质可由理想气体的性质和剩余性质之和给出,即

$$M(T,p)=M^{id}(T,p)+M^R(T,p) \tag{2.125}$$

真实流体的性质变化可以根据状态函数的概念,规范化地按照下式进行计算,而不需要设计什么路径:

$$\Delta M=M(T_2,p_2)-M(T_1,p_1) \tag{2.126}$$

在化工过程设计和模拟计算中最常见的性质计算为密度、焓和熵,自由焓在计算相平衡时会间接地涉及,而内能和自由能则一般很少涉及;即使需要计算,也可以根据它们和焓、熵的简单关系很快得到。鉴于焓、熵计算的重要性,我们这里做重点介绍。

理想气体的定压热容一般被关联成下面关于温度的多项式:

$$C_p^{id}=A+BT+CT^2+DT^3 \tag{2.127}$$

式中系数A、B、C、D为仅与物性有关的常数。对于常见的物质,它们的值可在附录Ⅲ中查到。根据式(2.107)和式(2.108)可得到理想气体焓、熵的计算公式:

$$H^{id}(T)=H^{id}(T_0)+\int_{T_0}^{T}(A+BT+CT^2+DT^3)dT$$

$$=H_0+AT+\frac{BT^2}{2}+\frac{CT^3}{3}+\frac{DT^4}{4} \tag{2.128}$$

$$S^{id}(T,p)=S^{id}(T_0,p_0)+\int_{T_0}^{T}\left(\frac{A}{T}+B+CT+DT^2\right)dT-R\ln\frac{p}{p_0}$$

$$=S_0+A\ln T+BT+\frac{CT^2}{2}+\frac{DT^3}{3}-R\ln p \tag{2.129}$$

以上两式中的常数H_0、S_0是在推导过程中合并常数项得到的常数。当参考态一定时它们为物

性常数,在计算性质变化时会被消去。因此,它们的值究竟为多少并不重要。得到理想气体焓、熵后,真实流体的焓、熵可按以下两式计算:

$$H(T,p) = H_0 + AT + \frac{BT^2}{2} + \frac{CT^3}{3} + \frac{DT^4}{4} + H^R(T,p) \tag{2.130}$$

$$S(T,p) = S_0 + A\ln T + BT + \frac{CT^2}{2} + \frac{DT^3}{3} - R\ln p + S^R(T,p) \tag{2.131}$$

可见,只要知道始态的温度和压力 T_1、p_1 以及末态的温度和压力 T_2、p_2,就可由上面两个式子分别计算始态的焓、熵和末态的焓和熵,再由式(2.126)计算过程的焓变和熵变。

焓和熵的计算是化工过程模拟和设计中经常遇到的基本计算问题。在压缩机、膨胀机和泵的功率负荷核算,换热器中的能量平衡,精馏塔板上的热平衡和等焓闪蒸等计算中均涉及焓的计算,而压缩机、膨胀机出口温度的计算则常常涉及熵的计算。因此有关焓和熵的计算方法一定要掌握。

【例2.9】 证明:单位摩尔液体汽化时的等压可逆相变热为

$$\Delta H = H^R(T,v^G) - H^R(T,v^L)$$

证明:液体在某温度下进行等压可逆汽化时体系的压力恒定在该温度下的饱和蒸气压。单位摩尔液体汽化时的等压可逆相变热应等于饱和蒸气的摩尔焓和饱和液体的摩尔焓之差:

$$\Delta H = H^G(T,p^S) - H^L(T,p^S)$$

而

$$H^G(T,p^S) = H^{id}(T) + H^{R(G)}(T,p^S)$$
$$H^L(T,p^S) = H^{id}(T) + H^{R(L)}(T,p^S)$$

因此

$$\Delta H = H^{R(G)}(T,p^S) - H^{R(L)}(T,p^S)$$

要特别注意,处在相同的温度 T 和压力 p^S 下,饱和液体的剩余焓和饱和蒸气的剩余焓是不相等的,它们的值分别取决于饱和液体的摩尔体积和饱和蒸气的摩尔体积,即

$$H^{R(G)}(T,p^S) = H^R(T,v^G)$$

$$H^{R(L)}(T,p^S) = H^R(T,v^L)$$

这样就得到我们需要证明的结果:

$$\Delta H = H^R(T,v^G) - H^R(T,v^L)$$

如果用SRK方程计算剩余性质,则由例2.8有

$$H^R(T,v^G) = \frac{a(T) - a'(T)T}{b}\ln\frac{v^G}{v^G + b} + (Z^G - 1)RT$$

$$H^R(T,v^L) = \frac{a(T) - a'(T)T}{b}\ln\frac{v^L}{v^L + b} + (Z^L - 1)RT$$

本例清楚地表明:以 T、v 为独立变量来计算剩余性质不仅给我们带来数学上的方便,更使物理意义明晰,不易犯错。而以 T、p 为独立变量,则可能出现同一组 T、p 值对应不同状态的情况(如本例中的气态和液态),容易出错。

◇ 习　题 ◇

1. 因为图 2.1 中蒸发线上的自由度为 1，所以处在蒸发线上的 1mol 物质，只要温度给定，它的压力和体积就确定了。这一说法对吗？如果是错误的，你将如何改正呢？

2. 1mol 理想气体在常压、25℃时的体积为多少？

3. 在临界温度附近，van der Waals 方程也能较准确地预测烃类流体的饱和蒸气压，但对体积性质的预测精度仍然很差。这一说法对吗？为什么？

4. 1mol 丙烷放在 2L 的容器中，用 R－K 方程分别求 100℃和 6℃时容器内的压力。已知丙烷在 6℃时的饱和蒸气压为 0.57MPa，饱和液体的体积 v^{SL} 为 0.0837L · mol^{-1}，饱和蒸气的体积 v^{SV} 为 3.5507L · mol^{-1}。

5. 推导式(2.24)、式(2.25)。

6. 证明式(2.33)中参数 A、B 均是无因次的。

7. 分别推导 van der Waals、R－K、SRK、P－R 状态方程的第二、第三维里系数表达式，分别用这些表达式计算甲烷在 0℃时的第二、三维里系数，并计算在该温度下、9MPa 时的压缩因子。你认为哪个压缩因子的值更为可靠？

8. 利用附录Ⅵ中提供的立方方程根的求解子程序，选用适当的状态方程，计算乙烷在 －40℃、－20℃、0℃、10℃、30℃时的饱和蒸气压、饱和液体体积、饱和蒸气体积。已知乙烷在 －40℃、－20℃、0℃、10℃、30℃时的饱和蒸气压实测值分别为 7.748atm、14.154atm、23.708atm、29.930atm、45.974atm。请将计算值和实验值进行比较。

9. 对所学的状态方程进行分类，并对比各方程的优缺点、适用范围。

10. 请将 van der Waals 方程转换为式(2.67)所示的对比形式。

11. 用普遍化第二维里系数法计算 0℃、9MPa 时甲烷的压缩因子，并和习题 7 中的结果做比较，分析一下谁更可靠。

12. 推导 van der Waals 流体和 R－K 流体的焓和熵的微分表达式(只能含 p、V、T 和热容等可测变量)。

13. 将以下偏导数用仅含 p、V、T、C_p、C_V 这些可测变量的关系式表示。

(1) $\left(\frac{\partial S}{\partial p}\right)_T$　　(2) $\left(\frac{\partial p}{\partial V}\right)_S$　　(3) $\left(\frac{\partial T}{\partial p}\right)_H$

(4) $\left(\frac{\partial T}{\partial p}\right)_S$　　(5) $\left(\frac{\partial V}{\partial T}\right)_U$　　(6) $\left(\frac{\partial U}{\partial p}\right)_S$

14. 推导定压热容和定容热容之差($C_p - C_V$)和 PVT 之间的关系，并具体针对 van der Waals 方程推导 $C_p - C_V$ 的计算式。

15. 分别推导 van der Waals 方程、R－K 方程的剩余焓和剩余熵表达式，并用 R－K 方程计算 CO_2 气体从 25℃、0.5MPa 压缩到 100℃、1.5MPa 的过程中摩尔焓、熵的变化。

第3章　热力学第一定律及其应用

在第2章中,我们介绍了定量描述流体PVT性质关系的数学表达式——状态方程。根据状态方程,便可以完成PVT性质的计算,确定出对应于某一状态的流体的PVT性质的值。而在第2章后半部分又介绍了怎样由流体的PVT性质及状态方程计算出流体经过一个变化过程后的一些能量函数(如内能、焓等)的变化值。

本章开始讨论热力学体系状态变化问题,体系从一个状态变化到另一个状态完成一个过程时应遵从的规律之一即热力学第一定律,进而得到相应的以热力学能量函数及过程函数表示的数学表达式即能量平衡方程式,这对实际生产过程是非常重要的。因为在化工生产中,无论是流体流动过程,还是传热和传质过程或者化学反应过程,都同时伴有能量形式的变化。能量衡算是化工过程设计与模拟的一个重要环节,它所依据的正是热力学第一定律。另外为了科学地使用能量,以实现生产过程的节能降耗,也需要我们掌握能量转化的基本规律,开发新的能量利用方法,这些工作也离不开热力学第一定律做指导。此外,热力学第一定律是构筑热力学理论体系的基础,完整地掌握热力学第一定律是掌握其他热力学理论知识不可或缺的前提。

例如化工生产中的一些常见的如压缩机和膨胀机、换热器及喷嘴等设备的单元操作过程,目的都是改变流体的状态。根据热力学第一定律的数学表达式进行能量衡算,便可以对这些体系发生状态变化的操作过程进行分析和计算,确定过程函数热、功及体系能量函数与体系状态变化的关系,在确定一些基本量后进而求出完成这些过程所需的热、功等未知量,最终开始这些过程的设备设计和分析核算。

本章要求准确理解热力学第一定律及其数学表达式的含义,掌握利用热力学性质数据计算一些变化过程中流体的内能变化、焓变化及过程的热、功的计算。

3.1　功和热

从宏观的角度分析,利用能量传递来改变体系的状态的方法有两种:一种方法是体系对环境做功或环境对体系做功;另一种方法是体系对环境放热或体系从环境中吸热。因此在研究热力学第一定律之前,我们有必要再对功和热进行一下讨论。

当体系在广义力的作用下,产生了广义的位移时,就做了功。无论是体系对环境做功还是体系从环境中得到功,通常结果都是体系的状态发生了改变。

功的符号用 W 表示,其单位为焦耳(J)等能量单位。规定环境对体系做功时,W 取正值;而体系对环境做功时,W 取负值。

在热力学中,功一般可分为体积功和非体积功。体积功是指在一定的环境压力下,系统的体积发生变化而与环境之间交换的能量。除了体积功以外的一些其他形式的功,如电功、表面功、磁功和化学功等统称为非体积功。这里研究讨论的基本上都是体积功。

在“物理化学”中已经推导出热力学中封闭体系的体积膨胀功的表达式为

$$\delta W = -p_{\mathrm{sur}}\mathrm{d}V \tag{3.1a}$$

或

$$W = -\int_{V_1}^{V_2} p_{sur} dV \tag{3.1b}$$

式中，p_{sur}表示在体系发生膨胀或压缩时环境作用于体系的压力。式(3.1)有两种特殊情况：

一种是当过程为可逆过程时，此时体系压力与环境压力的差值为无穷小，则此时式(3.1a)变为

$$\delta W = -p dV \tag{3.1c}$$

另一种是当环境压力为恒定值时，此时式(3.1b)变为

$$W = -p_{sur} \Delta V \tag{3.1d}$$

功不是状态函数。在一个变化过程中，即使在同一始、终态条件下，若过程变化的途径不同，则功的值就不同。因而若只知道体系变化过程的始、终态是无法确定功的，必须是已知体系变化过程的始、终态及过程的具体途径时才能求出功。由此可知功是一个过程函数。体系经过一个过程变化以后，其状态函数的变化如内能，微分量可记作 dU，积分量可记作 ΔU。而对功，由于它是过程函数，是不可微分的，因此我们将一个微小过程中环境对体系所做的功表示为 δW，而不是 dW；将一个宏观过程中环境对体系所做的功表示为 W，而不是 ΔW。

我们把因为体系和环境温度不同而引起的两者之间传递的能量称之为热。热的符号用 Q 表示，其单位也是 J。规定体系从环境中吸热，Q 取正值；体系向环境中放热，Q 取负值。

和功一样，热也不是状态函数而是过程函数。若只知道过程变化的体系始、终态而不知道过程进行的具体途径，也无法计算过程的热，必须还要知道完成体系始、终态变化的过程的具体途径，才能计算出相应的热。因此同样将一个微小过程和宏观过程中体系从环境吸收的热量分别表示为 δQ 和 Q，以便和状态函数相区别。

3.2 热力学第一定律及其分析

热力学第一定律就是众所周知的能量转化与守恒定律。1693 年 Leibnitz 就已经证明了力学的能量守恒定律，即在一隔离的机械体系中动能和位能的和是恒定的。1840 年开始，焦耳在做了一系列著名的焦耳实验后，确定了热和功之间转化的当量关系，由此确立了现今意义上的热力学第一定律。

热力学第一定律有许多不同的叙述方法，但其根本意义都相同。现在研究者普遍认可的说法是：自然界中的一切物质都具有能量，能量有各种不同的形式，它可以从一种形式转变为另一种形式，但能量既不能被创造，也不能被消灭。

将热力学第一定律的文字叙述加以分析，我们可以得到如下结论：

(1) 自然界中的一切物质都具有能量。所有物质，只要它是以一定的状态存在于自然界中，它本身就具有一定的能量。不同的物质在同一状态时所具有的能量值不同，而同一物质在不同状态时所具有的能量值也不同。热力学研究封闭体系宏观静止的物质所具有的能量是指物质内部的一切能量，包括物质内分子的平动能、转动能、振动能、电子缔合能、原子核能以及分子间相互作用的势能等各种能量，一般均以一个内能 U 表示。而研究敞开体系宏观流动物质所具有的能量则除了内能 U 以外，还要考虑其处于流动状态所具有的流动能（其他教材称

之为流动功)。一般以二者之和即焓 H 来表示敞开体系宏观流动物质所具有的能量。关于此点我们在后面再详细讨论。需要说明的一点是,无论内能 U 和焓 H,都不包括物质的势能和动能。

(2)要准确把握能量的含义。通常能量可区分为两类,一类是体系因其所处状态而具有的能量,如动能、位能、内能和焓等。它们都是体系的状态函数。另一类是在过程发生时体系边界传递的能量。它们不是状态函数,而是过程函数。后一类能量在热力学范畴内又可分为功和热。做功和传热是能量转化的两条基本途径。

(3)能量是可以相互转化的,在转化过程中总量是守恒的。在体系变化过程中,能量只是从一种形式转变为另一种形式,某种形式能量的增加,一定同时伴随有另外一种或几种形式的能量的减少,能量的总值是不变的。例如环境从体系得到功,一定同时伴随有其他形式的能量的变化,可以是体系能量的减少提供了这部分功,也可以是体系从环境中吸收热量提供了这部分功,或是体系能量的变化和体系与环境中交换的热量共同提供了这部分功。同样绝不会出现过程变化中能量消失而未转化为其他形式能量的现象。

对经过一个过程变化的体系而言,热力学第一定律的文字表达式为

$$(\text{能})_{\text{入}} - (\text{能})_{\text{出}} = (\text{能})_{\text{增}} \tag{3.2}$$

其含义是输入体系的能量和输出体系的能量之差等于体系能量的增量。

进行热力学研究,首先要限定一个有限的研究范围。这个由研究者人为规定的有限的研究范围我们称之为体系,即热力学研究的对象。体系以外的一切(指与体系有相互作用的部分)称之为外界或环境。热力学中体系根据其与环境的相互作用(即物质传递和能量传递)分为三类:

孤立体系(又称隔离体系)——与环境间既没有物质传递又没有能量传递的体系。

封闭体系(简称闭系)——与环境间没有物质传递但可以有能量传递的体系。

敞开体系(简称开系)——与环境间既可以有物质传递也可以有能量传递的体系。

对孤立体系,体系与环境间既没有物质传递又没有能量传递,因而体系本身所具有的能量也不会发生变化。热力学第一定律的文字表达式(3.2)左右两端都为零,不具有应用意义。实际上绝对的孤立体系并不存在,但若把体系和环境看成一个整体作为一个新的体系时,由于物质和能量的传递都在这个新的体系内部进行,则这个新的体系便可近似地看成是孤立体系。孤立体系实际上仅仅是为了方便研究而提出的一种模型,因而我们重点研究热力学第一定律在封闭体系和敞开的稳定流动体系中的应用。

3.3 热力学第一定律在封闭体系中的应用

封闭体系是体系与环境间没有物质传递但可以有能量传递的体系,根据热力学第一定律,在能量转化过程中,能量既不能创造,也不能消灭,能量的总值是不变的,即此时有

$$(\text{能})_{\text{入}} - (\text{能})_{\text{出}} = (\text{能})_{\text{增}}$$

若在 $\mathrm{d}t$ 时间间隔内,环境提供给体系的热量为 δQ,环境提供给体系的功为 δW,以 e 表示单位质量物质因其所在状态而具有的能量,以 M 表示体系的总质量,则式(3.2)可表示为

$$\delta Q + \delta W = \mathrm{d}(M \cdot e) \tag{3.3}$$

对封闭体系,单位质量物质所携带的能量 e 一般包括三个部分,即物质因其所处状态而具

有的能量内能 U,因其所处位置而具有的位能 gz 和因其处于一定的速度之下而具有的动能 $\frac{u^2}{2}$,故有

$$e = U + gz + \frac{u^2}{2} \tag{3.4}$$

式中 g——重力加速度;

z——体系相对于某一水平基准面的高度;

u——体系的速度。

将式(3.4)带入到式(3.3)中有

$$\delta Q + \delta W = \mathrm{d}\left[M \cdot \left(U + gz + \frac{u^2}{2}\right)\right] \tag{3.5}$$

由于封闭体系中体系与环境之间没有物质传递,体系的总质量 M 为恒定值,则上式简化为

$$\delta Q + \delta W = M \cdot \mathrm{d}\left(U + gz + \frac{u^2}{2}\right) \tag{3.6}$$

对于静止的封闭体系,其位高不会有变化,速度也恒为零,此时,上式进一步简化为

$$\delta Q + \delta W = M \cdot \mathrm{d}U \tag{3.7}$$

通常我们将该式直接写为

$$\delta Q + \delta W = \mathrm{d}U \tag{3.8}$$

其积分式为

$$Q + W = \Delta U \tag{3.9}$$

式(3.9)就是我们很熟悉的静止封闭体系的能量平衡方程,其中,ΔU 是体系内能的变化,Q 和 W 分别是体系与外界交换的热和功。对式(3.8)和式(3.9),我们应用时只要注意保持等式两端计算基准一致即可,即如果内能 U 用单位质量物系的内能时,则相应的 Q 和 W 也均取单位质量物系与环境交换的 Q 与 W 值;如果内能 U 用物系总的内能时,则相应的 Q 和 W 也均取总的物系与环境交换的 Q 与 W 值即可。

【例 3.1】 活塞气缸内有 5mol、400K、300kPa 的理想气体等温膨胀至 100kPa,若膨胀过程为:

(1)抵抗 100kPa 的外压等温膨胀至 100kPa;

(2)先抵抗 200kPa 的外压等温膨胀至 200kPa,再抵抗 100kPa 的外压等温膨胀至 100kPa。

试求这两个途径的膨胀功和体系与环境交换的热量。

解:先确定各状态时此理想气体的体积。

始态:400K、300kPa、5mol 理想气体的体积

$$V_1 = \frac{nRT}{p_1} = \frac{5 \times 8.314 \times 400}{300 \times 10^3} = 55.43 \times 10^{-3}(\mathrm{m}^3)$$

中间态:400K、200kPa、5mol 理想气体的体积

$$V_{20} = \frac{nRT}{p_{20}} = \frac{5 \times 8.314 \times 400}{200 \times 10^3} = 83.14 \times 10^{-3}(\mathrm{m}^3)$$

终态:400K、100kPa、5mol 理想气体的体积

$$V_2 = \frac{nRT}{p_2} = \frac{5 \times 8.314 \times 400}{100 \times 10^3} = 166.28 \times 10^{-3}(\mathrm{m}^3)$$

若以活塞气缸内的理想气体为体系,对此封闭体系有

$$Q + W = \Delta U$$

由于理想气体的内能只是温度的函数,这里进行的是理想气体的等温膨胀过程，因而有$\Delta U = 0$。则上式变为

$$Q = -W$$

(1)此途径的功为

$$\begin{aligned}W_1 &= -\int_{V_1}^{V_2} p_{sur} \mathrm{d}V = -p_{sur}(V_2 - V_1) = -100 \times 10^3 \times (166.28 \times 10^{-3} - 55.43 \times 10^{-3}) \\ &= -11085(\mathrm{J}) = -11.085(\mathrm{kJ})\end{aligned}$$

则此途径的热为

$$Q_1 = -W_1 = 11.085(\mathrm{kJ})$$

(2)此途径的功为

$$\begin{aligned}W_2 &= -\int_{V_1}^{V_{20}} p_{sur1} \mathrm{d}V - \int_{V_{20}}^{V_2} p_{sur2} \mathrm{d}V = -p_{sur1}(V_{20} - V_1) - p_{sur2}(V_2 - V_{20}) \\ &= -200 \times 10^3 \times (83.14 \times 10^{-3} - 55.43 \times 10^{-3}) - 100 \times 10^3 \\ &\quad \times (166.28 \times 10^{-3} - 83.14 \times 10^{-3}) \\ &= -5542 - 8314 = -13856(\mathrm{J}) = -13.856(\mathrm{kJ})\end{aligned}$$

则此途径的热为

$$Q_2 = -W_2 = 13.856(\mathrm{kJ})$$

由功和热的数值可知,对始、终态相同的体系变化过程,变化途径不同,功和热的值也不同,说明功和热不是状态函数而是过程函数,必须指定过程变化途径才能求出其对应的值。这里功为负值表示是体系对环境做功,热为正值表示是体系从环境中吸热。

3.4 热力学第一定律在敞开流动体系中的应用

化工生产中经常遇到的是敞开流动体系,因此我们将主要研究敞开流动体系的能量平衡问题。敞开体系是体系与环境间既可以有物质传递,也可以有能量传递的体系。在对敞开体系进行能量衡算时,所选择的敞开体系可以是一个设备及其内容物,也可以是一个过程(系统),或者过程的某一部分。即相对于封闭体系以固定的物质为研究对象,敞开体系则是以一定的空间范围为研究对象。

如图 3.1 所示,对敞开体系,过程变化的总能量还是守恒的,此时仍然有

$$(能)_{入} - (能)_{出} = (能)_{增}$$

即根据热力学第一定律的能量守恒原理,体系能量的变化与体系和环境交换的净能量相等。从图 3.1 中可以看出,在敞开体系的边界上,不仅有以热和功为形式的能量输入或输出,而且还允许有物质流入或流出带来的物质传递。由热力学第一定律我们知道,处于一定状态的物质都具有一定的能量。因此在考虑能量传递时,除了热和功以外,还应该考虑由于物质流入和流出体系引起的能量变化。若仍以 e 表示单位质量流体所携带的能量,则对图 3.1 方框所示的敞开体系,在 $\mathrm{d}t$ 时间间隔内式(3.2)可表示为

$$(e\delta M)_{in} - (e\delta M)_{out} + \delta Q + \delta W_s = \mathrm{d}E_{sys} \tag{3.10}$$

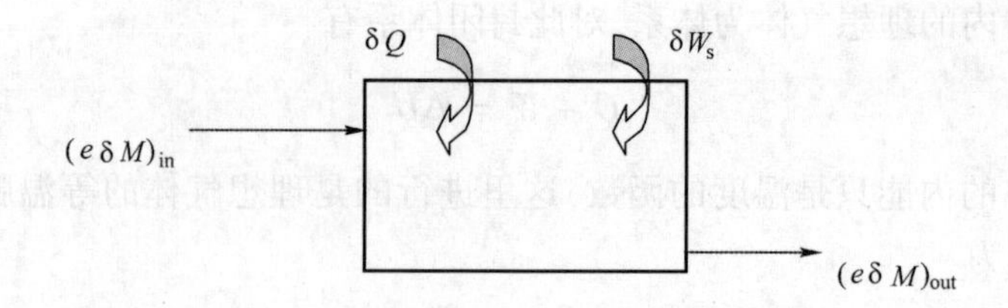

图 3.1　开系的能量平衡示意图

式中，δM_{in}、δM_{out}是与时间有关的量，可由质量流量得到

$$\delta M_{in} = m_{in}\mathrm{d}t, \qquad \delta M_{out} = m_{out}\mathrm{d}t \tag{3.11}$$

对敞开体系，由于存在着流体的流进和流出，单位质量流体所携带的能量 e 一般由内能、位能、动能和流动能（其他教材上称之为流动功）四部分构成，可表示为

$$e = U + gz + \frac{u^2}{2} + pv \tag{3.12}$$

此式右边四项分别为单位质量流体的内能、位能、动能和流动能。g 为重力加速度；z 代表体系相对于某一水平基准面的高度，单位为 m ；u 为流体的平均流速，单位为 $\mathrm{m \cdot s^{-1}}$。而这里 pv 表示单位质量流体的流动能。流动能是维持流体保持流动状态而推动下游流体流动的能量。流动能和化工原理中的静压能在物理实质上是一致的，从流动能是由压力和体积的乘积 pv 构成可知，它是一个具有能量单位的状态函数。

正如前面我们提到过的，对处于流动状态的敞开体系流体而言，为了方便，我们定义了一个新的热力学状态函数——焓，以符号 H 表示，其单位与内能相同。焓的定义式为

$$H = U + pv \tag{3.13}$$

因此式(3.10)变为

$$\left(H + \frac{u^2}{2} + gz\right)_{in} \cdot \delta M_{in} - \left(H + \frac{u^2}{2} + gz\right)_{out} \cdot \delta M_{out} + \delta Q + \delta W_s = \mathrm{d}E_{sys} \tag{3.14}$$

此式即为敞开体系的能量平衡方程式。式中 E_{sys} 表示敞开体系的总的能量；H 表示单位质量的敞开体系流体的焓；W_s 表示轴功。与静止封闭体系与环境之间交换的体积功 W 是因体系的体积变化而发生的不同，流动体系与环境之间交换的功 W_s 并不一定伴随着体系体积的变化，它是体系的压力作用于某个机械装置的表面而产生的推力使该装置发生移动或转动时所发生的功。在该过程中体系的状态性质最明显的变化是压力的降低而不是体积的变化。由于 W_s 涉及的机械装置大多围绕一个轴来转动，故将 W_s 形象地称为轴功。常见的流体产功设备有蒸汽透平、水轮机、风机等，常见的流体耗功设备有压缩机、鼓风机、泵等。流体和管道间的摩擦阻力所做的功也可以视为轴功。

若将敞开体系的能量平衡方程式(3.14)以流率表示，其式变为

$$\left(H + \frac{u^2}{2} + gz\right)_{in} \cdot m_{in} - \left(H + \frac{u^2}{2} + gz\right)_{out} \cdot m_{out} + Q' + W'_s = \mathrm{d}E_{sys}/\mathrm{d}t \tag{3.14a}$$

式中　Q'——热量流率，$\mathrm{J \cdot s^{-1}}$；

　　　W'_s——轴功率，$\mathrm{J \cdot s^{-1}}$；

m——质量流率或摩尔流率,kg·s^{-1}或 mol·s^{-1}。

对于有多股流体流入或流出的体系,能量平衡方程为

$$\sum_k \left(H + \frac{u^2}{2} + gz\right)_{k,\text{in}} m_{k,\text{in}} - \sum_j \left(H + \frac{u^2}{2} + gz\right)_{j,\text{out}} m_{j,\text{out}} + Q' + W'_\text{s} = \text{d}E_\text{sys}/\text{d}t \quad (3.15)$$

3.5 稳流过程的能量平衡方程

3.5.1 敞开体系稳流过程的能量平衡方程式

现代的化工生产过程采用的大都是稳定流动过程,简称稳流过程。这是因为在稳定流动条件下运转的设备和过程,可以创造最大的综合经济效益,并且生产过程操作和控制都更简单。稳流过程在考察的时间内,沿着流体流动的途径所有各点的质量流量都不随时间而变化,能流速率也不随时间而变化,所有质量和能量的流率均为常量。此时敞开体系内各点状态不因时间而异,且敞开体系内没有质量和能量积累的现象,即$\frac{\text{d}E_\text{sys}}{\text{d}t}=0$,此时能量平衡方程(3.14)简化为

$$\left(H + \frac{u^2}{2} + gz\right)_\text{in} - \left(H + \frac{u^2}{2} + gz\right)_\text{out} + Q + W_\text{s} = 0 \quad (3.16)$$

式中 H——单位质量或1mol 流体的焓值,J·kg^{-1}或 J·mol^{-1};

$\frac{u^2}{2}$——单位流体的动能,J·kg^{-1}或 J·mol^{-1};

gz——单位流体的位能,J·kg^{-1}或 J·mol^{-1};

Q——单位流体吸收的热量,J·kg^{-1}或 J·mol^{-1};

W_s——单位流体所做的轴功,J·kg^{-1}或 J·mol^{-1}。

若流体能量的变化量以下式表示:

$$\Delta\left(H + \frac{u^2}{2} + gz\right) = \left(H + \frac{u^2}{2} + gz\right)_\text{out} - \left(H + \frac{u^2}{2} + gz\right)_\text{in} \quad (3.17)$$

则式(3.16)变为

$$\Delta\left(H + \frac{u^2}{2} + gz\right) = Q + W_\text{s} \quad (3.18)$$

若与前面得到的静止的封闭体系的能量平衡方程式(3.9)相比较:

$$\Delta U = Q + W$$

可以看出,对于流动体系,做功和传热可引起体系焓(包括内能和流动能)、位能、动能发生变化,而对于静止的封闭体系,做功和传热只能引起体系内能的变化。这也说明流动的封闭体系所具有的能量的内涵比静止的封闭体系更加丰富。式(3.18)常写成

$$\Delta H + g\Delta z + \frac{1}{2}\Delta u^2 = Q + W_\text{s} \quad (3.19)$$

3.5.2 稳流过程能量平衡式的简化形式及其应用

1. 机械能平衡式

机械能平衡式是与外界无热、无轴功交换的不可压缩流体的稳流过程的能量平衡式。将

$\Delta H = \Delta U + \Delta(pv)$代入式(3.19)得

$$\Delta U + \Delta(pv) + g\Delta z + \frac{1}{2}\Delta u^2 = Q + W_s \tag{3.20}$$

因与外界无热、无轴功交换,所以

$$Q = 0, \qquad W_s = 0 \tag{3.21}$$

对于不可压缩流体,假定流体是没有黏度的理想流体,则无摩擦耗损存在,这意味着没有机械能转变为内能,即流体的温度不变,因而内能也不变,即

$$\Delta U = 0 \tag{3.22}$$

对于不可压缩流体,v 是常量,因此有

$$\Delta(pv) = v\Delta p = \Delta p/\rho \tag{3.23}$$

式中,ρ 为流体的密度。这样式(3.20)变为

$$\frac{\Delta p}{\rho} + g\Delta z + \frac{1}{2}\Delta u^2 = 0 \tag{3.24}$$

上式即为著名的伯努利(Bemouli)方程式,或称其为机械能平衡式。它是稳流过程能量平衡方程在特定条件下的简化形式。

2. 绝热稳定流动方程式

绝热稳定流动方程式是与外界无热、无轴功交换的可压缩流体的稳流过程的能量平衡式。工程上常遇到的绝热稳流过程有气体通过管道、喷管、扩压管、节流装置等。这些设备在一般情况下与外界的热量交换很小,可以忽略不计。又由于气体通过这些设备时的位高基本不变,因此式(3.19)可以简化成

$$\Delta H + \frac{1}{2}\Delta u^2 = 0 \tag{3.25}$$

上式即为绝热稳定流动方程式。

1)喷管与扩压管

这是一类特殊的节流部件,由图3.2可见,它们的结构特点是进、出口截面积变化很大。流体通过时,压力沿着流动方向降低,从而使流速增大的部件称为喷管(喷嘴)。反之,使流速减慢、压力升高的部件称为扩压管。上述定义对于亚音速和超音速流动都适用。它们的共同特点是过程绝热、不做功,但动能变化显著。

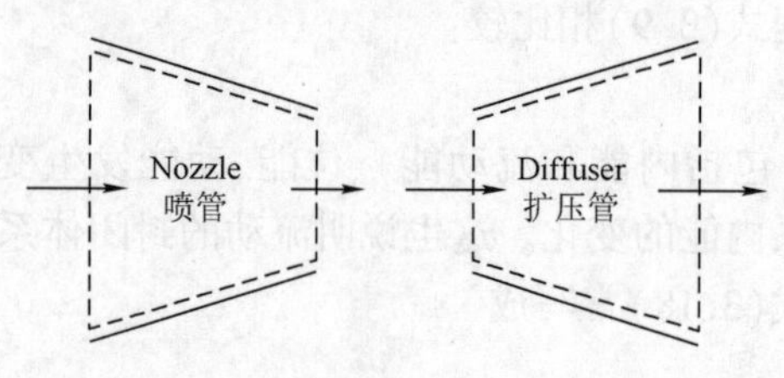

图3.2　喷管和扩压管示意图

因此对于喷管或扩压管,式(3.25)可以改写为

$$H_2 - H_1 = \frac{u_1^2 - u_2^2}{2} \tag{3.25a}$$

可见,流体通过焓值的改变来换取动能的调整。

2)节流装置

流体通过节流装置,如孔板、阀门、多孔塞等时压力下降。对于不可压缩流体,节流装置的前后通道截面积一般不变,流体在单位面积上的质量流量不变,比容变化很小,因而流体的线速度近似于常量;对于可压缩流体,因压力降低会引起比容显著减少,一般会在节流后增加流

道截面积以保持基本恒定的流体线速度。因此,无论是可压缩流体还是不可压缩流体,均可以忽略流体流经节流装置后动能和位能的变化,且过程中与外界无功和热的交换,则式(3.19)变成

$$\Delta H \approx 0 \tag{3.26}$$

因此节流过程也常称等焓节流或等焓膨胀过程。节流膨胀后往往会使流体的温度下降,在制冷过程中经常应用。

节流时,由于压力变化而引起的温度变化称为节流效应,或者 Joule - Thomson 效应。由于微小压力变化所引起的温度变化的比值,称为微分节流效应系数——焦耳—汤姆逊(Joule - Thomson)系数,表示为

$$\mu_J = \left(\frac{\partial T}{\partial p}\right)_H \tag{3.27}$$

由热力学基本关系式和 Maxwell 关系式,可推得只含 PVT 关系和比热容的 J - T 系数表达式:

$$\mu_J = \left(\frac{\partial T}{\partial p}\right)_H = -\left(\frac{\partial H}{\partial p}\right)_T \Big/ \left(\frac{\partial H}{\partial T}\right)_p = \frac{T\left(\frac{\partial V}{\partial T}\right)_p - V}{C_p} \tag{3.28}$$

对于理想气体,因为焓只是温度的函数,所以$(\partial H/\partial p)_T = 0$,所以$\mu_J = 0$,节流后温度不变。

对于实际气体,若$T\left(\frac{\partial V}{\partial T}\right)_p - V > 0$,$\mu_J > 0$,节流后温度降低,冷效应;

若$T\left(\frac{\partial V}{\partial T}\right)_p - V = 0$,$\mu_J = 0$,节流后温度不变,零效应;

若$T\left(\frac{\partial V}{\partial T}\right)_p - V < 0$,$\mu_J < 0$,节流后温度升高,热效应。

若已知真实气体的状态方程,即可以算出节流效应系数,通常 J - T 系数需要实验测定。

由式(3.28)分析可以得出,不可压缩流体节流后总是产生冷效应。而同一个气体在不同状态下节流,有不同的节流效应值,焦汤系数可为正、负或零。焦汤系数为 0 的点为转换点,相应的温度称为转换温度,如图 3.3 所示。

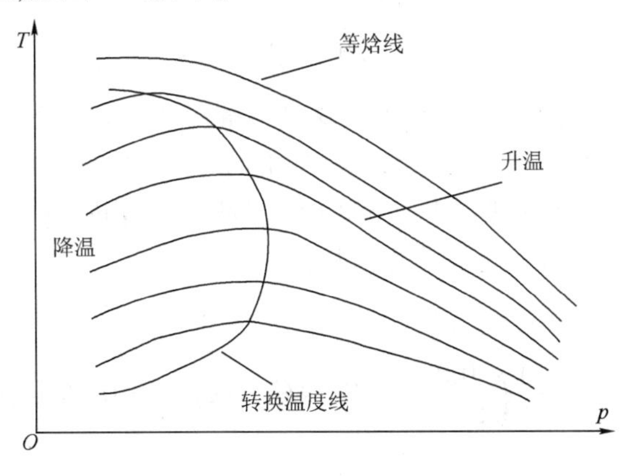

图 3.3　节流过程转换温度示意图

大多数气体的转换温度高于室温，产生冷效应。但是氢气、氦、氖转化温度低于室温，如图 3.4 所示，欲使其产生冷效应，需要预冷却。表 3.1 给出了一些气体的最高转换温度。

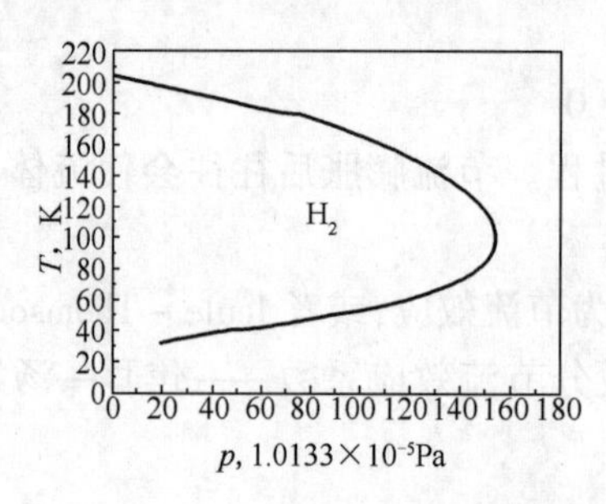

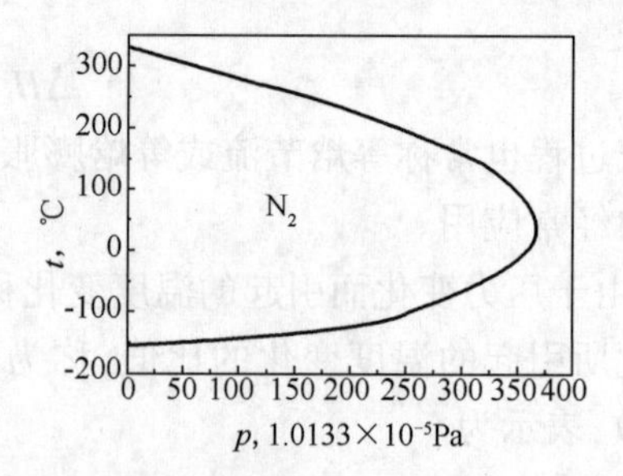

图 3.4 H_2 和 N_2 节流过程的转换温度线

表 3.1 一些气体的最高转换温度

气体	He	H_2	N_2	CO	Air	O_2	CH_4
t,℃	-234	-69	331	371	377	498	680

3. 与外界有大量热、轴功交换的稳流过程

化工生产中的传热、传质、化学反应、气体压缩与膨胀、液体混合等都属此情况。由于体系与外界有大量热和轴功的交换，能量平衡式中的动能和位能项可以忽略，式(3.19)变成

$$\Delta H = Q + W_s \tag{3.29}$$

在许多工程应用中，动能、位能和热、功相比，可以忽略，因此上式在化工过程能量衡算中应用极广。

倘若过程是绝热的，则上式还可简化成

$$W_s = \Delta H \tag{3.30}$$

此式表明，在绝热情况下，流体与外界交换轴功的值，等于流体的焓变。可以利用此式求得绝热压缩和膨胀过程的轴功。

对于无轴功交换但有热交换的化工过程，如换热、化学反应以及其他诸如精馏、蒸发、溶解、吸收、萃取等物理过程，能平方程可简化成

$$\Delta H = Q \tag{3.31}$$

此式表明，体系与外界交换的热量等于焓变。这是热量衡算的基本公式。

【例 3.2】 如图 3.5 所示，用功率为 2.0 kW 的泵将 95℃的热水从储水罐送到换热器。热水的流量为 3.5 $kg \cdot s^{-1}$。在换热器中以 698 $kJ \cdot s^{-1}$的速率将热水冷却后送入比第一储水罐高 15 m 的第二储水罐中，求第二储水罐的水温。

解：以 1kg 水为计算基准

$$输入的功\ W_s = \frac{2.0 \times 1000}{3.5} = 571.4(J \cdot kg^{-1}) = 0.5714(kJ \cdot kg^{-1})$$

$$放出的热\ Q = \frac{-698}{3.5} = -199.4(kJ \cdot kg^{-1})$$

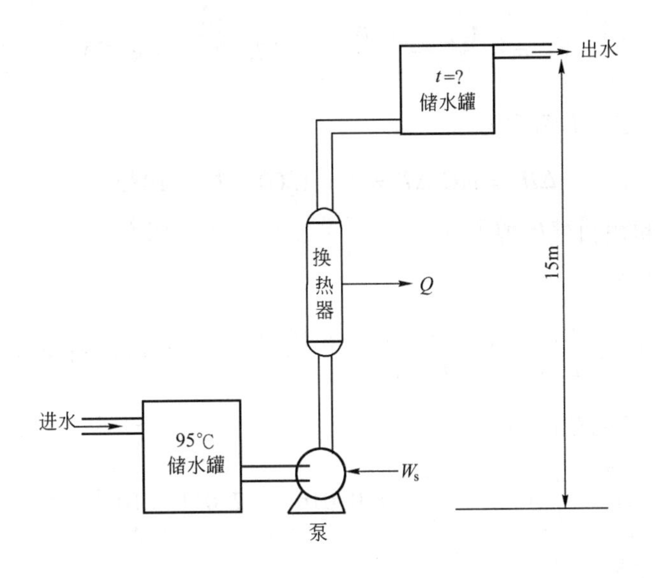

图 3.5　稳流过程示意图

位能的变化 $g\Delta z = 9.81 \times 15 = 147.2(\mathrm{J \cdot kg^{-1}}) = 0.1472(\mathrm{kJ \cdot kg^{-1}})$

可以忽略此过程动能的变化,即有

$$\frac{1}{2}\Delta u^2 \approx 0$$

根据稳流过程能量平衡式(3.19),即有

$$\Delta H = Q + W_s - g\Delta z - \frac{1}{2}u^2 = -199.4 + 0.5714 - 0.1472 \approx -198.98(\mathrm{kJ \cdot kg^{-1}})$$

由附表Ⅴ(水蒸气热力学性质表)查得95℃饱和水的焓 $H_1 = 397.96\mathrm{kJ \cdot kg^{-1}}$,故有

$$H_2 = H_1 + \Delta H = 397.96 - 198.98 = 198.98(\mathrm{kJ \cdot kg^{-1}})$$

根据 H_2 再查附表Ⅴ,得

$$t = 47.51(℃)$$

由此例可见,对液体稳流过程,热流量较大而位高变化不大时,W_s 和 $g\Delta z$ 两项与 Q 相比,数值显得很小,甚至可以忽略。

【例 3.3】 某理想气体(分子量为28)在1089K、0.7091MPa下通过一透平机膨胀到0.1013MPa,透平机的排气以亚音速排出。进气的质量流量为35.4kg·h^{-1},输出功率为4.2kW,透平机的热损失为6700kJ·h^{-1}。透平机进、出口连接钢管的内径为0.016m,气体的热容为1.005kJ·kg^{-1}·K^{-1}(设与压力无关)。试求透平机排气的温度及速度。

解:以1kg理想气体物料为计算基准

取透平机为体系,若不考虑透平机进、出口的势能变化,则能量方程为

$$\Delta H + \frac{1}{2}\Delta u^2 = Q + W_s$$

其中

$$Q = -\frac{6700}{35.4} = -189.72(\mathrm{kJ \cdot kg^{-1}})$$

$$W_s = -\frac{4.2 \times 3600}{35.4} = -427.12(\mathrm{kJ \cdot kg^{-1}})$$

对于理想气体,过程的焓变为

$$\Delta H = mC_p\Delta T = 1 \times 1.005(T_2 - 1089)$$

式中 T_2——透平机出口气体温度,K。

透平机进气的比容:

$$V_1 = \frac{RT_1}{p_1M} = \frac{8.314 \times 10^{-3} \times 1089}{0.7091 \times 28} = 0.456(\mathrm{m^3 \cdot kg^{-1}})$$

透平机进、出口管路截面积:

$$A = \frac{\pi}{4}D^2 = \frac{3.1416}{4} \times 0.016^2 = 2.011 \times 10^{-4}(\mathrm{m^2})$$

透平机进气的质量流量:

$$m = 35.4\mathrm{kg \cdot h^{-1}} = 9.83 \times 10^{-3}(\mathrm{kg \cdot s^{-1}})$$

透平机进、排气的流速:

$$u_1 = \frac{mV_1}{A} = \frac{(9.83 \times 10^{-3}) \times 0.456}{2.011 \times 10^{-4}} = 22.29(\mathrm{m \cdot s^{-1}})$$

$$u_2 = \frac{u_1V_2}{V_1} = u_1\frac{\frac{RT_2}{p_2M}}{\frac{RT_1}{p_1M}} = \frac{u_1p_1T_2}{p_2T_1} = \frac{22.29 \times 0.7091 \times T_2}{0.1013 \times 1089} = 0.1433T_2$$

得

$$\frac{1}{2}\Delta u^2 = \frac{1}{2}[(0.1433T_2)^2 - (22.29)^2]$$

将上面所得的结果代入能量方程式,得

$$1.005(T_2 - 1089) + \frac{1}{2}[(0.1433T_2)^2 - (22.29)^2] = -189.27 + (-427.12)$$

整理后得

$$1.027 \times 10^{-2}T_2^2 + 1.005T_2 - 726.447 = 0$$

解得

$$T_2 = 221.5(\mathrm{K})$$

则

$$u_2 = 0.1433T_2 = 0.1433 \times 221.5 = 31.74(\mathrm{m \cdot s^{-1}})$$

【例3.4】 空气通过水平喷管后,终速达到335 $\mathrm{m \cdot s^{-1}}$,若忽略其初速,试问空气的温度降低多少?假设空气是理想气体,其$C_p = 1.005\mathrm{kJ \cdot kg \cdot K^{-1}}$。

解:空气在水平喷管中流动,$\Delta Z = 0$;流速很快,热量来不及传递,$Q = 0$;流动过程中不做轴功,$W_s = 0$。根据式(3.25),有

$$-\Delta H = \frac{\Delta u^2}{2}$$

若忽略空气初速,则

$$-\Delta H = -\int_1^2 C_p \mathrm{d}T = \frac{u_2^2}{2}$$

或

$$C_p \Delta T = -\frac{u_2^2}{2}$$

$$\Delta T = \frac{-u_2^2}{2C_p} = \frac{-(335)^2 \times 10^{-3}}{2 \times 1.005} = -55.8(\mathrm{K})$$

即温度降低 55.8 K。

3.6 稳流过程的轴功

轴功是流体推动机械设备运转所做的功。由于这些设备在流体的推动下大多围绕一个轴来转动,故称为轴功。轴功有可逆轴功和实际轴功之分。可逆轴功又称理论轴功,是无摩擦损耗时的轴功。常见的流体做功设备有蒸汽透平、水轮机、风机等。常见的流体受功设备有压缩机。流体和管道间的摩擦阻力所做的功也可以视为轴功。

3.6.1 可逆轴功的计算

可逆轴功是流体经历一个可逆的状态变化过程中与某个产功或耗功设备交换的功。在可逆变化过程中,流体经过任何产功或耗功设备进行的都是理想化的过程,即流体与环境交换的是无任何摩擦损耗、不会有机械功损耗为热能的轴功。

根据前面第 2 章第 4 节介绍的平衡热力学基本关系式,对单位质量流体,热力学基本关系式(2.86)可写成

$$\mathrm{d}H = T\mathrm{d}S + v\mathrm{d}p \tag{3.32}$$

此式既可以用于静止的封闭体系,又可以用于流动的封闭体系。

对可逆的状态变化过程,根据热力学第二定律有

$$\delta Q = T\mathrm{d}S \tag{3.33}$$

此式中 δQ 为可逆过程中单位质量的体系与环境交换的热量。将此关系式带入到式(3.32)中可得

$$\mathrm{d}H = \delta Q + v\mathrm{d}p \tag{3.34}$$

将此式积分后得

$$\Delta H = Q + \int_{p_1}^{p_2} v\mathrm{d}p \tag{3.35}$$

再将此式带入到式(3.19)中,可得可逆轴功的表达式为

$$W_{s,rev} = \int_{p_1}^{p_2} v\mathrm{d}p + \frac{1}{2}\Delta u^2 + g\Delta z \tag{3.36}$$

而流体经过产功或耗功设备时的动能和位能的变化一般情况下都可以忽略不计,则通常上式可简化为

$$W_{s,rev} = \int_{p_1}^{p_2} v\mathrm{d}p \tag{3.37}$$

上式即为单位质量流体的可逆轴功计算式。由于可逆过程是理想化的过程,因此对于产功过程,可逆轴功是产生的最大功;对于耗功过程,可逆轴功是消耗的最小功。

由于一般情况下液体都近似地可以看成是不可压缩的,即液体的体积可以近似地看成与压力无关,因此对于流经产功或耗功设备时的液体,其体积可近似地视为常量。此时式(3.37)可简化为

$$W_{s,rev} = v\Delta p \tag{3.38}$$

在某些特定情况下,若气体进出设备的压力变化较小时,如鼓风机,此时气体的可逆轴功也可以用式(3.38)计算,但式中的气体的比容要用进、出口平均压力下的比容。

3.6.2 实际轴功的计算

计算实际轴功时应考虑存在着摩擦耗损。因为在实际过程中,流体分子之间存在内摩擦,轴与轴承之间、气缸与活塞之间等都有机械摩擦,因此,必定有一部分机械功耗散为热能。对于产功设备,实际轴功小于可逆轴功(指绝对值),即有

$$|W_s| < |W_{s,rev}| \tag{3.39}$$

对于耗功设备,实际轴功则大于可逆轴功,即有

$$W_s > W_{s,rev} \tag{3.40}$$

实际轴功与可逆轴功之比称机械效率 η_m。对于产功设备:

$$\eta_m = \frac{W_s}{W_{s,rev}} \tag{3.41}$$

对于耗功设备:

$$\eta_m = \frac{W_{s,rev}}{W_s} \tag{3.42}$$

各类设备的机械效率可以由实验测定。其值在 0~1 之间,一般在 0.6~0.8 之间。若已知 η_m 和 $W_{s,rev}$,就可以求出实际轴功。

【例 3.5】 某化工厂用蒸汽透平带动事故泵,动力装置流程如图 3.6 所示。水进入给水泵的压力为 0.09801MPa(绝),温度 15℃。水被加压到 0.687MPa(绝)后进入锅炉,将水加热成饱和蒸汽。蒸汽由锅炉进入透平,并在透平中进行膨胀做功。排出的蒸汽(称乏汽)压力为 0.09807MPa。蒸汽透平输出的功主要用于带动事故泵,有一小部分用于带动给水泵。若透平机和给水泵都是绝热、可逆操作的,问有百分之几的热能动转化为功(即用于事故泵的功)?

解:计算基准取 1kg 水。

给水轴功可用式(3.38)进行计算:

$$W_{s,rev} = v\Delta p$$

查附表 V(水蒸气热力学性质表)可知 15℃ 水的饱和蒸气压为 1.7051kPa、比容为 $0.001\mathrm{m}^3 \cdot \mathrm{kg}^{-1}$,因此

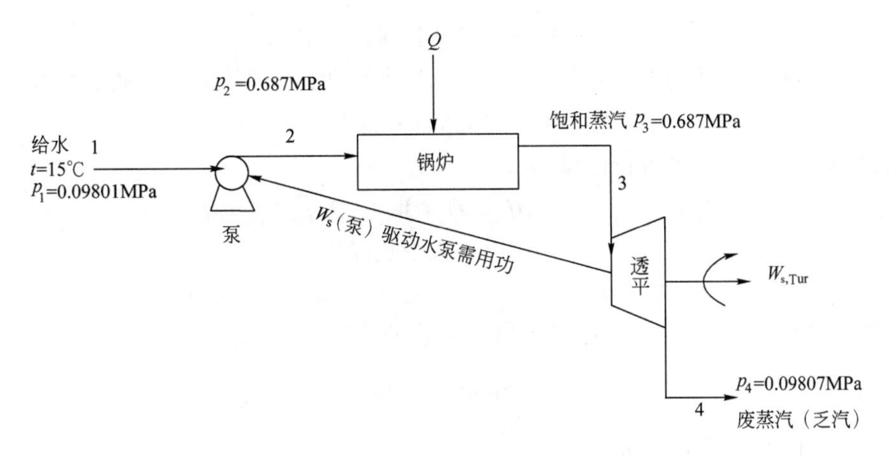

图 3.6　蒸汽做功示意图

$$W_{s(泵)} = v(p_2 - p_1) = 0.001 \times (0.687 - 0.09801) \times 10^3 = 0.5890(\mathrm{kJ \cdot kg^{-1}})$$

对给水泵作能量衡算可根据式(3.29)：

$$\Delta H = Q + W_{s(泵)}$$

水泵绝热操作，有 $Q = 0$，因此

$$\Delta H = H_2 - H_1 = W_{s(泵)} = 0.5890(\mathrm{kJ \cdot kg^{-1}})$$

倘若知道进入水泵时水的焓 H_1，则可从上式求出 H_2，即进入锅炉的液体水的焓。15℃饱和水的焓 $H_{饱和水}$ 可以从水蒸气表中查到

$$H_{饱和水} = 62.99\mathrm{kJ \cdot kg^{-1}}$$

H_1 与 $H_{饱和水}$ 的关系为

$$H_1 = H_{饱和水} + \int_{p_0}^{p_1} \left(\frac{\partial H}{\partial p}\right)_T \mathrm{d}p \tag{A}$$

式中 $p_0 = 1.7051\mathrm{kPa}$，$p_1 = 98.01\mathrm{kPa}$。

根据式(2.91)，有

$$\left(\frac{\partial H}{\partial p}\right)_T = v - T\left(\frac{\partial v}{\partial T}\right)_p$$

用 PVT 数据进行积分计算表明，式(A)右边积分项之值很小，可以忽略，因此有

$$H_1 \approx H_{饱和水} = 62.99(\mathrm{kJ \cdot kg^{-1}})$$

$$H_2 = 62.99 + 0.5890 = 63.58(\mathrm{kJ \cdot kg^{-1}})$$

锅炉出口为 687 kPa 的饱和蒸汽，从水蒸气表中查得

$$H_3 = 2763\mathrm{kJ \cdot kg^{-1}}$$

$$S_3 = 6.70\mathrm{kJ \cdot kg \cdot K^{-1}}$$

可根据式(3.29)对锅炉进行能量衡算：

$$\Delta H = Q + W_s$$

$$W_s = 0$$

$$Q = \Delta H = H_3 - H_2 = 2763 - 63.58 = 2699.42(\mathrm{kJ \cdot kg^{-1}})$$

也就是 1kg 水通过锅炉吸热 2699.42kJ。

按题意，透平机是在绝热、可逆条件下操作的，因此是等熵过程，有

$$S_4 = S_3 = 6.70\text{kJ} \cdot \text{kg}^{-1} \cdot \text{K}^{-1}$$

已知 $p_4 = 0.09801\text{MPa}$，根据 S_4 和 p_4 之值从附录中的水蒸气热力学性质表可查得

$$H_4 = 2425\text{kJ} \cdot \text{kg}^{-1}$$

根据式(3.29)对透平机进行能量衡算：

$$\Delta H = Q + W_{s,tur}$$

$$Q = 0\text{（透平机绝热操作）}$$

$$W_{s,tur} = \Delta H = H_4 - H_3 = 2425 - 2673 = -338(\text{kJ} \cdot \text{kg}^{-1})$$

其中有一部分轴功用于水泵，因而提供给事故泵的轴功为

$$W_s = -338 + 0.5890 = -337.4(\text{kJ} \cdot \text{kg}^{-1})$$

W_s 与 Q 之比，称为热效率 η_T

$$\eta_T = \frac{W_s}{Q} = \frac{337.4}{2699.42} = 0.1250 = 12.5\%$$

由此可见，只有 12.5% 的热转化为功，此功用于事故泵。

3.7 热量衡算

无轴功交换，仅有热交换过程的能量衡算称为热量衡算。稳流过程热量衡算的基本关系式为

$$\Delta H = Q$$

确定化工生产过程的工艺条件、设备尺寸、热载体用量、热损失以及热量分布等都需要进行热量衡算。其实质就是按能量守恒定律把各股物流所发生的各种热效应关联起来。

对化工生产过程各种热效应进行分析时，经常遇到的不外乎是几种基本热效应的叠加或综合。这些基本的热效应发生于：

(1)物流的温度变化(湿热变化)；

(2)物流的相变化(潜热变化)；

(3)两种或多种物流相互溶解；

(4)体系中的化学反应。

进行热量衡算(物料衡算也同样)首先要选取一体系。此体系可以是一个设备，也可以是一组设备，甚至是生产过程全套设备。体系的选择视热量衡算的任务而定。体系确定之后，还要选取计算基准。体系和计算基准的选择十分重要，选得恰当，可以使计算大为简化。工程上常用的基准有两种：

(1)以单位质量、单位体积、单位摩尔数的产品或原料为计算基准。对于固体或液体，常用单位质量(1000kg)；对于气体，常用单位体积(m^3，标准立方米)或单位摩尔数(1mol、1kmol)。

(2)以单位时间产品或原料量为基准。例如以吨/昼夜、$\text{kg} \cdot \text{h}^{-1}$、$\text{m}^3 \cdot \text{h}^{-1}$、$\text{kmol} \cdot \text{h}^{-1}$ 为计算基准。

对于连续操作的设备用(1)、(2)两种皆可，对于间歇操作的设备宜用(1)。热量衡算有时还要选定基准温度，同时设计途径。为便于计算，往往将初态至终态的全过程分解为几个过程，总焓变 ΔH 为各分过程焓变 ΔH_i 之和：

$$\Delta H = \sum_i \Delta H_i \tag{3.43}$$

【例 3.6】 某换热器使热流体 A 温度自 T_{A1} 降至 T_{A2}，同时使冷流体 B 温度自 T_{B1} 升至 T_{B2}。热、冷流体均无相变化和化学反应发生，其压力也不变化，T_A 和 T_B 均高于大气（环境）的温度。已知热、冷流体的流量各为 m_A 和 m_B（$kmol \cdot h^{-1}$），在有关温度范围的平均定压热容为 c_p^A、c_p^B（$kJ \cdot kmol^{-1} \cdot K^{-1}$）。试求此换热器的热损失。

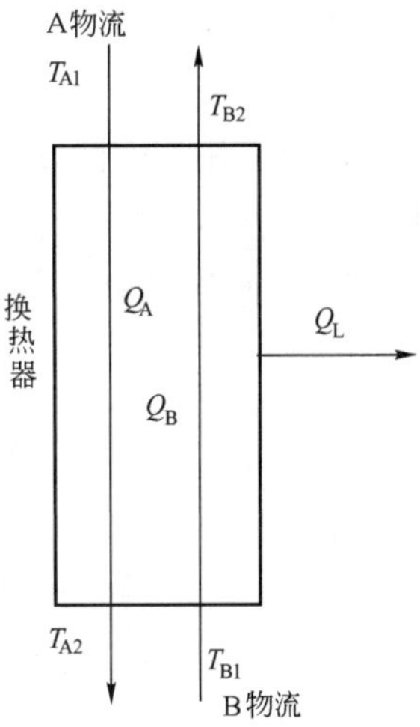

解：根据题意画出换热器示意图（图 3.7）。选定换热器及内容物为体系，以每小时为计算基准，以便进行热量衡算。假定进入换热器的物流 A、B 携带的焓分别为 $H_{A,in}$、$H_{B,in}$；出换热器的物流 A、B 携带的焓分别为 $H_{A,out}$、$H_{B,out}$。换热器对外释放的热量为 Q_L，相当于吸收的热量为 $-Q_L$。由于所选体系和外界无轴功交换，且可忽略进出流体的位能和动能变化，因此根据开系稳流体系的能量平衡原理有

图 3.7 换热器的热量平衡示意图

$$(H_{A,in} + H_{B,in}) - (H_{A,out} + H_{B,out}) - Q_L = 0 \tag{A}$$

或

$$-\Delta H_A - \Delta H_B = Q_L \tag{B}$$

而

$$\Delta H_A = m_A c_p^A (T_{A2} - T_{A1}) \tag{C}$$

$$\Delta H_B = m_B c_p^B (T_{B2} - T_{B1}) \tag{D}$$

将式（C）和式（D）代入式（B）可得

$$Q_L = -m_A c_p^A (T_{A2} - T_{A1}) - m_B c_p^B (T_{B2} - T_{B1}) \tag{E}$$

设热流体放出的热量为 Q_A，冷流体吸收的热量为 Q_B，则

$$Q_A = -\Delta H_A \qquad Q_B = \Delta H_B$$

再代回式（A），可得

$$Q_A - Q_B = Q_L \tag{F}$$

假如 Q_L 为已知数（工厂里可能有经验数据），则也可利用式（E）或式（F）求出其他未知的参数，如 T_{A1} 和 T_{A2}、T_{B1} 和 T_{B2}、m_A 和 m_B 等。总之，一个方程可解出一个未知数，此未知数视具体情况而定。

式（F）为化工生产技术人员所常用，但它出自热力学第一定律在开系稳流过程的应用，往往未受人注意。

【例 3.7】 有一水平放置的热交换器，其进出口的截面积相等，空气进入时的温度、压强和流速分别为 303K、0.103MPa 和 $10m \cdot s^{-1}$，离开时的温度和压强为 403K 和 0.102MPa。试计算当空气的质量流量为 $80kg \cdot h^{-1}$ 时从热交换器吸收多少热量？若热交换器为垂直安装，高 6m，空气自下而上流动，则空气离开热交换器时吸收的热量为多少？已知：空气的恒压平均热容为 $1.005kJ \cdot kg^{-1} \cdot K^{-1}$。

解：以 1kg 空气物料为计算基准。

当热交换器水平安放时：$z_1 = z_2$，$g\Delta z = 0$；又对于热交换器，无轴功交换，$W_s = 0$，因此，此时稳流体系的总能量平衡式可简化为

$$\Delta H + \frac{1}{2}\Delta u^2 = Q$$

联立应用连续性方程式和理想气体状态方程式来求出口截面的流速，因为截面积 $A_1 = A_2$，则

$$u_2 = u_1\frac{p_1 T_2}{p_2 T_1} = 10 \times \frac{1.03 \times 403}{1.02 \times 303} = 13.43(\mathrm{m \cdot s^{-1}})$$

$$\frac{1}{2}\Delta u^2 = \frac{1}{2}(13.43^2 - 10^2) = 40.18(\mathrm{m^2 \cdot s^{-2}})$$

$$= 40.18(\mathrm{J \cdot kg^{-1}}) = 0.04018(\mathrm{kJ \cdot kg^{-1}})$$

$$\Delta H = mc_p\Delta T = 1 \times 1.005(403 - 303) = 100.5(\mathrm{kJ \cdot kg^{-1}})$$

$$Q = \Delta H + \frac{1}{2}\Delta u^2 = 100.5 + 0.04018 = 100.54018(\mathrm{kJ \cdot kg^{-1}})$$

则当空气的质量流量为 $80\mathrm{kg \cdot h^{-1}}$ 时，每小时吸收热量为

$$80 \times Q = 80 \times 100.54018 = 8.0432 \times 10^3(\mathrm{kJ \cdot h^{-1}})$$

计算结果表明，气体流经传热设备时所吸收的热量其中绝大部分用于提高它的焓，而提高它的动能那一部分是微不足道的，可以忽略不计。

热交换器垂直安装时，则每千克的空气通过换热器时的势能增加为

$$g\Delta z = 9.81 \times 6 = 58.86(\mathrm{J \cdot kg^{-1}}) = 0.05886(\mathrm{kJ \cdot kg^{-1}})$$

则吸收热量为

$$Q = 100.5 + 0.05886 = 100.55886(\mathrm{kJ \cdot kg^{-1}})$$

空气每小时吸收热量为

$$80 \times Q = 80 \times 100.55886 = 8.0447 \times 10^3(\mathrm{kJ \cdot h^{-1}})$$

由结果可知，因势能增加而需要增加的吸热量也完全可以忽略不计。

3.8 气体压缩过程

化学工业广泛应用压缩机、鼓风机和送风机。许多生产过程，例如制冷工业，往往利用常温下的压缩气体急剧绝热膨胀得到低温；对于流体的输送和高压下进行的化学反应、分离等，也都需要预先对流体进行压缩或加压。

按压缩机运动机构来分，主要有往复式(活塞式)及叶轮式两大类。叶轮式中最常见的是离心式，另外还有轴流式等。

压缩机的运行，无论是往复式还是叶轮式都要靠外界输入功，要用汽轮机、内燃机及其他原动机来带动它工作。离心式压缩机需要高转速，一般都用电动机或直接用汽轮机来带动。本节重点介绍压缩功的简单算法，更规范的计算方法将在第 4 章中介绍。

3.8.1 压缩过程热力学分析

为简单起见，先就理想的压缩过程进行分析。所谓理想压缩过程，即为可逆的压缩过程。该过程不存在任何摩擦损耗，因此，输入的功都用于气体压缩，没有功耗散为热。另外，对于往复式的压缩机，还假定在排气时汽缸中的气体完全排除，不留余隙容积。首先我们来看一个极

端的压缩过程——等温压缩过程的情况,即气体由始态 T_1、p_1 压缩至终态 T_1、p_2。

根据式(3.29),$\Delta H = Q + W_s$,此式的含义是压缩过程中外界加入的功一部分转化为热,另一部分用于压力升高后的流体的焓值的增加。对于理想气体等温压缩过程,$\Delta H = 0$,则有

$$Q = -W_s \tag{3.44}$$

该式的含义是压缩过程加入的功全部转化为热。此热量必须及时排出,过程才能维持恒温。

另一极端情况是绝热压缩。假如其他条件相同,绝热压缩到 p_2 时气体的温度显然要高于等温压缩,其压力和等温过程相同,那么,绝热压缩终态的体积必定大于等温过程终态的体积,而理想气体的此过程应服从"pV^K = 常数"的关系,K 为绝热指数。

实际上,真正的等温和绝热压缩过程都不可能实现,真实的压缩过程既非等温也非绝热,而是介于两者之间,称为多变压缩过程。此过程服从"pV^m = 常数"的关系,m 称多变指数。

对于水夹套的往复式压缩机,$1 < m < K$。例如空气压缩机 $K = 1.4$,$m = 1.25$。离心式压缩机一般无水夹套,克服流动阻力所消耗的功全部转变为热,因此,终态温度比绝热过程还要高,此时 $m > K$。可以把等温压缩和绝热压缩视为多变压缩的特殊情况:当 $m = 1$ 时,即为等温压缩;$m = K$ 时,为绝热压缩。多变压缩的终温与多变指数有关。显然,当 $1 < m < K$ 时,终态温度高于等温压缩的终温而低于绝热压缩的终温。

前面已经推导出可逆轴功的计算式(3.37):

$$W_{s,rev} = \int_{p_1}^{p_2} v\,dp$$

就功的绝对值而言,等温压缩的功最小,绝热压缩的功最大,多变压缩的功居中。因此,为减小功耗,实际压缩机都装有一套能够把压缩过程产生的热移走的冷却设备。一般是在缸的外围装水夹套,让冷却水不断从夹套中流过,吸取由气缸壁传出的热量。比较小型的压缩机因产热量较少,只要在气缸外壁装上有突出的肋片(风翼),就可以增加散热面积,让外界空气把热量带走。前者称水冷,后者称风冷。无论水冷或是风冷,都不可能将产生的热量全部移去。实际压缩应尽可能接近等温过程,却无法实现等温压缩。

3.8.2 单级压缩机可逆轴功的计算

1. 等温压缩

根据式(3.29),$\Delta H = Q + W_s$,对于理想气体,$\Delta H = 0$,则

$$W_{s,rev} = -Q = \int_{p_1}^{p_2} V\,dp = nRT_1 \ln \frac{p_2}{p_1} \tag{3.45}$$

由此式可见,可逆轴功 $W_{s,rev}$ 由初温 T_1 和压力比 p_2/p_1 决定。显然,初温 T_1 越高,压缩比越大,压缩功耗也越大。

2. 绝热压缩

根据式(3.29),$Q = 0$,则有

$$W_{s,rev} = \Delta H = \int_{p_1}^{p_2} V\,dp$$

对于理想气体,可将"pV^K = 常数"的关系带入上式,积分后可得

$$W_{s,rev} = \frac{K}{K-1} V_1 p_1 \left[\left(\frac{p_2}{p_1} \right)^{\frac{K-1}{K}} - 1 \right] \tag{3.46}$$

或

$$W_{s,rev} = \frac{K}{K-1} nRT_1 \left[\left(\frac{p_2}{p_1} \right)^{\frac{K-1}{K}} - 1 \right] \tag{3.46a}$$

上式的推导过程如下：

对于绝热过程有

$$pV^K = p_1 V_1^K = p_2 V_2^K = \cdots = \text{常数}$$

因此有

$$V = p_1^{\frac{1}{K}} V_1 p^{-\frac{1}{K}}$$

将上式带入式(3.37)，则有

$$W_{s,rev} = \int_{p_1}^{p_2} V\mathrm{d}p = \int_{p_1}^{p_2} p_1^{\frac{1}{K}} V_1 p^{-\frac{1}{K}} \mathrm{d}p = p_1^{\frac{1}{K}} V_1 \int_{p_1}^{p_2} \mathrm{d}\left[\frac{1}{\left(1-\frac{1}{K}\right)} \cdot p^{\left(1-\frac{1}{K}\right)} \right]$$

$$= p_1^{\frac{1}{K}} V_1 \left[\frac{K}{K-1} \left(p_2^{\frac{K-1}{K}} - p_1^{\frac{K-1}{K}} \right) \right] = \frac{K}{K-1} p_1 V_1 \left[\left(\frac{p_2}{p_1} \right)^{\frac{K-1}{K}} - 1 \right]$$

$$= \frac{K}{K-1} nRT_1 \left[\left(\frac{p_2}{p_1} \right)^{\frac{K-1}{K}} - 1 \right]$$

绝热指数与气体的性质有关，严格来说与温度也有关。粗略计算时，理想气体的 K 值可以取：

单原子气体，$K = 1.667$；

双原子气体，$K = 1.40$；

三原子气体，$K = 1.333$。

常压下一些气体的 K 值见表 3.2。

表 3.2　某些气体的绝热指数

名称	K	名称	K	名称	K
氩	1.66	二氧化碳	1.30	空气	1.40
氢	1.407	二氧化硫	1.25	甲烷	1.308
氧	1.40	饱和水蒸气	1.135	乙烷	1.193
氮	1.40	过热水蒸气	1.3	丙烷	1.133
一氧化碳	1.40	氨	1.29		

混合气体的绝热指数 K_m 可按下式计算：

$$\frac{1}{K_m - 1} = \sum_i \frac{y_i}{K_i - 1} \tag{3.47}$$

式中　K_i——混合气体中某组分的绝热指数；

y_i——混合气体中某组分的摩尔分数。

3. 多变压缩

对于理想气体，与绝热压缩相似，将“pV^m = 常数”的关系带入式(3.37)，积分后得

$$W_{s,rev} = \frac{m}{m-1}V_1p_1\left[\left(\frac{p_2}{p_1}\right)^{\frac{m-1}{m}} - 1\right] \tag{3.48}$$

$$W_{s,rev} = \frac{m}{m-1}nRT_1\left[\left(\frac{p_2}{p_1}\right)^{\frac{m-1}{m}} - 1\right] \tag{3.48a}$$

4. 真实气体压缩功的计算

在工业生产中，若要将气体压缩到很高的压力（例如合成氨厂氢氮压缩机的高压段）或者对较易液化的气体进行压缩（如氨压缩机），不能按理想气体而应按真实气体求其压缩功。如果压缩机进出口压缩因子 Z 变化不是很大，可取其平均值 $Z_m = (Z_{进} + Z_{出})/2$，用式(3.37)进行积分时 Z_m 可视为常数，则可导出下列近似计算式：

等温压缩：
$$W_{s,rev} \approx Z_m nRT_1 \ln\frac{p_2}{p_1} \tag{3.49}$$

绝热压缩：
$$W_{s,rev} \approx \frac{K}{K-1}Z_m nRT_1\left[\left(\frac{p_2}{p_1}\right)^{\frac{K-1}{K}} - 1\right] \tag{3.50}$$

多变压缩：
$$W_{s,rev} \approx \frac{m}{m-1}Z_m nRT_1\left[\left(\frac{p_2}{p_1}\right)^{\frac{m-1}{m}} - 1\right] \tag{3.51}$$

对于易液化气体，在压缩过程中压缩因子变化很大，可用状态方程进行计算。由式(3.29)、式(3.30)可知

多变压缩：
$$W_{s,rev} = \Delta H - Q$$

绝热压缩：
$$W_{s,rev} = \Delta H$$

对于绝热压缩，若已知压缩机进、出口的温度和压力，则可用 T—S 图或 p—V 图查得气体进出口的焓值，用式(3.30)计算。对于多变压缩，倘若又能求得压缩机汽缸夹套带走的热量，则可按式(3.29)直接求出 $W_{s,rev}$。计算绝热压缩功，通常只知道进口温度 T_1、压力 p_1 与出口压力 p_2，而出口温度 T_2 是未知的，这时就要用试差法。先假定一个终温 T_2，然后用第2章介绍的方法求出压缩过程的熵变 ΔS。倘若 $\Delta S = 0$，则原先假定的 T_2 即为可逆绝热压缩的终温。然后再根据初、终态的温度和压力用普遍化关联法求出压缩过程的焓值，此焓变的值即为 $W_{s,rev}$。倘若假定的终温不满足 $\Delta S = 0$，则还要重新试差。

【例3.8】 设空气的初态压力为0.10814MPa，温度为15.6℃，今将空气压缩至 $p_2 =$ 1.8424MPa（绝压）。试比较可逆等温、绝热和多变压缩过程（$m = 1.25$）的功耗和终点温度。

解：空气在压力较低时可视为理想气体。

（1）等温压缩。根据式(3.45)有

$$W_{s,rev} = R'T\ln\frac{p_2}{p_1} = \left(\frac{8.314}{29}\right)(273 + 15.6)\left(\ln\frac{1.8424}{0.10814}\right) = 234.6(\text{kJ}\cdot\text{kg}^{-1})$$

式中，$R' = \dfrac{R}{M_{air}}$，$M_{air} = 29\text{kg}\cdot\text{kmol}^{-1}$。

（2）绝热压缩。从表3.2查得 $K = 1.4$，根据式(3.46a)，有

$$W_{s,rev} = \frac{1.4}{1.4-1} \times \frac{8.314}{29} \times (273 + 15.6) \times \left[\left(\frac{1.8424}{0.10814}\right)^{\frac{1.4-1}{1.4}} - 1\right]$$

$$= \frac{1.4}{0.4} \times 0.2867 \times 288.6 \times (2.2481 - 1)$$

$$= 361.44(kJ \cdot kg^{-1})$$

(3) 多变压缩。根据式(3.48a),有

$$W_{s,rev} = \frac{1.25}{1.25-1} \times 0.2867 \times 288.6 \times \left[\left(\frac{1.8424}{0.10814}\right)^{\frac{1.25-1}{1.25}} - 1\right]$$

$$= \frac{1.25}{0.25} \times 0.2867 \times 288.6 \times (1.7631 - 1)$$

$$= 315.7(kJ \cdot kg^{-1})$$

压缩过程终点的温度为

绝热压缩:$T_2 = T_1\left(\frac{p_2}{p_1}\right)^{\frac{K-1}{K}} = 288.6\left(\frac{1.8424}{0.10814}\right)^{\frac{1.4-1}{1.4}} = 648.79(K) = 375.79(℃)$

多变压缩:$T_2 = T_1\left(\frac{p_2}{p_1}\right)^{\frac{m-1}{m}} = 288.6\left(\frac{1.8424}{0.10814}\right)^{\frac{1.25-1}{1.25}} = 508.83(K) = 235.83(℃)$

计算结果列于表 3.3。

表 3.3 例 3.8 计算结果

压缩过程	终温 t_2,℃	功耗 $W_{s,rev}$,$kJ \cdot kg^{-1}$
等温	15.6	234.6
多变	235.83	315.7
绝热	375.79	361.44

从上表数据可见,在 $1 < m < K$ 的条件下,当压缩比一定时,等温压缩功最小,终温最低;绝热压缩功最大,终温最高;多变压缩功和终温介于两者之间。

3.8.3 多级压缩功计算

若要将气体从常压压缩到很高的压力,不能采用单级压缩。这是由于实际的压缩过程是接近绝热的,出口压力受到压缩后温度的限制,而终温必须低于压缩机润滑油的闪点。另一方面过高的温度会造成气体分解或聚合,这是工艺不允许的。另外,过高的温度还会造成管道、汽缸、活门等腐蚀和损坏。因此,必须采用多级压缩。具体过程是先将气体压缩到某一中间压力,然后通过一个中间冷却器,使其等压冷却,气体温度下降到原来进压缩机时的初态温度。依此进行多次压缩和冷却,使气体压力增大,而温度不至于升得过高。这样,整个压缩过程可向等温压缩过程趋近,还可以减少功耗。

现在讨论最简单的多级压缩过程——二级压缩过程。先将气体绝热压缩到某中间压力 p_2',此为第一级压缩;然后将压缩气体导入中间冷却器,冷却至初温,再进行第二级绝热压缩到终压 p_2。显然,二级压缩与单级绝热压缩相比较要节省功。

级数越多,越接近等温。但级数增加,造价也增大,而且经过阀门、中间冷却器的压降也越大。因此超过一定限度,节省的功有限,但设备费和压降猛增,也是不经济的。多级压缩一般不超过七级。

气体进行多级压缩,压缩比的选择是一个重要问题。压缩比的确定应从节能和工艺要求两方面考虑。工艺要求各不相同,在此无法提出统一的要求。从节能角度考虑,最佳的压力分配是各级压缩比均相等,因为各级压缩比均相等时,总的压缩功耗最小。其证明如下:设某理想气体由 p_1 压缩至 p_3,中间压力为 p_2。按可逆多变压缩功计算,两级压缩功之和为

$$W_{s,rev} = \frac{m}{m-1}p_1V_1\left[\left(\frac{p_2}{p_1}\right)^{\frac{m-1}{m}} - 1\right] + \frac{m}{m-1}p_2V_2\left[\left(\frac{p_3}{p_2}\right)^{\frac{m-1}{m}} - 1\right] \tag{3.52}$$

使 $W_{s,rev}$ 绝对值最小的条件是它对中间压力的一阶偏导数等于零,即

$$\left[\frac{\partial W_{s,rev}}{\partial p_2}\right]_{p_1,p_3,V_1} = 0 \tag{3.53}$$

将 $p_2V_2 = p_1V_1(=nRT_1)$ 带入式(3.52),然后按式(3.53)求导,可得

$$-\left(\frac{p_2}{p_1}\right)^{\frac{1}{m}}V_1 + V_1p_1p_2^{\frac{1-2m}{m}} \cdot p_3^{\frac{m-1}{m}} = 0$$

整理上式,则有

$$\frac{p_2}{p_1} = \frac{p_3}{p_2} \text{ 或 } p_2^2 = p_1p_3$$

对于有 s 级的多级压缩,同样有

$$\frac{p_2}{p_1} = \frac{p_3}{p_2} = \frac{p_4}{p_3} = \cdots = \frac{p_{s+1}}{p_s} = r(\text{压缩比}) \tag{3.54}$$

由于 $p_2 = p_1r$

$p_3 = p_2r$

…

$p_{s+1} = p_sr = p_1r^s$

所以

$$r = \sqrt[s]{\frac{p_{s+1}}{p_1}} \tag{3.55}$$

实际多级压缩因各级有水冷却器及油水分离器等,它们都存在压力降,因而实际压缩比的数值较式(3.55)求得的 r 约大 1.1~1.5 倍。

多级压缩的可逆轴功可分级计算:

$$W_{s,rev} = \sum_{i=1}^{s} p_1V_1\frac{m}{m-1}\left(r^{\frac{m-1}{m}} - 1\right) \tag{3.56}$$

或

$$W_{s,rev} = \frac{sm}{m-1}p_1V_1\left[\left(\frac{p_{s+1}}{p_1}\right)^{\frac{m-1}{sm}} - 1\right] \tag{3.56a}$$

3.8.4 气体压缩的实际功耗

以上介绍压缩功的计算都只适用于无任何摩擦损耗的可逆过程。实际过程都存在摩擦,必定有一部分功耗散为热。例如机内流体流动阻力可能存在涡流、湍流以及气体泄漏等,这些均会造成部分损耗。另外,由于传动机械和轴承的机械摩擦、活塞与汽缸的摩擦等也要消耗一部分功。因此,实际需要的功 W_s 要比可逆轴功 $W_{s,rev}$ 大(指绝对值)。设 η_m 为考虑各种摩擦

损耗因素的机械效率(此即为前面提及的机械效率的一种)。W_s 与 $W_{s,rev}$ 的关系为

$$W_s = \frac{W_{s,rev}}{\eta_m} \tag{3.57}$$

η_m 值视压缩机类型以及实际情况而异,由实验测定。

3.8.5 压缩机类型

叶轮式压缩机分为离心式和轴流式两种类型,其中较常见的是高速离心式压缩机。

往复式压缩机的最大缺点是排量不大。其原因是转速不高、间歇吸气与排气,以及有余隙容积的影响。叶轮式压缩机则克服了这些缺点,它的转速比活塞式高几十倍,能连续不断地吸气和排气,且没有余隙容积,所以它的机体不大而排量较大。但它也有缺点,即每级压缩比较小,若需要得到较高的压力,则需要很多级。另外因气体流速大,各部分的摩擦损失也较大,使 η_m 降低。在叶轮式压缩机中,机械能转变为高压势能是分两步进行的;第一步在叶轮中把机械能变为工质(气体)的动能;第二步工质的动能经扩压管转变成势能。由于要经过动能这一阶段,工质在这一阶段的速度相当高,这就增加了工质的内摩擦损耗。因此,对叶轮式压缩机的设计和制造技术水平要求甚高。

一般,要求气量大而压缩比不太大时采用叶轮式压缩机;反之,气量小而压缩比要求较高时则采用往复式压缩机。

◇ 习　题 ◇

1. 针对以下体系写出能量平衡方程式的简化形式:

(1)一块热的钢突然浸入冷水中。体系:这一块热钢。

(2)冷水以恒定的流率流经一个水平放置的换热器的管程而被加热。体系:管子和流经管子的水。

(3)一个自由下降的物体。

(4)水蒸气稳定地流经一个水平的绝热喷嘴。体系:喷嘴及其内部物质。

(5)与(4)同,但体系选 1kg 的蒸汽。

(6)一个正在充气的气球。体系:橡皮。

(7)蓄电池跨越一个电阻放电。体系:电阻。

(8)从一输气管线给一个绝热气瓶充气。体系:气瓶及其内容物。

2. 实验室有一瓶氢气为 60atm,0.100m^3,由于阀门的原因而缓慢地漏气。试问到漏完时:

(1)该气体做了多少功?吸收了多少热?

(2)该气体在此条件下最大可以做多少功?吸收多少热量?

(3)该气体焓的变化为多少?瓶中气体焓的变化为多少?已知室温为 20℃,气体可以认为是理想气体。

3. 某特定工艺过程每小时需要 0.138MPa、干度不低于 0.96、过热度不大于 7℃ 的蒸汽 450kg。现有的蒸汽压力为 1.794MPa,温度为 260℃。

(1)为充分利用现有蒸汽,先用现有蒸汽驱动一蒸汽透平机,然后将其乏汽用于上述特定工艺过程。已知透平机的热损失为 5272kJ · h^{-1},蒸汽流量为 450 kg · h^{-1},试求透平机输出的

最大功率为多少。

(2)为了在透平机停工检修时工艺过程蒸汽不至于中断,有人建议将现有蒸汽经节流阀使其压力降至0.138MPa,然后再经冷却就可得到工艺过程所需求的蒸汽。试求节流后蒸汽需要移去的最少热量。

4. 一台透平机每小时消耗水蒸气4540kg。水蒸气在4.482MPa、728K下以$61m \cdot s^{-1}$的速度进入机内,出口管道比进口管道低3m,排气速度$366m \cdot s^{-1}$。透平机产生的轴功为703.2kW,热损失为$1.055 \times 10^5 kJ \cdot h^{-1}$,乏汽中的一小部分经节流阀降压至大气压,节流阀前后的流速变化可以忽略不计。试求经节流阀后水蒸气的温度及其过热度。

5. CO_2气体在1.5MPa、30℃时稳流经过一个节流装置后减压至0.10133MPa,试求CO_2节流后的温度及节流过程的熵变。如果将CO_2气体用理想气体代替的话,节流后的温度及节流过程的熵变为多少?(可选用普遍化第二维里系数法计算真实体积,二氧化碳的比热$C_p = 28.91 J \cdot mol^{-1} \cdot K^{-1}$)

6. 22℃的湖水用泵打进高位储水槽中,水槽中水面高出湖面30m,水槽容积$40m^3$,最初该封闭的水槽内空气状态是101.35kPa、22℃。当水由底部泵进水槽时空气被压缩,若水泵连续运转,直至水槽内充满3/4的水,空气和水温保持22℃,求水泵消耗的功。

7. 2.5MPa、200℃的乙烷气体在透平机中绝热膨胀到0.2MPa。试求绝热可逆(等熵)膨胀至终压时乙烷的温度和膨胀过程产出的轴功。乙烷的热力学性质可分别用下列两种方法计算:

(1)理想气体方程;

(2)普遍化第二维里系数法。

8. 一个绝热很好的罐和一根蒸汽干线相连,干线中有压力为7atm、温度为180℃的蒸汽正在流动,打开阀门,则蒸汽迅速进入罐内一直到压力达到7atm。如果没有热向环境损失,或者传回蒸汽主干线,求罐内蒸汽停止流入时罐内蒸汽的温度。

9. 质量流率为$450 kg \cdot h^{-1}$的高压水蒸气在起始条件为34atm和370℃的情况下进入透平机膨胀而对外做功。其中出口蒸汽从两个出口排出,第一个出口的条件为13.6atm和200℃,流率为入口蒸汽的1/3。第二个出口的条件为7atm的饱和汽液混合物。第二个出口物流的一小部分经过一个节流阀膨胀至1atm,膨胀后的温度为115℃。如果透平的机械效率为0.8,试求透平机的热损失。

10. 某焦化厂输送焦炉煤气的鼓风机,机前压力为0.0964MPa,机后压力为0.1259MPa,机前煤气温度为30℃,机后煤气温度为40℃,鼓风机输送煤气量$90000 m^3 \cdot h^{-1}$(标准状态),鼓风机输入功率900kW,出口煤气流速$20m \cdot s^{-1}$,鼓风机出口管比入口管高5m,出、入管径相同,煤气在30~40℃的平均比热$C_p = 1.4 kJ \cdot m^{-3} \cdot K^{-1}$,煤气平均分子量10.4,计算1kg煤气通过鼓风机的热损失。

11. 丙烷从0.1013MPa、60℃被压缩至4.25MPa,假定压缩过程为绝热可逆(等熵)压缩,试求1kmol丙烷所需要的压缩功(丙烷在此状态下不能视为理想气体)。

第4章　热力学第二定律及其应用

热力学第一定律指出在能量传递或转化的过程中,能量的总量是不变的。但热力学第一定律并不能回答这种过程能否发生、如果能发生其进行的方向又如何、何时终止等问题。过程进行的方向和限度需要另外的物理定律来回答,这就是热力学第二定律。热力学第二定律和热力学第一定律是构成经典热力学理论体系不可缺少的两个支柱,所有其他热力学理论均是在这两大定律的基础上衍生出来的。

4.1　热力学第二定律的功能及其物理内涵

过程进行的方向和限度是我们常常关心的问题。例如,化学家们会经常关心某个化学反应能不能发生、是向正反应方向进行还是向逆反应方向进行、什么时候停止等问题;同样,人们有时会关心气体能否液化或者液体是否会汽化等问题。这些都是有关过程进行的方向和限度的问题。很显然,热力学第一定律不能回答这个问题。热力学第一定律只能回答如果一个过程实际发生时伴随的能量形式的转化问题,前提是这一过程能发生。如何判断过程进行的方向和限度呢?人们也许会想到用某种能量的变化来判断过程的方向。例如,一个球为什么能从山顶上自己滚下来,而不能从山脚下滚到山顶上去呢?你也许回答,那是因为球从山顶上下来,是势能降低的过程,所以能进行。又例如,氧气和氢气为什么很容易反应生成水呢?你也许会回答,那是因为氧气和氢气反应生成水时放出大量的热量,是一个内能降低的过程。我们还会发现,很多容易进行的化学反应,都是放热反应,也就是体系内能降低的反应。我们似乎能得出这样结论:内能降低的方向就是过程能进行的方向。然而,我们很容易找到反例去否定这一结论的普适性。例如液体的汽化是自然界里很常见的一个过程,同时也是一个内能增加的过程,说明内能增加的过程也是能发生的。还有,很多化学反应都是可逆的,如果正反应是放热反应,那么,逆反应就是吸热反应,说明吸热反应也是可以发生的。可见内能降低与否不能作为过程进行方向和限度的判据,需要引入新的热力学量来专门解决过程进行的方向和限度的判定问题,这个新的热力学量就是“熵”。利用熵来判定过程进行的方向和限度就构成了热力学第二定律的物理实质。

4.1.1　热力学第二定律的经典表述

热力学第二定律与热力学第一定律一样,也是人们在大量实践活动的基础上总结出的普遍规律,并且在长期的生产实践中得到检验。

“自然界中任何一个能自发进行的过程,它所产生的后果不论利用什么方法都不能自动消除,即不能使参与过程的体系和环境恢复原状而不引起其他变化。”这是热力学第二定律的一种深刻、抽象的表述,也称为后果不可消除原理。然而,这样抽象的物理原理最初却是体现在对两个具体物理现象的描述上:

(1)1850年克劳修斯(Clausius)的说法:热不能自发地从低温物体传给高温物体;

(2)1851年开尔文(Kelvin)的说法:不可能从单一热源吸热使之全部变成有用功,而不引起其他变化。

Kelvin 的说法阐明了热与功不是完全等价的,无序的热不能无条件地完全转化为有序的功,而功可以无条件地全部转化为热。奥斯德瓦德(Ostward)将 Kelvin 的说法表述为:"第二类永动机是不可能造成的。"所谓第二类永动机,就是从单一热源吸热,并将吸收的热全部转化为功,而不产生其他变化的机器。第二类永动机并不违反热力学第一定律。

那么热量怎样才能转化为功呢? 答案是热只有在流动的过程中才能做功。而热量要流动起来,只有一个热源是不够的,需要两个温度不同的热源。正如无论水位有多高,它只有在向低位处流动的过程中才能做功,无论电极的电压有多高,它只有接通低位电极并形成电流后才能做功一样,热量也只有在从高温热源向低温热源的传递(流动)过程中才能做功。我们可以更深刻地想象一下,流动是一种有序的运动形式,这正是功的特征。既然热量要流动,则必须有一部分热量要传到低温热源,所以热量不可能全部转化为功。如果两个热源的温度相同,则热转化为功的分率为零,否则就出现了第二类永动机。从此我们不难推知,温差越大,热转化为功的分率也越大。

热力学第二定律有时也称熵增定律。它认为孤立体系的熵只能增加,或达到极限时保持恒定,其数学表达式为

$$\Delta S_{\mathrm{iso}} \geqslant 0 \tag{4.1}$$

式中,下标 iso 表示孤立体系(isolated system)。熵是由热力学第二定律衍生出来的一个新的基本热力学函数。

虽然热力学第二定律的表述方式很多,侧重点也不同,但它们所阐述的是同一个客观规律,物理实质是一样的。热力学第二定律告诉我们,自然界具有从有序向无序变化的自发趋势,而任何从无序到有序的过程都需要外力的作用,这就是热力学第二定律的物理内涵。

4.1.2 与热力学第二定律相关的几个基本概念

在描述一个热力学过程时,经常会用到热源、功源、热机、热效率等术语,正确理解这些术语的物理含义对以后的学习是有帮助的。

热源:一个热容量很大的体系;它放热或取热时温度保持不变;热源里进行的过程可视为可逆过程。地球周围的大气与地下天然水源常被当作热源。

功源:一种可以做出功或接受功的装置。功源与外界只有功的交换而无质量或热交换,功源中发生的过程可视为可逆过程。热源和功源都是一种物理抽象,现实中严格的热源和功源是不存在的。

热机:一种产生功并将高温热源的热量传递给低温热源的机械装置。热机也是一种物理的抽象,我们不能简单地将其理解为一台机器。热机实际上是由透平、泵、管道、换热器等机械部分和循环介质(常见的循环介质为水)组成的循环装置。传热和做功均是由循环介质来完成。介质经过一个循环,状态完全复原,机械部分也认为不会有变化。

热效率:热量转化为功的效率,常用 η 表示,其公式如下

$$\eta = -\frac{W_{\mathrm{s}}}{Q} \tag{4.2}$$

式中 Q——从高温热源吸收的热量;

$-W_{\mathrm{s}}$——热机对外所做的有用功。

需要特别指出的是，由于第3章已经定义 W 为体系获得的功，所以当计算体系做出功时，就要用 $-W$。当体系实际对外做轴功时，W_s 为负值，而 $-W_s$ 为正值。

4.2 熵的定义与熵变的计算

4.2.1 熵

人们从大量事例中总结出了以下规律：对于任意一个封闭体系，从状态1到状态2的转变可以通过 N 个可逆过程来实现，不同可逆过程的吸热量 Q 各不相同，体系的温度变化轨迹也不相同。但不同的可逆过程的热温熵的代数和却相同，用数学式表示为

$$\left[\sum_i \frac{(\delta Q_{\mathrm{R}})_i}{T_i}\right]_{\mathrm{a}} = \left[\sum_i \frac{(\delta Q_{\mathrm{R}})_i}{T_i}\right]_{\mathrm{b}} = \left[\sum_i \frac{(\delta Q_{\mathrm{R}})_i}{T_i}\right]_{\mathrm{c}} = \cdots \tag{4.3}$$

式中a、b、c、…代表从状态1到状态2的不同的可逆过程，如图4.1所示，下标R表示可逆过程。热温熵是指可逆过程中体系吸收的热量 δQ 与体系此时的温度 T 之比，即 $\delta Q/T$。

这一规律说明可逆过程的热温熵之和具有状态函数的性质，可以用它来定义一个新的状态函数。另外热量是无序能量，吸收热量将使物质的无序度增加。因此这个新的状态函数应该是反映物质无序程度的物理量，人们把这个物理量称为熵。因此，熵的定义为

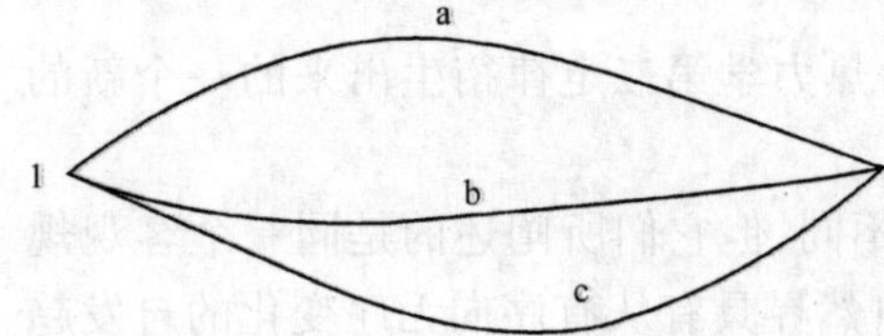

图4.1 不同可逆过程的热温熵之和

$$\mathrm{d}S = \frac{\delta Q_{\mathrm{R}}}{T} \tag{4.4}$$

可见熵是物质内部无序度的一种量度，而物质内部的无序度是物质的状态性质，与外部过程无关；无论物质经历怎样的过程，只要状态没有发生变化，其无序度就不会发生变化，因此熵也不会发生变化。热量是无序能量，吸收热量相当于一股无序流进入物质内部，自然造成物质熵的增加。由于热源的放热或吸热过程被视为可逆过程，所以式(4.4)的余温积分式常用来计算热源的熵度，即

$$\Delta S = \frac{Q_{热源}}{T} \tag{4.4a}$$

我们再来看看一个体系经历一个不可逆吸热过程时，它的熵变又将如何。根据热力学第二定律，孤立体系的熵只能增加或保持不变，即孤立体系经历可逆过程时，熵不变，而经历不可逆过程时熵一定增加。我们知道孤立体系和外界是不存在热交换的，因此其熵的增加完全来自于其本身经历了一个不可逆过程而引起。这说明过程的不可逆性也可以导致熵的增加。因此，对不可逆吸热过程，应该有

$$\mathrm{d}S > \frac{\delta Q}{T} \tag{4.5}$$

因此熵的微分表达式可一般性地表示为

$$\mathrm{d}S \geqslant \frac{\delta Q}{T} \tag{4.6}$$

式中 Q 表示体系吸收的热量。当体系实际吸收了热量时,Q 应大于零;如果它实际上放出了热量,Q 应小于零。在确定 Q 的符号时一定要注意。

从微观角度来说,熵表征了物质内部运动的无序程度。而物质内部运动状态的无序程度是和物质内部所能拥有的微观状态总数正相关的。当构成物质的基本粒子的运动状态均处于基态时,如绝对零度时的完整晶体,物质内部的微观运动被认为是完全有序一致的,此时的熵为零。在统计热力学中熵的定义为

$$S = k\ln\Omega \tag{4.7}$$

式中,k 为玻耳兹曼常数;Ω 为热力学概率,它表示在一定的限定条件下,物质内部可能拥有的微观状态总数。对于理想气体,Ω 为

$$\Omega^{\mathrm{id}} = \Lambda(T)V^{N} \tag{4.8}$$

上式表明,相同温度下,体积越大,分子数越多,体系所能有的微观状态总数也越大。将式(4.8)代入式(4.7)得

$$S^{\mathrm{id}} = S(T) + Nk\ln V \tag{4.9}$$

熵是一个状态函数,还是一个广度函数,其值与物质的总量成正比,这一点从式(4.9)中已经得到体现。对于由几个子体系组成的体系,体系的熵应该是各子体系熵之和,而体系的熵的变化也是各子体系熵变之和。

根据热力学第二定律,孤立体系的熵只能增加或不变,这也就是所谓的熵增原理。实际上熵增原理和克劳修斯(Clausius)的说法是一致的。设有一个孤立体系内部有两个温度不同的热源,两热源直接进行自发不可逆传热,如图 4.2 所示(其中 Q_H 大于零)。高温热源获得的热量为 $-Q_{\mathrm{H}}$,低温热源获得的热量为 Q_{H}。根据热源熵变的计算公式(4.4a)及孤立体系的熵增原理,有

$$\Delta S_{\mathrm{iso}} = \Delta S_{\mathrm{H}} + \Delta S_{\mathrm{L}} = -\frac{Q_{\mathrm{H}}}{T_{\mathrm{H}}} + \frac{Q_{\mathrm{H}}}{T_{\mathrm{L}}} = Q_{\mathrm{H}}\frac{T_{\mathrm{H}} - T_{\mathrm{L}}}{T_{\mathrm{H}}T_{\mathrm{L}}} > 0 \tag{4.10}$$

由于 Q_{H} 大于零,即热量是从温度为 T_{H} 的热源传到温度是 T_{L} 的热源,则有

$$T_{\mathrm{H}} > T_{\mathrm{L}} \tag{4.11}$$

说明温度只能自发地从高温热源传到低温热源,而不是相反。式(4.10)还表明,温差越小,不可逆程度也越小,熵增也越小。

如果不采用直接传热的方式,而是通过一台热机进行可逆地传热,如图 4.3 所示,我们可以将两个热源、热机一起看作一个体系。经过一个热力学循环,热机恢复原状,高温热源失去大小为 Q_{H} 的热量,低温热源得到大小为 Q_{L} 的热量,但整个体系并未从外界吸收热量或向外界放出热量,所以,根据热力学第二定律,它经历一个可逆过程后,熵变应为零,即

$$\Delta S = \Delta S_{\mathrm{H}} + \Delta S_{\mathrm{L}} = -\frac{Q_{\mathrm{H}}}{T_{\mathrm{H}}} + \frac{Q_{\mathrm{L}}}{T_{\mathrm{L}}} = 0 \tag{4.12}$$

或

$$Q_{\mathrm{L}} = Q_{\mathrm{H}}\frac{T_{\mathrm{L}}}{T_{\mathrm{H}}} \tag{4.13}$$

根据热力学第一定律,由于热机的焓在稳态操作过程中是恒定不变的,因此有

$$\Delta H = W_{\mathrm{s(R)}} + Q_{\mathrm{H}} - Q_{\mathrm{L}} = 0 \tag{4.14}$$

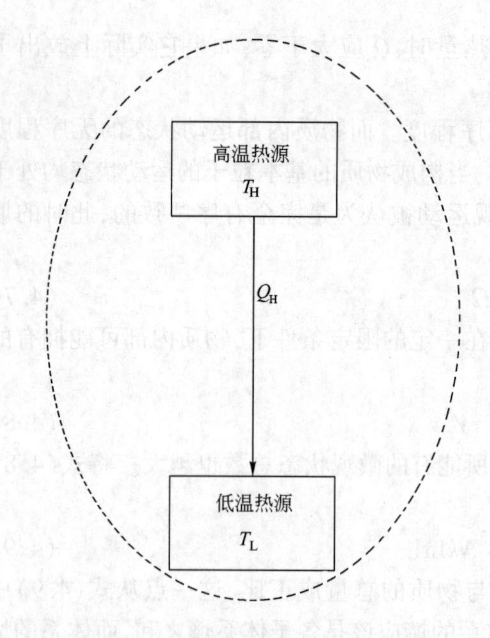

图 4.2　两热源直接不可逆传热

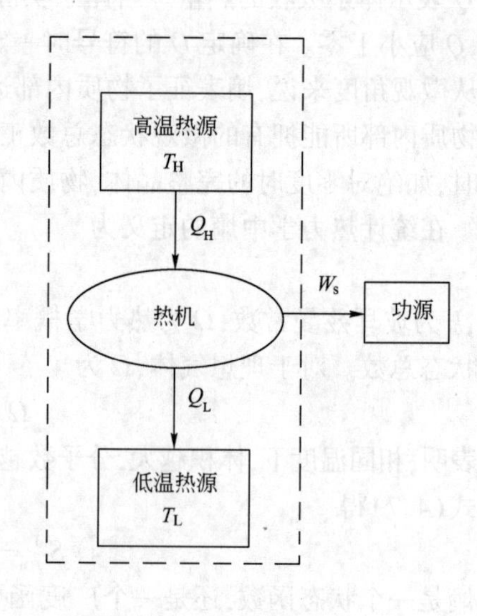

图 4.3　工作于两热源间的热机

或

$$-W_{s(R)} = Q_H - Q_L = Q_H\left(1 - \frac{T_L}{T_H}\right) \tag{4.15}$$

式中,下标 s(R) 表示可逆轴功。此时的热力学效率为

$$\eta = \frac{-W_{s(R)}}{Q_H} = 1 - \frac{T_L}{T_H} \tag{4.16}$$

上面工作在两个温度恒定的热源之间的可逆热机称为卡诺热机。卡诺热机是所有热机中效率最大的热机,它是一种理想情况,现实中并不存在。但从卡诺热机的热效率计算公式(4.16)可以揭示的物理实质则是十分重要的:热效率主要取决于低温热源和高温热源之间的温度比,温度比越小,热效率就越大;只有当低温热源的温度等于绝对零度时,热效率才可能达到1,否则热效率永远小于1。该式还说明了一个道理,即高温和低温是相对而言,没有低温热源作陪衬,高温热源的温度再高也没有意义,就像生活在富人区体现不出自己的富裕一样。

4.2.2　熵变的计算

在第2章里,我们已经介绍了熵变计算的规范性方法。在这种规范性的方法中,是不需要设计什么路径的,只需要知道 PVT 关系以及始态和终态的状态参数就可以按照第2章介绍的统一的公式去进行计算。本小节主要介绍如何利用熵的定义式(4.4)并结合具体的过程来计算熵变,其目的主要是为了帮助我们进一步把握熵的物理意义和变化规律。在大型过程模拟和设计计算中,熵变的计算还是应采用第2章介绍的规范化方法,本节介绍的方法只能作为辅助方法在某些特殊情况下采用。

熵是状态函数,因此熵变计算的关键是要确定体系的始态和终态。当始态和终态确定后,利用式(4.4)计算熵变时还需要设计一条可逆途径来连接始态和终态,因为体系只有在可逆过程中吸收的热量才能和熵变联系起来。原则上可逆过程可以任意设计,只要能连接始态和终态就可以,但具体实施时还是要以最有利于问题的解决为原则。这里重复一下熵变计算的基本公式：

$$dS = \frac{\delta Q_R}{T}$$

下面将针对几个常见的过程来具体介绍熵变的计算方法。

1. 热源的熵变

根据热源的定义，热源是一个热容量很大的体系，热源发生的过程一般认为只有吸收热量或者放出热量。任何有限的热量 Q 输入或输出热源，均不可能引起热源的温度等强度性质发生显著变化，也不可能引起热源内部性质出现显著的不均匀性，即认为热源的惯性是无限大的，因此热源吸收或放出热量的过程被认为是恒温可逆的。因此热源里的熵变永远可以简单地用式(4.4a)计算：

$$\Delta S = \frac{Q_{热源}}{T}$$

式中 $Q_{热源}$ 为热源吸收的热量。实际吸热时，$Q_{热源}$ 大于零；实际放热时，$Q_{热源}$ 小于零。T 为热源的温度。

2. 等温过程

首先要弄清楚等温过程的含义。等温过程是指体系在过程的始、末态温度相等。由于熵是一个状态函数，体系的熵变仅与始、末状态有关，我们可以设计一条恒温可逆过程来计算体系的熵变：

$$\Delta S = S(2) - S(1) = \int_1^2 \frac{\delta Q_R}{T} = \frac{Q_R}{T} \tag{4.17}$$

式中 Q_R 表示可逆过程中体系吸收或放出的热量，吸热为正，放热为负。

3. 等压过程

等压过程是指始、末态的压力相同的过程，但在整个过程中压力并不一定恒定。对于等压过程可以设计一条和实际过程具有相同始、末态的恒压可逆过程来计算熵变。根据热力学第一定律，对于恒压可逆过程有

$$dH = \delta Q_R + v dp = \delta Q_R \tag{4.18}$$

因此

$$dS = \frac{\delta Q_R}{T} = \frac{dH}{T} = \frac{C_p dT}{T} \tag{4.19}$$

$$\Delta S = \int_{T_1}^{T_2} \frac{C_p dT}{T} \tag{4.20}$$

4. 等容过程

与等压过程相似，可以设计一条和实际过程具有相同始、末态的恒容可逆过程来计算熵变。根据热力学第一定律，对于恒容可逆过程有

$$dU = \delta Q_R - p dv = \delta Q_R \tag{4.21}$$

因此

$$dS = \frac{\delta Q_R}{T} = \frac{dU}{T} = \frac{C_V dT}{T} \tag{4.22}$$

$$\Delta S = \int_{T_1}^{T_2} \frac{C_V dT}{T} \tag{4.23}$$

5. 绝热不可逆过程

与等压和等容过程不同,不可能设计一条和实际绝热不可逆过程具有相同始、末态的绝热可逆过程来计算熵变。因为绝热可逆过程的熵变等于零,而实际的绝热不可逆过程熵变大于零。也就是说,当起始状态相同时,绝热可逆过程和绝热不可逆过程不可能有相同的末态。因此,需要设计一条连接实际绝热不可逆过程始态和末态的不绝热可逆过程来计算绝热不可逆过程的熵变。这样的不绝热可逆过程可以由恒温可逆过程和恒压(容)可逆过程组成,可参见例4.3。

6. 恒温、恒压可逆相变过程

恒温、恒压下的可逆相变过程中,体系吸收的热量就是相变热,即两相的焓差,因此

$$\Delta S = \frac{Q_R}{T} = \frac{\Delta H}{T} \tag{4.24}$$

其中,ΔH 为相变热。对于实际的等压相变过程,可以近似作为恒温、恒压的可逆相变过程来处理。

7. 恒温、恒压可逆化学反应

恒温、恒压下的可逆化学反应过程是指达到了化学反应平衡的反应,反应推动力无限地接近于零,此时反应热就是体系吸收或放出的热量,因此

$$\Delta S = \frac{Q_R}{T} = \frac{\Delta H}{T} \tag{4.25}$$

式中,ΔH 为等压反应热。从化学反应平衡的条件 $\Delta G = \Delta H - T\Delta S = 0$ 也可以得到上式。实际的反应过程的熵变计算可以设计一条包括恒温、恒压可逆反应历程的可逆过程来计算。

对熵变的计算,我们应掌握一个基本原则:熵是一个状态函数,因此实际过程的熵变计算应先确定起始状态和终结状态,再在起始状态和终结状态之间,按照简便的原则,设计一个可逆过程来计算熵变。还应特别注意,体系末态的确定一般需要用到热力学第一定律,读者可以从例4.2和例4.3中体会到这一点。

4.3 熵产和功损

4.3.1 熵产

前一节已经阐明,可能导致体系熵增的原因有两个,其一是向体系输入了无序的热能,其二是体系内部发生了不可逆过程。输入热能导致的熵增是外界强加的,而体系本身发生不可

逆过程所导致的熵增则源于体系内部，与外部无关。由过程的不可逆性导致的熵增被称为熵产（S_g），而由无序热能的输入引起的熵增被称为熵流（S_F）。显然，熵产不可能小于零，即

$$S_g \geqslant 0 \tag{4.26}$$

而

$$dS_F = \frac{\delta Q}{T} \tag{4.27}$$

$$dS = \frac{\delta Q}{T} + dS_g \tag{4.28}$$

与经历可逆过程后体系的熵变相比，经历不可逆过程后体系的熵变增加了一个恒正项 dS_g。基于熵产的恒非负性，可以用熵产判断过程是否可逆，具体标准如下：

$\Delta S_g > 0$　　为不可逆过程

$\Delta S_g = 0$　　为可逆过程

$\Delta S_g < 0$　　为不可能过程

孤立体系的熵产等于熵变，即

$$\Delta S_{g,iso} = \Delta S_{iso} \tag{4.29}$$

熵产是过程函数，是过程不可逆程度的量度。但同时也要认识到，对于某个体系内部发生的过程，其不可逆程度则是由体系内部热力学性质的不均匀度决定的，即体系内部的熵产取决于物质内部性质的不均匀性，而与外部过程的可逆与否无关。自然界之所以时时刻刻都在自发地发生各种各样的过程，包括社会过程，其根源都是因为不同类型性质的不均匀性所引起，如果一切都处于均一状态，我们的社会和自然界将是寂静的，除非受到外界因素的介入。例 4.1 可以帮助我们理解这个问题。

【例 4.1】 如图 4.4 所示，大小为 Q 的热量从高温热源 T_H 传到低温热源 T_L，分别计算该传热过程导致的熵产、传热过程中高温热源和低温热源内部的熵产和由高温热源与低温热源构成的孤立体系的熵产。

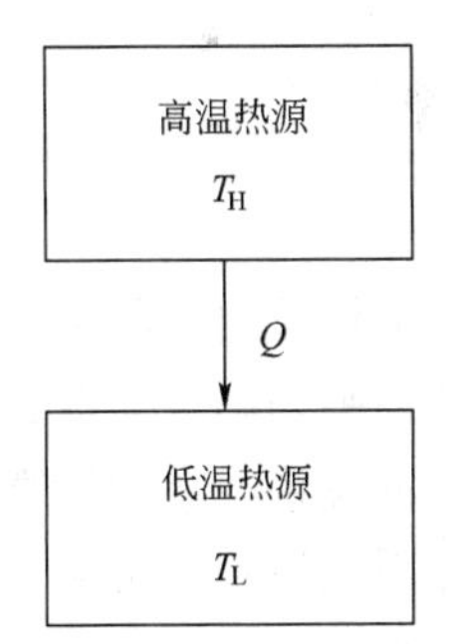

图 4.4　传热过程示意图

解：由于存在温度差，所以传热过程为不可逆过程。在传热过程中，高温热源和低温热源内部也会经历性质变化的过程。对于高温热源或低温热源内部来说，传热过程为外部过程。正如本章开始所指出的那样，热源里进行的过程为可逆过程。因此，尽管外部传热过程是不可逆的，高温或低温热源内部却没有熵产。如果把高温热源和低温热源合起来组成一个孤立体系，那么传热过程为该孤立体系的内部过程。很显然，这一传热过程之所以能发生，是由于高温热源和低温热源的温度差异，及孤立体系内部性质的不均匀性所引起。孤立体系内部进行的过程的熵产等于体系的熵变，因此我们只需要计算孤立体系的熵变就可以了。孤立体系的熵变应等于它的两个子体系（低温热源和高温热源）的熵变之和，即

$$\Delta S_{g,iso} = \Delta S_{iso} = \Delta S_H + \Delta S_L = -\frac{Q}{T_H} + \frac{Q}{T_L}$$

上式所确定的熵产同样也是热量 Q 从高温热源传到低温热源的过程所导致的熵产。

4.3.2 功损

正如我们在例 4.1 中看到的那样,一个热力学过程对于某个体系来说是一个外部过程,而如果将体系的范围扩大,则原来的外部过程也就成了内部过程。体系内部经历一个不可逆过程将伴随着体系做功能力的丧失。例如,对于如图 4.2 所示的由低温热源和高温热源组成的孤立体系,当体系内部发生自发地不可逆传热过程时,对外没有做任何功。而如果它通过一个热机进行可逆传热,如图 4.3 所示,则可以做大小如式(4.15)所确定的有用功 $-W_{s(R)}$。也就是说体系本来可以做大小为 $-W_{s(R)}$ 的功,但它实际上没有做,而且以后也不能再做这部分功,这部分做功能力实际上已经因不可逆过程的发生而损失掉了,而且这一损失是不可挽回的。

体系经历一个可逆过程所做的功和它经历一个实际过程所做的功之差即为实际过程造成的体系做功能力的损失,称为功损,以 W_L 表示。功损的大小和过程的不可逆程度直接相关,不可逆程度越大,功损也越大。我们已经知道过程的不可逆程度可以通过熵产来反映,因此,功损和熵产有着很直接的关系。对于前述的直接传热过程:

$$W_L = -W_{s(R)} - (-W_S) = -W_{s(R)} - 0 = Q_H\left(1 - \frac{T_L}{T_H}\right) \tag{4.30}$$

而熵产为(参见例4.1)

$$\Delta S_g = \Delta S_{g,iso} = Q_H\left(-\frac{1}{T_H} + \frac{1}{T_L}\right) \tag{4.31}$$

因此

$$W_L = T_L \Delta S_g \tag{4.32}$$

一般而言

$$\delta W_L = T_{sys} dS_g \tag{4.33}$$

但体系内部的温度可能是不均一的,而且可能在过程中发生变化,此时 T_{sys} 应取低温部分的几何平均温度。上式一般不宜作为计算功损的公式,它只是告诉我们,功损和熵产有着这种密切的关系。实际计算功损时,还需从功损的物理内涵——做功能力的损失来计算功损,即计算体系经历一个可逆过程所做的功和它经历一个实际过程所做的功之差。

功损概念的提出具有重要的物理意义,它表明自然界的能量在总量上虽然是恒定的,但能量的品质却是在退化的。例如,大小为 Q 的热量从高温热源传递到低温热源后,从量的角度来说,能量并没有减少,但处在高温热源的 Q 和处在低温热源的 Q 的品质却不一样,处在高温热源的 Q 比处在低温热源的 Q 具有更大的做功能力,也就是说 Q 从高温热源传递到低温热源后,它的品质降低了,这一降低过程是不可逆的。处在高位的水落到低位,水的势能转化为热能,也是一种能量品质的降低或退化过程,也是不可逆的。因此,我们的节能概念要建立在维护能量的品质上,不要随便地将能量的品质降低,随意降低能量的品质就等于浪费能源。

【例 4.2】 常压下将 100g、93℃的热水与 20g、16℃的冷水混合,已知水的定压热容 $C_{p,m} = 4.18 J \cdot g^{-1} \cdot K^{-1}$,求此过程中的熵变、熵产和功损。

解:将热水和冷水组成一个孤立体系,首先计算体系达到热平衡后的温度(T),即过程的终态。根据热力学第一定律,热水放出的热量应全部被冷水吸收;如果水的热容在本题涉及的温度范围内为常数,则

$$100C_p(93 - T) = 20C_p(T - 16)$$

解得达到热平衡后的温度为 $T = 80.17$℃。我们再看看过程前后体系状态的变化,热水由93℃降到了80.17℃,而冷水由16℃升到了80.17℃,但压力均没有发生变化。由于熵是状态函数,因此计算熵变时可以撇开实际过程,而按照状态函数的特点,设计可逆过程来计算。本例题涉及的是简单的恒压变温过程,可分别针对热水和冷水设计可逆恒压升温过程和可逆恒压降温过程来计算其各自的熵变。

热水的熵变:

$$\Delta S_{\mathrm{H}} = \int_{T_{\mathrm{H0}}}^{T} \frac{\delta Q_{\mathrm{R}}}{T} = \int_{T_{\mathrm{H0}}}^{T} \frac{m_1 \times C_{p,\mathrm{m}} \mathrm{d}T}{T} = m_1 \times C_{p,\mathrm{m}} \times \ln\left(\frac{T}{T_{\mathrm{H0}}}\right)$$

$$= 100 \times 4.18 \times \ln\left(\frac{80.17 + 273.15}{93 + 273.15}\right) = -14.91(\mathrm{J \cdot K^{-1}})$$

冷水的熵变:

$$\Delta S_{\mathrm{L}} = \int_{T_{\mathrm{L0}}}^{T} \frac{m_2 \times C_{p,\mathrm{m}} \mathrm{d}T}{T} = m_2 \times C_{p,\mathrm{m}} \times \ln\left(\frac{T}{T_{\mathrm{L0}}}\right)$$

$$= 20 \times 4.18 \times \ln\left(\frac{80.17 + 273.15}{16 + 273.15}\right) = 16.76(\mathrm{J \cdot K^{-1}})$$

体系的总熵变:

$$\Delta S_{\mathrm{iso}} = \Delta S_{\mathrm{H}} + \Delta S_{\mathrm{L}} = -14.91 + 16.76 = 1.85(\mathrm{J \cdot K^{-1}})$$

孤立体系的熵变等于熵产,因此冷、热水混合过程的熵产为 $1.85\mathrm{J \cdot K^{-1}}$。

对于功损的计算,我们需要设计一个冷、热水进行可逆传热,并对外输出可逆功的过程。可以将热水当高温热源,冷水作低温热源,设想一台可逆热机工作在冷、热水之间,如图4.5所示,从热水吸收热量,一部分传给冷水,一部分转化为功。但在传热和做功过程中,冷、热水的温度是变化的,只有发生微热传递、做微功时,温度才可认为是恒定的,此时应该有[参见式(4.13)]

$$\delta Q_1/T_{\mathrm{H}} = \delta Q_2/T_{\mathrm{L}}$$

而 $$\delta Q_1 = -m_1 C_p \mathrm{d}T_{\mathrm{H}};\delta Q_2 = m_2 C_p \mathrm{d}T_{\mathrm{L}}$$

因此 $$-m_1 C_p \mathrm{d}T_{\mathrm{H}}/T_{\mathrm{H}} = m_2 C_p \mathrm{d}T_{\mathrm{L}}/T_{\mathrm{L}}$$

即 $$-m_1 \mathrm{d}T_{\mathrm{H}}/T_{\mathrm{H}} = m_2 \mathrm{d}T_{\mathrm{L}}/T_{\mathrm{L}}$$

将上式从起始态积分到达到热平衡的状态,得

$$-m_1 \ln\frac{T_{\mathrm{E}}}{T_{\mathrm{H0}}} = m_2 \ln\frac{T_{\mathrm{E}}}{T_{\mathrm{L0}}}$$

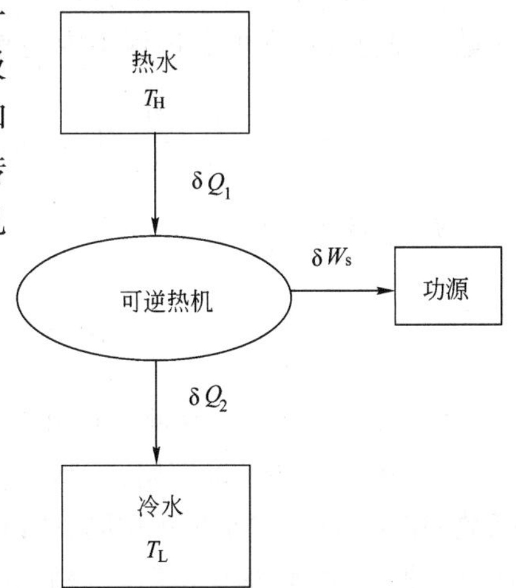

图4.5 冷、热水间的可逆传热过程示意图

代入已知条件，有

$$100 \times \ln \frac{366.15}{T_E} = 20 \times \ln \frac{T_E}{289.15}$$

解得

$$T_E = 352.02(\mathrm{K})$$

$$-W_{s(R)} = Q_1 - Q_2 = 100 \times 4.18 \times (366.15 - 352.02) - 20 \times 4.18 \times (352.02 - 289.15)$$
$$= 650.4(\mathrm{J})$$

由于实际过程所做的功为零，因此实际过程的功损 $W_L = -W_{s(R)} - 0 = 650.4(\mathrm{J})$。

如果用式(4.32)计算，温度应用冷水的几何平均温度

$$\overline{T}_L = \sqrt{353.32 \times 289.15} = 319.63(\mathrm{K})$$

$$W_L = \overline{T}_L \Delta S_g = 319.63 \times 1.85 = 591.31(\mathrm{J})$$

对比两种计算得到的功损，存在一定差距，但前一种方法给出的结果更为合理。

【例 4.3】 有 1mol 理想气体，起始状态为 300K、1MPa，$C_{p,m}$ 为 $30\mathrm{J \cdot mol^{-1} \cdot K^{-1}}$，试计算它经历了下面不同过程以后的熵变以及过程导致的熵产和功损：

(1) 恒温可逆膨胀到 0.1MPa；

(2) 恒温抵抗 0.1MPa 的外压不可逆膨胀到 0.1MPa；

(3) 恒温向真空膨胀到 0.1MPa；

(4) 绝热可逆膨胀到 0.1MPa；

(5) 绝热抵抗 0.1MPa 的外压不可逆膨胀到 0.1MPa；

(6) 绝热向真空膨胀到 0.1MPa。

解：(1) 首先确定过程的始、末状态参数。

始态：$T_1 = 300\mathrm{K}, p_1 = 1\mathrm{MPa}$；末态：$T_2 = 300\mathrm{K}, p_2 = 0.1\mathrm{MPa}$。

再计算过程的熵变。由式(4.17)可知，恒温可逆过程的熵变计算关键是确定过程吸收的热量。理想气体在恒温过程中内能是不变的，即 $\Delta U = Q_R + W_R = 0$ 或 $Q_R = -W_R$，而

$$-W_R = \int_{V_1}^{V_2} p\mathrm{d}V = \int_{V_1}^{V_2} \frac{nRT}{V}\mathrm{d}V = nRT\ln\frac{V_2}{V_1} = nRT\ln\frac{p_1}{p_2} = 8.314 \times 300 \times \ln\frac{1}{0.1} = 5743(\mathrm{J})$$

因此，体系的熵变为

$$\Delta S = \frac{Q_R}{T} = \frac{5743}{300} = 19.14(\mathrm{J \cdot K^{-1}})$$

由于是可逆过程，因此熵产和功损为零。

(2) 第一步还是确定始、末状态参数。很显然，始、末状态参数与(1)相同。利用熵是状态函数的性质，熵变 ΔS 必然相同，所以 $\Delta S = 19.14\mathrm{J \cdot K^{-1}}$。熵产的计算则需要结合实际过程来计算。根据式(4.28)，恒温过程的熵产计算式为

$$\Delta S_g = \Delta S - \frac{Q}{T}$$

与(1)相类似,$Q = -W$。W 是过程函数,要根据实际过程的特点来计算。本过程是抗恒外压,功的计算为

$$-W = \int_{V_1}^{V_2} p_{sur} \mathrm{d}V = p_{sur}(V_2 - V_1) = p_{sur}RT\left(\frac{1}{p_2} - \frac{1}{p_1}\right)$$

$$= 1 \times 10^5 \times 8.314 \times 300 \times \left(\frac{1}{1 \times 10^5} - \frac{1}{1 \times 10^6}\right)$$

$$= 2245(\mathrm{J}) = Q$$

因此过程的熵产为

$$\Delta S_g = \Delta S - \frac{Q}{T} = 19.14 - \frac{2245}{300} = 11.66(\mathrm{J \cdot K^{-1}})$$

过程的功损为

$$W_L = (-W_R) - (-W) = 5743 - 2245 = 3498(\mathrm{J})$$

或由式(4.33)计算:

$$W_L = T\Delta S_g = 300 \times 11.66 = 3498(\mathrm{J})$$

(3)熵变与(1)相同,理由同(2),$\Delta S = 19.14\mathrm{J \cdot K^{-1}}$;过程中体系对外做功和吸收的热量均为零,因此熵产:

$$\Delta S_g = \Delta S = 19.14(\mathrm{J \cdot K^{-1}})$$

功损:

$$W_L = -W_R - (-W) = 5743 - 0 = 5743(\mathrm{J})$$

(4)绝热可逆过程 $\delta Q = 0$,且 $\mathrm{d}S = \delta Q/T$,所以 $\mathrm{d}S = 0, \Delta S = 0$。由于是可逆过程,熵产和功损也均为零。

(5)第一步还是确定始、末状态参数。初始状态的温度和压力均已知,末态的压力也已知,只有温度需要确定。末态温度的确定需要应用热力学第一定律。因为体系经历的是绝热过程,因此,$\Delta U = W$。体系抗恒定外压所做的功为

$$-W = p_{sur}(V_2 - V_1) = p_{sur}nR\left(\frac{T_2}{p_2} - \frac{T_1}{p_1}\right)$$

而理想气体的内能变化只和温度有关:

$$\Delta U = nC_{V,m}(T_2 - T_1) = n(C_{p,m} - R)(T_2 - T_1) = W$$

联立以上两式,代入数据得

$$(30 - 8.314) \times (T_2 - 300) = -1 \times 10^5 \times 8.314 \times \left(\frac{T_2}{1 \times 10^5} - \frac{300}{1 \times 10^6}\right)$$

解得 $T_2 = 225.15\mathrm{K}$。代入功的计算式,得体系实际对外做功:

$$W = -1 \times 10^5 \times 8.314 \times \left(\frac{225.15}{1 \times 10^5} - \frac{300}{1 \times 10^6}\right) = -1622(\mathrm{J})$$

绝热可逆与绝热不可逆过程不可能有相同的终态,因此需要设计一条不绝热的可逆过程来计算熵变。本例中设计的可逆过程为一个等温可逆膨胀过程1$[(p_1,V_1,T_1)\rightarrow(p_2,V',T_1)]$加一个等压可逆变温过程2$[(p_2,V',T_1)\rightarrow(p_2,V_2,T_2)]$,则整个过程的熵变$\Delta S=\Delta S_1+\Delta S_2$。

$$\Delta S=-nR\int_{p_1}^{p_2}\frac{\mathrm{d}p}{p}+\int_{T_1}^{T_2}\frac{nC_{p,\mathrm{m}}}{T}\mathrm{d}T=-8.314\times\ln\frac{1\times10^5}{1\times10^6}+30\times\ln\frac{225.15}{300}=10.53(\mathrm{J}\cdot\mathrm{K}^{-1})$$

由于实际过程为绝热过程,因此,熵产$\Delta S_g=\Delta S=10.53\mathrm{J}\cdot\mathrm{K}^{-1}$。

可逆过程做的功:

$$-W_R=-W_1-W_2=\int_{V_1}^{V'}p\mathrm{d}V+p_2(V_2-V')=RT_1\ln\frac{V'}{V}+p_2(V_2-V')$$

$$=RT_1\ln\frac{p_2}{p_1}+Rp_2\left(\frac{T_2}{p_2}-\frac{T_1}{p_2}\right)$$

$$=8.314\times300\times\ln10+8.314\times(225.15-300)$$

$$=5121(\mathrm{J})$$

过程的功损:

$$W_L=-W_R-W=5121-1622=3499(\mathrm{J})$$

(6)体系对外做功$-W=p_{sur}(V_2-V_1)=0\times(V_2-V_1)=0$,且$Q=0$,所以$\Delta U=0$。内能$U$只是温度的函数,所以$T_2=T_1=300\mathrm{K}$。因此和恒温向真空膨胀的情况(3)相同。

4.4 热力学图表

热力学图表是前计算机时代的产物,由于计算机在现代工程设计计算中已得到广泛应用,使得热力学图表在化工过程设计中已应用不多。但对于化工热力学的初学者来说,应用热力学图表对过程进行热力学分析、定性了解过程中物质状态变化的规律还是十分重要的。

对于一些常用物质,前人已绘制了大量的图表,在图表中可以直接查到给定条件下的热力学性质,最常用的有T—S图(温—熵图)、H—S图(焓—熵图)、p—H图(压—焓图)等,其中以T—S图最为重要。

4.4.1 *T—S*图的结构和使用方法

图4.6为T—S示意图,图中下部的拱形曲线(虚线)为相包线,相包线内部为汽—液共存区,外侧为单相区。相包线的顶点C点为临界点,C点左侧半条曲线即C2′2A为饱和液体线,C点右侧半条曲线即C3′3B为饱和蒸汽线。饱和液体线左侧为液相区,饱和蒸汽线右侧为蒸汽区,临界温度以上为气相区。

汽—液共存区又称为湿蒸汽区。水平线与相包线的两个交点表示达到平衡的汽、液两个相,两点之间线段的长度表示液体可逆汽化过程的熵变ΔS,此熵变与温度的乘积$T\Delta S$就是该温度下的汽化潜热,即$\Delta H=T\Delta S$。由图中可知,随温度升高该线段缩短,虽然温度升高,但熵变减小的影响大于温度升高对汽化潜热的影响,所以汽化潜热逐渐减小,直到临界点C处减小为零。湿蒸汽由饱和蒸汽和饱和液体组成,湿蒸汽中含有的饱和蒸汽的质量分数称作湿蒸汽的干度,湿蒸汽中的汽/液量之比可以用杠杆规则求出。例如图4.6中,蒸汽量/液体量$=\overline{2M}/\overline{3M}$,有的$T$—$S$图上标有等干度线。

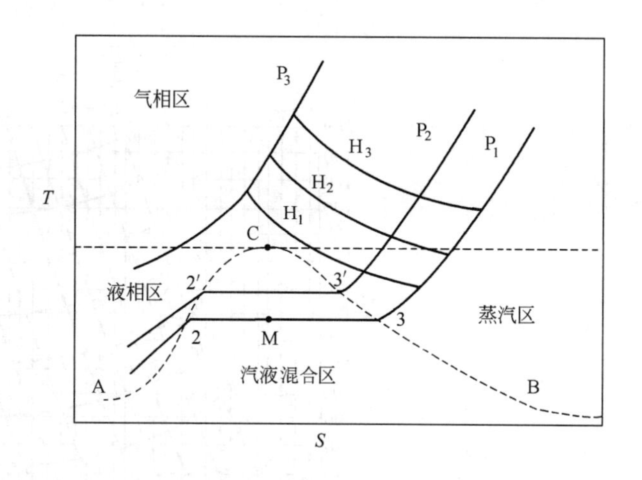

图 4.6　温—熵示意图（*T*—*S* 示意图）

T—*S* 图中从左下至右上的一组近似平行的线称为等压线，液相区中的等压线为液体的等压升温或降温线；两相区的等压线是水平的，表示等压可逆相变中温度是恒定的；气相区的等压线为气体的等压升温或降温线。压力越高的等压线越靠左，说明熵值越低，这可以解释为相同温度下，压力越高，体积越小，可供物质分子活动的区域越小，混乱度就越小，因而熵值越小。随着温度升高，等压线向右侧倾斜，说明等压条件下随温度升高物质的熵值增加。

T—*S* 图上还有从左上至右下方向上的一组近似平行的线为等焓线，压力一定时，温度越高，焓值越大，因此，位置越高的等焓线对应的焓也越大。从图中还可看出，熵值越大，焓值也越大。等焓线向右下方倾斜并逐次与压力更低的等压线相交，表示等焓降压过程中，温度降低，熵增加，是不可逆过程。

图 4.7 为典型制冷工质氨的 *T*—*S* 图。

4.4.2　几种典型过程在 *T*—*S* 图上的表示

1. 等压加热和冷却过程

如图 4.8 所示，将某物质在压力 p 下加热，温度由 T_1 升至 T_4，物质的状态从液体变为过热蒸汽，在图中用线 1234 表示。其中 12 段是液体恒压升温，23 段为液体汽化，温度不变，熵增加，34 段为气相恒压升温。物质从外界吸收的热量大小为：$Q = \int_1^4 T\mathrm{d}S$，即为曲线 1234 下所围的面积。等压冷却方向相反，放出的热量大小也为 Q。

2. 节流膨胀过程

节流膨胀是等焓过程，在 *T*—*S* 图上可用等焓线表示，如图 4.9 所示。某物质从状态 1（T_1，p_1）节流膨胀至状态 2（T_2，p_2），膨胀过程中体系的焓保持不变，压力和温度降低、熵增加，可见节流膨胀是一个不可逆过程。由于等焓节流过程导致温度降低，因此节流操作常用于制冷。

3. 膨胀或压缩过程

绝热、可逆膨胀是等熵过程，在 *T*—*S* 图上用竖直线表示，如图 4.10 所示。体系由状态

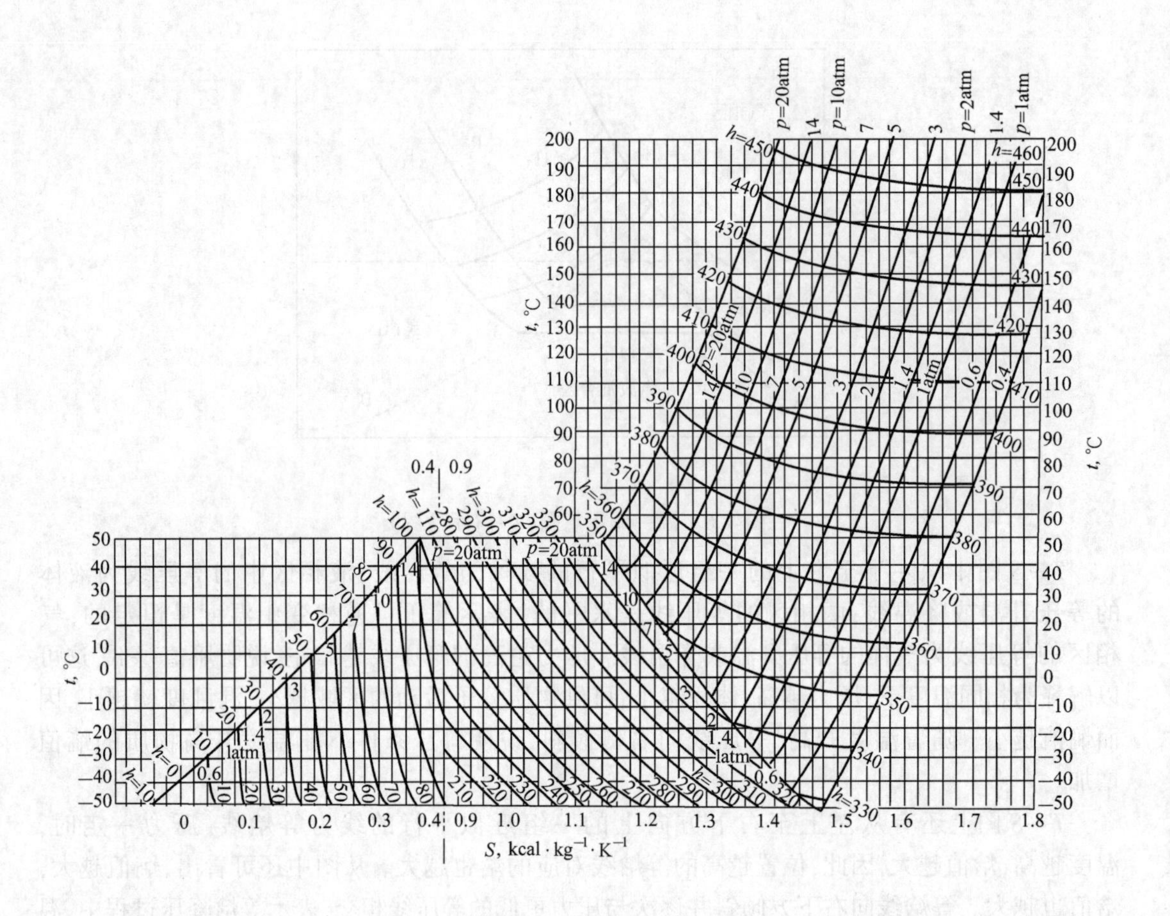

图 4.7 氨的 T—S 图（可供查用）

1(T_1,p_1)绝热可逆膨胀至状态 2(T_2,p_2)，膨胀过程中熵变为零。现实中并不存在真正的绝热可逆膨胀，图中 12′表示绝热不可逆膨胀过程，体系的熵有所增加。作为参考，图中给出了等焓膨胀过程的标示线 12″。从三条线的终点位置可以看出，绝热可逆膨胀过程的熵变最小，温降最大；等焓节流过程的不可逆程度最大，熵变也最大，温降效果最差；绝热不可逆膨胀（对外做功）的效果在等熵膨胀和等焓膨胀的效果之间。

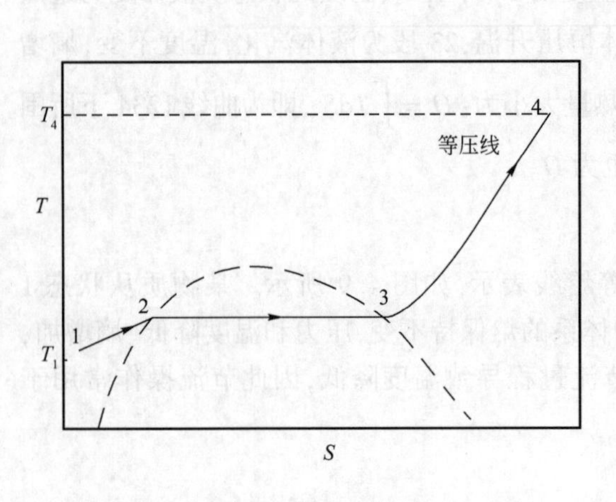

图 4.8 等压加热过程

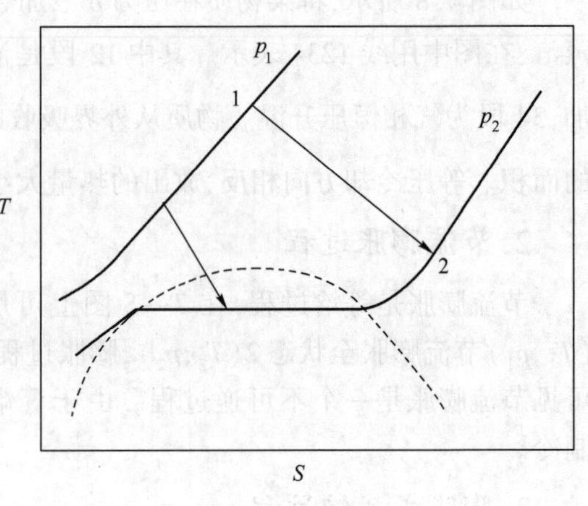

图 4.9 节流膨胀过程

绝热可逆膨胀过程所做功的大小为：$-W_{s(R)} = -\Delta H = H_1 - H_2$

绝热不可逆膨胀过程所做功的大小为：$-W_s = -\Delta H = H_1 - H_{2'}$

一般情况下，已知体系的初态压力、温度和终态压力，求体系终态的温度。

压缩过程为膨胀过程的逆过程，如图4.11所示。其中竖线12表示绝热可逆压缩过程，属于等熵过程。斜线12′表示绝热不可逆压缩过程，是熵增加的过程。当出口压力相同时，不可逆压缩过程的出口温度比可逆压缩过程的要高，消耗的轴功也要大一些。

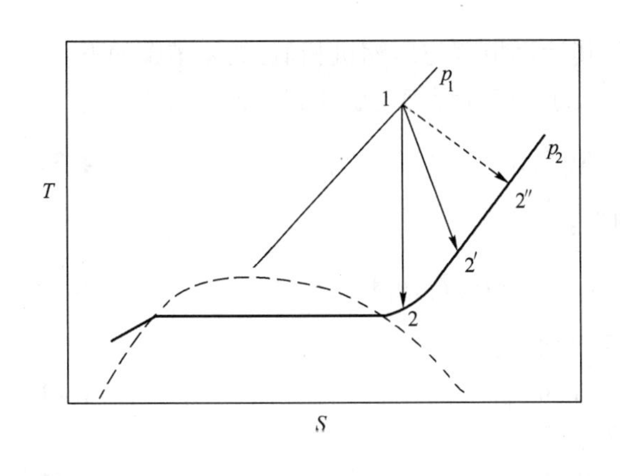

图4.10　膨胀过程

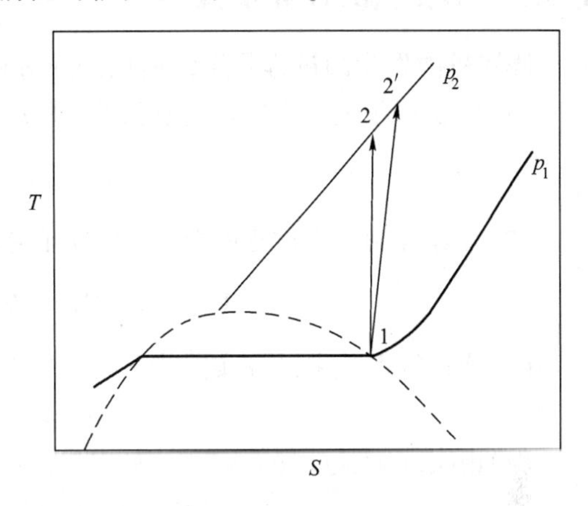

图4.11　压缩过程

4.5　压缩机和膨胀机的计算

压缩机和膨胀机的计算在化工过程模拟或设计中很常见，提出的问题一般是给定压缩（膨胀）机的进口温度、压力以及出口压力，求出口温度及轴功率。

由于流体在压缩机或膨胀机中的停留时间很短，所以一般认为流体在压缩或膨胀过程中与外界交换的热量可以忽略不计，因此有 $\Delta H = W_s$。

但可逆的假设一般不成立，常用等熵效率 η_s 来衡量流体被压缩或膨胀过程的不可逆程度。等熵效率为重要的设备参数，一般在0.8左右。对膨胀机，其定义为

$$\eta_s = \frac{-W_s}{-W_{s(R)}} = \frac{W_s}{W_{s(R)}} \tag{4.34}$$

对压缩机，其定义为

$$\eta_s = \frac{-W_{s(R)}}{-W_s} = \frac{W_{s(R)}}{W_s} \tag{4.34a}$$

4.5.1　压缩机的计算步骤

（1）假设压缩过程为绝热可逆过程，根据下面的等熵方程确定压缩机的出口温度 T_2'：

$$S(T_1, p_1) = S(T_2', p_2) \tag{4.35}$$

（2）计算等熵压缩过程的焓变，也即可逆轴功：

$$W_{s(R)} = \Delta H_R = H(T_2', p_2) - H(T_1, p_1) \tag{4.36}$$

（3）通过等熵效率计算实际压缩过程的焓变或轴功：

$$\Delta H = W_s = W_{s(R)}/\eta_s \tag{4.37}$$

(4)由实际压缩过程的焓变计算实际出口温度 T_2：

$$\Delta H = H(T_2, p_2) - H(T_1 - p_1) \tag{4.38}$$

式(4.37)确定的轴功应该是流体实际获得的轴功，即压缩机的输出功，而驱动压缩机的电动机输入功率应该是 $W = W_s/\eta$，η 为机械效率。

4.5.2 膨胀机的计算步骤

膨胀机内发生的过程是压缩机内的逆过程，其计算步骤与压缩机相似，具体步骤如下：

(1)假设膨胀过程为绝热可逆过程，根据下面的等熵方程确定膨胀机的出口温度 T_2'：

$$S(T_1, p_1) = S(T_2', p_2) \tag{4.39}$$

(2)计算等熵膨胀过程的焓变，也即可逆轴功：

$$W_{s(R)} = \Delta H_R = H(T_2', p_2) - H(T_1, p_1) \tag{4.40}$$

(3)通过等熵效率计算实际膨胀过程的焓变或轴功：

$$\Delta H = W_s = \eta_s W_{s(R)} \tag{4.41}$$

(4)由实际膨胀过程的焓变计算出口温度 T_2：

$$\Delta H = H(T_2, p_2) - H(T_1 - p_1) \to T_2 \tag{4.42}$$

膨胀机的输出功率大小应该为 $-W_s\eta$，η 为机械效率。

4.6 蒸汽动力循环

根据热力学第二定律，我们知道热量通过热机从高温热源传到低温热源的过程中，有一部分能够转化为有用功，即有序能量，如机械能和电能等。热机是一个抽象的概念，实际上它由几个机械设备和循环介质组成，机械设备提供能量交换的媒介，实际的吸热、放热和做功过程均由循环介质完成，最常见的循环介质为水。用水进行热力学循环，将热能转换为机械能的蒸汽动力装置如图4.12所示。从点1出发，水在和高温热源(火焰)相连的锅炉中吸收热量转

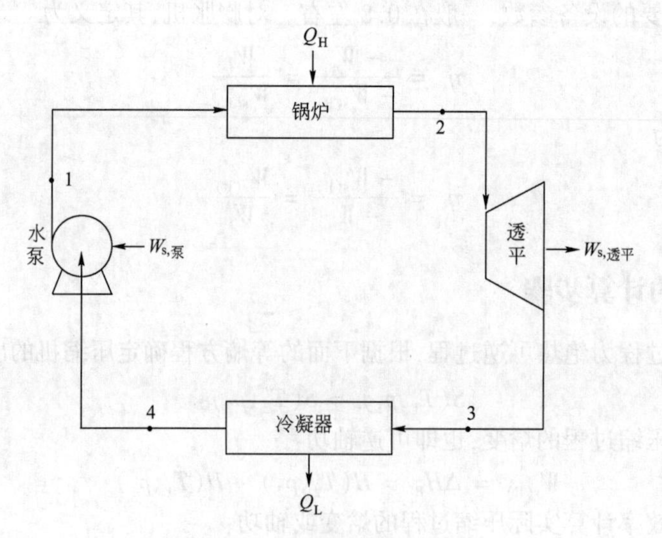

图4.12　简单的蒸汽动力装置

化为高压蒸汽;高压蒸汽在透平中膨胀,压力降低并对外输出有用轴功;低压(湿)蒸汽经过与大气或地下水接触的冷凝器,把一部分热量释放到低温热源(大气或地下水),蒸汽也因此部分或全部冷凝为液态水;液态水经过水泵从外界接受一部分功,压力升高,返回锅炉,完成一个热力学循环。蒸汽动力循环的例子很多。伴随着工业革命而产生的蒸汽机车、轮船和人们在一起生活了很多年。目前的火电厂,还大量采用蒸汽透平来对外输出机械能,再由机械能转化为电能,输送到城市和农村的千家万户、厂矿企业。

4.6.1 卡诺循环

我们已经知道,卡诺循环的热效率最高,在图 4.12 所示的装置中进行卡诺循环时,循环介质水的物态变化示于图 4.13 中。卡诺循环由下列四个可逆过程构成:

(1) 等温、等压可逆吸热过程,对应着水的状态由饱和液体 1 变到饱和蒸汽 2;

(2) 绝热可逆膨胀、对外做功过程,对应着水的状态由饱和蒸汽 2 变成湿蒸汽 3;

(3)等温、等压可逆放热过程,对应着水的状态由湿蒸汽 3 变成更湿的蒸汽 4;

(4)绝热可逆压缩过程,对应着水的状态由湿蒸汽 4 回到饱和液体 1。

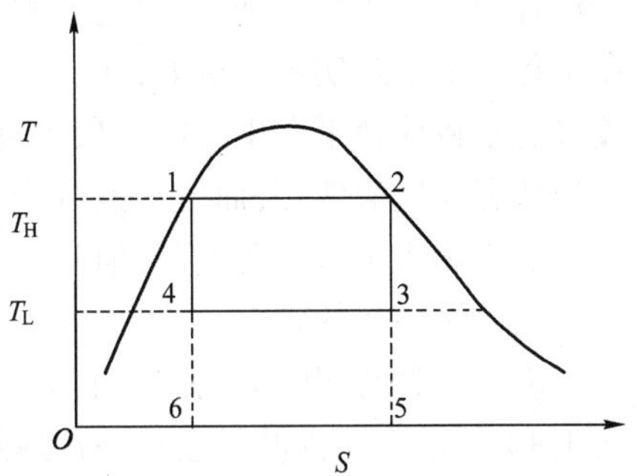

图 4.13 卡诺循环的 T—S 图

应该指出的是,由于卡诺循环要求介质和高、低温热源进行可逆传热,所以吸热或放热时介质的温度需和高、低温热源的温度相同。由于高、低温热源的温度是恒定的,所以介质在吸热或放热时温度也不能变化。等压吸热或放热时,温度要保持不变,只能是等压可逆相变过程。所以,上述卡诺循环的过程(1)和过程(4)都需是可逆相变过程,介质温度保持不变。

整个循环过程中,水对外界所做的净轴功大小为

$$-W_s = -(W_{s,\text{透平}} + W_{s,\text{泵}}) \tag{4.43}$$

从高温热源(通过锅炉)中吸收的热量为

$$Q_H = T_H \times \Delta S_{12} = T_H \times (S_2 - S_1) \tag{4.44}$$

Q_H 在图 4.13 中表示为矩形 12561 的面积 S_{12561}。

向低温热源(通过冷凝器)放出的热量大小为

$$Q_L = -T_L \times \Delta S_{34} = -T_L \times (S_4 - S_3) = T_L \times (S_2 - S_1) \tag{4.45}$$

Q_L 在图 4.13 中相当于矩形 43564 的面积 S_{43564}。

由于水完成一个热力学循环后,状态保持不变,焓当然也不会变化。因此,根据热力学第一定律有

$$\Delta H = Q_H - Q_L + W_s = 0 \tag{4.46}$$

或

$$-W_s = Q_H - Q_L \tag{4.47}$$

显然,$-W_s$ 在图 4.13 中相当于矩形 12341 的面积 S_{12341}。

由以上各式也可以得到卡诺循环的热力学效率 η 为

$$\eta = \frac{-W_{s}}{Q_{H}} = 1 - \frac{T_{L}}{T_{H}}$$

可以看出,上式和式(4.16)是一致的,它们表明卡诺热机的效率仅与高、低温热源的温度有关,两个热源的温差越大,热机效率越高。

4.6.2 朗肯循环

卡诺循环虽然是效率最高的热力学循环,但因为它要求每一步过程都是可逆的,在实际工业过程中根本无法实现,它只是一种理想情况下的循环。即使各步都能非常接近于可逆过程,在工程上也很难实现。例如,在2—3 过程中,状态 3 对应于透平做功的末期,出口乏汽中带有较多的水将使透平发生侵蚀现象,实际透平蒸汽的带水量不能超过 10%。另外,状态 4 时体系的状态为气液两相,而气水混合物也很难用泵输送进锅炉。

卡诺热机虽然不能实现,但其效率可以为实际循环的热力学提供一个比较基准,以此评价实际热力学循环的效率。

第一个具有实际应用意义的蒸汽动力循环是朗肯循环,在该循环过程中水的状态变化如图 4.14 所示。朗肯循环也是一种理想循环,也由四个可逆过程组成,分别是:

(1) 等压可逆吸热过程,对应着水的状态由压缩态液体 1 升温变化到饱和液体 1′,再等压可逆相变到饱和蒸汽 2′,最后升温变到过热蒸汽 2。

(2) 绝热可逆膨胀、对外做功过程,对应着水的状态由过热蒸汽 2 变成湿蒸汽 3。

(3) 等温、等压可逆放热过程,对应着水的状态由湿蒸汽 3 变成饱和液体 4。

(4) 绝热可逆升压过程,对应着水的状态由饱和液体 4 回到压缩态液体 1。由于液体的难于压缩性,使得这一过程中温度升高很小,在 *T—S* 图上表示为很短的一条竖线。为使读者看清这一过程,图 4.14 中做了夸大。

朗肯循环与卡诺循环的主要区别在于:

(1) 在加热过程 12 中,水在汽化后继续加热成为过热蒸汽,这样,在透平出口处就不会有过多的水;

(2) 在冷凝步骤 34 中,蒸汽进行完全冷凝,冷凝成的液态水就可以用泵送进锅炉。

朗肯循环可逆过程,循环介质水所做的净轴功 $-W_{s(R)}$ 的计算与卡诺循环的计算相似,在 *T—S* 图上 $-W_{s(R)}$ 相当于曲线 11′2′2341 所围的面积 $S_{11'2'2341}$,Q_{H} 相当于曲线 11′2′2561 所围的面积 $S_{11'2'2561}$,所以朗肯循环的效率可以表示为

$$\eta = \frac{-W_{s(R)}}{Q_{H}} = \frac{S_{11'2'2341}}{S_{11'2'2561}} \tag{4.48}$$

朗肯循环虽然是理想循环,现实中并不能完全实现,但它给实际应用蒸汽动力循环提供了理论基础,促使了蒸汽机的发明。所以说朗肯循环是一个真正具有实际意义的蒸汽循环。严格地说实际蒸汽动力循环每一步都是不可逆的,每一步都有熵产生,由于摩擦和不能绝对绝热造成部分能量转化为热量传递给机械装置,使得实际热效率比理想循环要低。实际简单蒸汽动力循环过程中水的物态变化如图 4.15 所示。图中 23 和 41 不再是竖线,而是斜线,而且总是向熵增的方向偏斜。

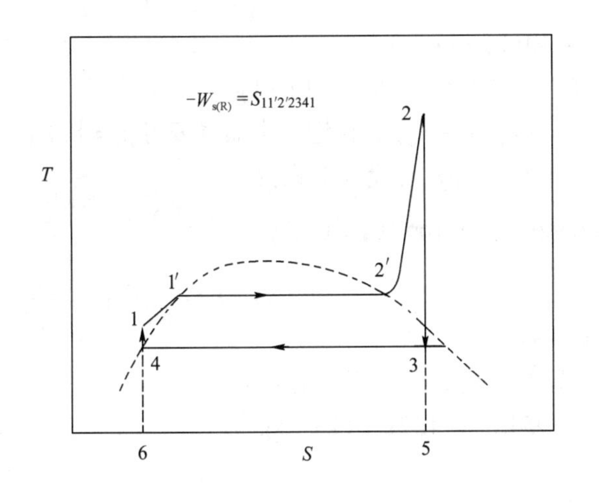

图 4.14　朗肯循环示意图

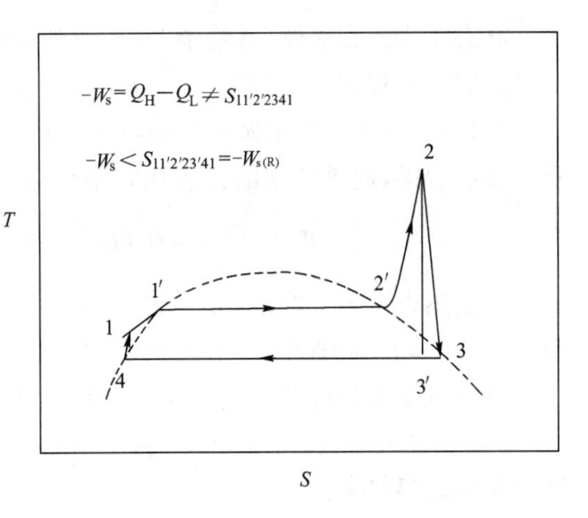

图 4.15　实际简单蒸汽动力循环

【例 4.4】　某蒸汽动力装置锅炉出口的过热蒸汽温度为 550℃，压力为 9.2MPa，此过热蒸汽经透平绝热膨胀对外做功，透平出口乏汽压力为 8kPa，乏汽在冷凝器中完全冷凝为液体后泵送锅炉。试求：

(1) 循环为理想的朗肯循环时的热效率 η；

(2) 若透平和水泵的等熵效率都为 0.8，求实际循环的热效率；

(3) 若要求此蒸汽动力装置的输出功率为 100MW，求蒸汽循环量。

解：(1) 理想的朗肯循环的热效率。

基本的解题思路是先计算体系高温吸收和低温放出的热量，再根据热力学第一定律计算净功，从而计算循环的热效率。

结合图 4.14 理解循环过程，图中点 2 为过热蒸汽点，查附录中过热水蒸气表得 9.2MPa、550℃时过热蒸汽的焓和熵分别为：$H_2 = 3508.9\text{kJ} \cdot \text{kg}^{-1}$，$S_2 = 6.8048\text{kJ} \cdot \text{kg}^{-1} \cdot \text{K}^{-1}$。过热蒸汽在透平中绝热可逆膨胀做功为等熵过程，对应于图 4.14 中的 23，状态 2 和状态 3 的熵相同，其熵值为：$S_3 = S_2 = 6.8048\text{kJ} \cdot \text{kg}^{-1} \cdot \text{K}^{-1}$。透平出口为湿蒸汽，其熵值与湿蒸汽的干度有关，用 x 表示湿蒸汽的干度。查饱和水蒸气表，8kPa 时水蒸气的饱和温度为 41.39℃，此时水的饱和液体和饱和蒸汽的熵、焓值分别为

$$S_L = 0.5910\text{kJ} \cdot \text{kg}^{-1} \cdot \text{K}^{-1}; \qquad H_L = 173.40\text{kJ} \cdot \text{kg}^{-1};$$

$$S_g = 8.2312\text{kJ} \cdot \text{kg}^{-1} \cdot \text{K}^{-1}; \qquad H_g = 2576.8\text{kJ} \cdot \text{kg}^{-1}。$$

将 S_L、S_g、S_3 的值代入 $S_3 = S_g x_3 + S_L(1 - x_3)$

$$6.8048 = 8.2312x_3 + 0.5910(1 - x_3)$$

解得

$$x_3 = 0.8133$$

由此就可由 H_L、H_g 和 x_3 求得状态 3 的焓值：

$$\begin{aligned} H_3 &= H_g x_3 + H_L(1 - x_3) \\ &= 2576.8 \times 0.8133 + 173.40 \times (1 - 0.8133) \\ &= 2128.1(\text{kJ} \cdot \text{kg}^{-1}) \end{aligned}$$

过程 23 中透平产出的可逆轴功：

$$-W_{s(R),\text{透平}} = H_2 - H_3 = 3508.9 - 2128.1 = 1380.8(\text{kJ} \cdot \text{kg}^{-1})$$

状态 4 为饱和液体,其焓值为:$H_4 = H_L = 173.40(kJ \cdot kg^{-1})$。

冷凝过程释放出的热量:$Q_L = H_3 - H_4 = 2128.1 - 173.4 = 1954.7(kJ \cdot kg^{-1})$。

过程 41 中水泵对水做的可逆轴功:$W_{s(R),泵} = -v_4(p_1 - p_4)$。查饱和水蒸气表得 $p_4 = 8kPa$ 和 $p_1 = 9.2MPa$ 时液体水的比容相差很小,$v = 0.001m^3 \cdot kg^{-1}$,代入上式得

$$W_{s(R),泵} = -0.001 \times (8 - 9200) = 9.192(kJ \cdot kg^{-1})$$

根据热力学第一定律:$H_1 = H_4 + W_{s(R),泵} = 173.4 + 9.192 = 182.592(kJ \cdot kg^{-1})$,高温吸热量:$Q_H = H_2 - H_1 = 3508.9 - 182.592 = 3326.3(kJ \cdot kg^{-1})$

将蒸汽动力装置看作一个体系,则体系与外界的净热交换全部转化为净功:

$$-W_{s(R)} = Q_H - Q_L = 3326.3 - 1954.7 = 1371.6(kJ \cdot kg^{-1})$$

朗肯循环的热效率:

$$\eta = \frac{-W_{s(R)}}{Q_H} = \frac{1371.6}{3326.3} = 0.4123$$

(2)实际循环的热效率。

透平的等熵效率 $\eta_s = 0.8$,透平实际产功:

$$-W_{s,透平} = -\eta_s W_{s(R),透平} = 0.8 \times 1380.8 = 1104.6(kJ \cdot kg^{-1})$$

根据能量守恒定律,状态 3 的焓值为:$H_3 = H_2 + W_s = 3508.9 - 1104.6 = 2404.3(kJ \cdot kg^{-1})$。

冷凝器吸收的热量为:$Q_L = H_3 - H_4 = 2404.3 - 173.4 = 2230.9(kJ \cdot kg^{-1})$。

实际水在水泵所获得的轴功为:$W_{s,泵} = \frac{W_{s(R),泵}}{\eta_s} = \frac{9.192}{0.8} = 11.49(kJ \cdot kg^{-1})$。

状态 1 的焓值为:$H_1 = H_4 + W_{s,泵} = 173.4 + 11.49 = 184.89(kJ \cdot kg^{-1})$。

从锅炉吸收的热量为:$Q_H = H_2 - H_1 = 3508.9 - 184.89 = 3324.01(kJ \cdot kg^{-1})$。

循环对外做的净轴功为:$-W_s = -W_{s,透平} - W_{s,泵} = 1104.6 - 11.49 = 1093.11(kJ \cdot kg^{-1})$。

实际循环的热效率为:$\eta = \frac{-W_s}{Q_H} = \frac{1093.11}{3324.01} = 0.3288$。

(3)要求蒸汽动力装置循环提供的功率 W 为 100MW,则其蒸汽流量为

$$m = \frac{W}{-W_s} = \frac{1 \times 10^8}{1093.11 \times 10^3} = 91.48(kg \cdot s^{-1})$$

4.6.3 朗肯循环的改进

评价一个循环的优劣除了实际可行性以外,最重要的指标就是循环的热效率。由式(4.48)可知,朗肯循环的热效率可以表示为两个多边形面积的比值,所以提高循环的热效率的两个途径是增大图 4.14 中 $S_{11'2'2341}$ 或减小 $S_{11'2'2561}$。下面用 $T—S$ 图来分析探讨改进朗肯循环、提高热力学效率的途径。

1. 提高过热蒸汽的温度

如图 4.16 所示,提高过热蒸汽的温度,$S_{11'2'2341}$ 增大,虽然 $S_{11'2'2561}$ 也增大,但因其在分母上,同比增大的比例较小,所以热效率增大。另一方面,锅炉外加热介质温度一定的条件下,提高过热蒸汽的温度使得蒸汽与锅炉之间的温差减小,外部传热过程的不可逆程度减小,做功能力损失减小,效率提高。

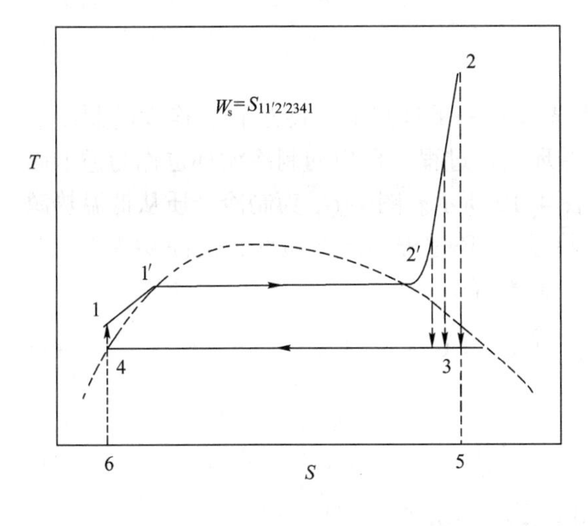

图 4.16　提高过热蒸汽的温度

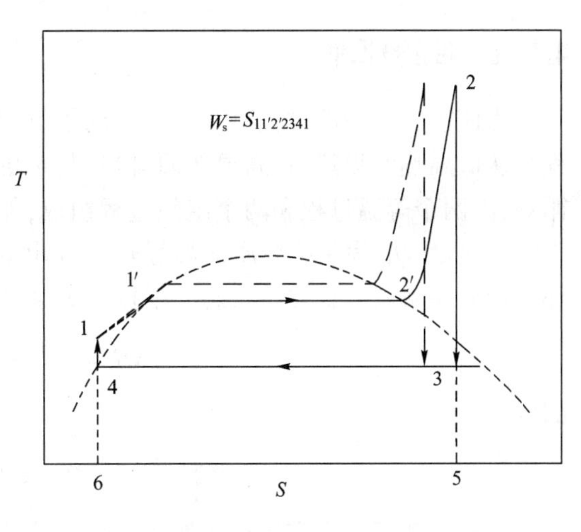

图 4.17　提高锅炉中蒸汽压力

2. 提高锅炉中蒸汽压力

压力越高,水的沸腾温度越高,所以在过热蒸汽的温度不变的情况下,提高锅炉内蒸汽的压力使得图 4.14 中线 1′2′上移,从而使 $S_{11'2'2341}$ 增大,如图 4.17 所示。从热力学的角度可以解释为水的沸点升高,水与锅炉之间的温差减小,外部传热过程的不可逆程度减小,做功能力损失减小,使得整体热效率提高。

值得注意的是,不管是升高过热蒸汽的温度还是提高锅炉中蒸汽的压力,都将提高对锅炉材质的要求,要求锅炉能耐更高的温度或压力,这必将使得设备投资费用增加,必须经过技术经济评价选择一个合适的温度和压力上限。

3. 采用再热蒸汽循环

从图 4.14 中可推知,采取措施使 23 线右移也会使得 $S_{11'2'2341}$ 增大,如果提高过热蒸汽的温度将会使得锅炉投资剧增,采用再热蒸汽循环就会解决这一问题。具体方法是:采用高、低压两个透平,过热蒸汽在高压透平中膨胀至某一中间压力后再次加热升温,然后进入低压透平做功,如图 4.18 所示,这样就使得低压透平出口乏汽中水的含量减少,热效率提高。采用再热蒸汽循环增加了一个低压透平,并需要两个锅炉,设备投资也会增加。

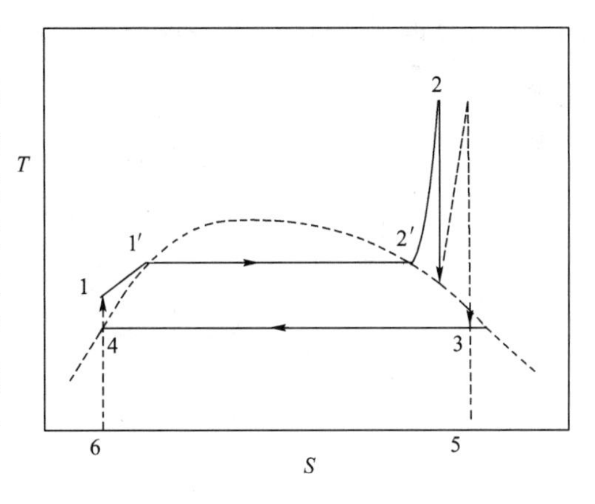

图 4.18　采用再热蒸汽循环

4.7　制冷

制冷就是使体系的温度降低的过程,即将热量从低温热源传递到高温热源。这里所说的低温热源一般是指需要降温的体系,而高温热源一般是指大气或天然水源。由于热量不可能自发地从低温热源传到高温热源,因此制冷过程需要消耗轴功。

工业上实现制冷的方法主要有蒸汽压缩制冷、吸收制冷和喷射制冷。蒸汽压缩制冷和吸收制冷是目前广泛应用的方法。

4.7.1 制冷原理

为使读者对制冷过程有一个大体的了解,首先介绍一下理想的制冷过程。连续的制冷过程是从低温热源吸热、在高温热源排热,是热机循环的逆过程。理想的制冷循环也称为逆卡诺循环,由两个等温过程和两个绝热过程组成,如图4.19所示。图中Q_L为制冷介质从低温热源吸收的热量,Q_H为制冷介质向高温热源放出的热量,循环过程制冷介质获得的净功为W_s,循环一周后体系恢复到初始状态。根据热力学第一定律,有

$$\Delta H = Q_L - Q_H + W_s = 0 \tag{4.49}$$

即

$$Q_H = W_s + Q_L \tag{4.50}$$

制冷系数是一个衡量制冷效率的物理量,用ξ表示,其定义为

$$\xi = \frac{\text{一次循环中制冷介质从低温热源吸收的热量}}{\text{一次循环所消耗的净功}} = \frac{Q_L}{W_s} \tag{4.51}$$

式中Q_L称为制冷量,表示了制冷机的制冷能力;而ξ表示的是制冷机的制冷效率,每消耗1个单位的轴功所得到的制冷量。结合式(4.44)和式(4.45)得到逆卡诺循环的制冷系数:

$$\xi = \frac{T_L}{T_H - T_L} \tag{4.52}$$

式(4.52)表明,制冷循环中冷、热源温差越大,制冷机的效率越低;相同温差下,冷温热源温度越高,制冷机效率越高。逆卡诺循环制冷机的制冷系数是相同冷、热源温度下最大的制冷系数,是一种理想的情况,实际制冷机的制冷系数都小于逆卡诺循环的制冷系数,所以用式(4.52)计算得到的制冷系数只能作为衡量制冷机性能的参考值。

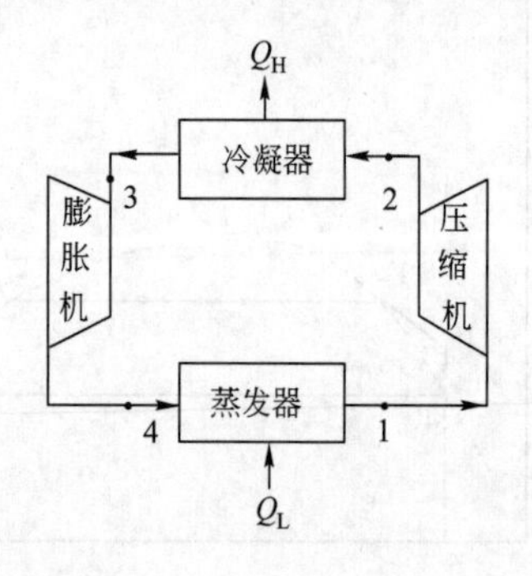

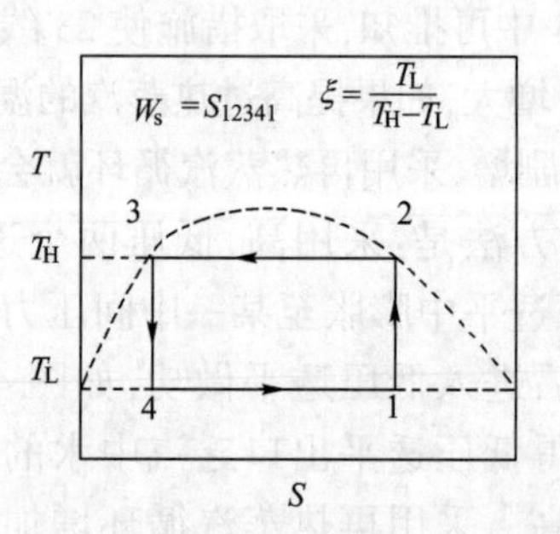

图4.19 逆卡诺循环

4.7.2 蒸汽压缩制冷循环

逆卡诺循环压缩机进口与透平出口均为汽—液两相,这是不实际的。实际压缩制冷循环常如图4.20所示。

蒸发器出口点1在饱和蒸汽线上,压缩机出口点处于过热蒸汽区。1→2是实际的压缩过程(1→2′为绝热可逆压缩过程);2→3是冷却、冷凝过程;3→4是节流膨胀过程(即等焓过程);4→1是蒸发过程。由于点4处于两相区,且含液量大,用膨胀机操作有困难,一般用节流

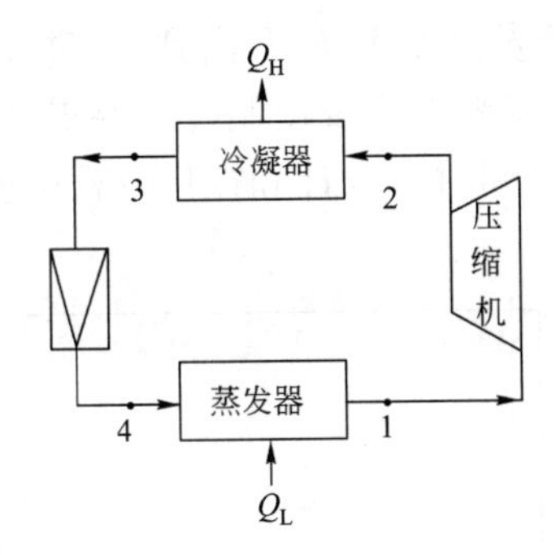

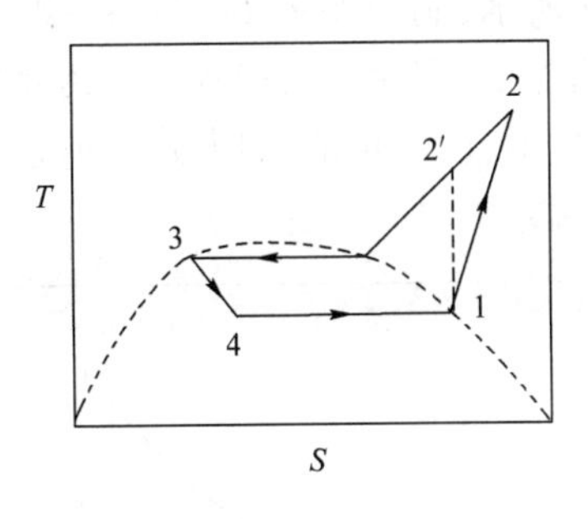

图 4.20 实际压缩制冷循环

阀进行等焓膨胀。节流过程是典型的绝热不可逆过程,存在熵产,由图 4.20 可见,$S_4 > S_3$。单位质量工质在蒸发器中吸收的热量为

$$Q_L = H_1 - H_4 \tag{4.53}$$

在冷凝器中排放的热量为

$$Q_H = H_2 - H_3 \tag{4.54}$$

压缩机所需要的压缩功 W_s 为

$$W_s = H_2 - H_1 \tag{4.55}$$

因此,实际压缩制冷循环的制冷系数 ξ 为

$$\xi = \frac{Q_L}{W_s} = \frac{H_1 - H_4}{H_2 - H_1} \tag{4.56}$$

由上式可见,实际循环的制冷系数除了与操作温度有关外,还与制冷工质的性质有关。若已知压缩机的等熵效率 η,则可先按等熵压缩过程由压缩机进、出口的压力和蒸发温度计算虚拟点 2′ 处的温度和 $H_{2'}$,再由式(4.37)求出 H_2 和实际出口温度。

设计蒸发器、冷凝器、压缩机以及有关辅助设备需要有制冷工质循环速率 m 的数据。m 可通过蒸发器的热量衡算求出,即

$$m = \frac{Q'_L}{H_1 - H_4} \tag{4.57}$$

式中 Q'_L 为单位时间从低温热源转移走的热量,单位 $J \cdot s^{-1}$;而焓 H 为单位质量制冷工质的焓,单位可为 $J \cdot kg^{-1}$。因此 m 的单位为 $kg \cdot s^{-1}$。

若要获得较低的温度,蒸汽蒸发压力必须较低,则蒸汽的压缩比就要增大。这种情况下,单级压缩不但不经济,甚至是不可能的。采用多级压缩可以克服这个困难。用氨做制冷工质,蒸发温度若低于 -30℃,可采用两级压缩,若低于 -45℃,则要采用三级压缩。多级压缩通常与多级膨胀相结合。多级压缩制冷循环不仅可以节约功耗,并能获得多种不同的制冷温度。

制冷系数与制冷工质的性质有关,不同的工质有不同的制冷系数,但影响制冷系数的主要因素是循环工质的冷凝温度和蒸发温度。图 4.21 中,1—2—3—4—1 为原来的制冷循环,当冷凝温度由 T_H 降到 $T_{H'}$ 时,形成了新的循环,即 1—2′—3′—4′—1。显然,新循环不仅使压缩机所消耗的功减少了,而且制冷量增加了,因而制冷系数得到提高。在制冷装置中,冷凝温度取决于冷却介质即环境物质(大气或天然水源)的温度。因受到当地自然环境的限制,其温度不能随意降低。因此,在设计或操作过程中,要尽可能减小冷凝器的传热温差,以获取较低的冷凝温度。

如图 4.22 所示，制冷循环 1—2—3—4—1 的蒸发温度由 $T_{L'}$ 升高到 T_L 时，由于压缩功减少了，制冷量增加了，因而也可以提高制冷系数。蒸发温度主要由制冷的要求确定，因此在能满足需要的条件下，应尽可能采用较高的蒸发温度。同时在设计和操作过程中应尽可能降低蒸发器的传热温差。

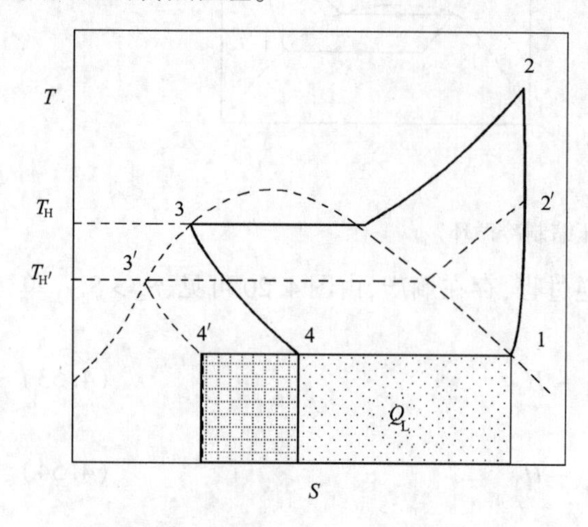

图 4.21　冷凝温度对制冷效率的影响图

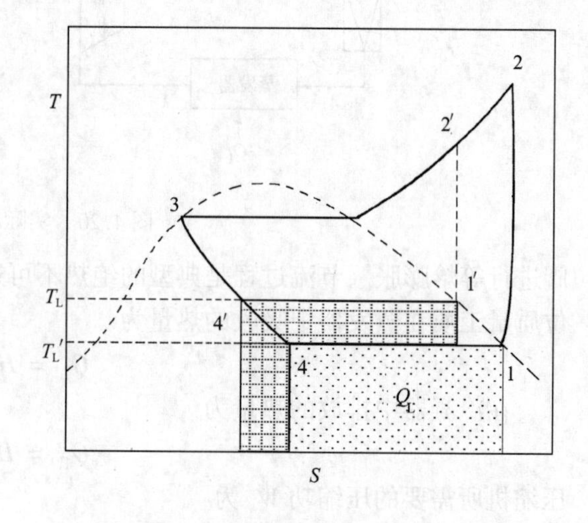

图 4.22　蒸发温度对制冷效率的影响

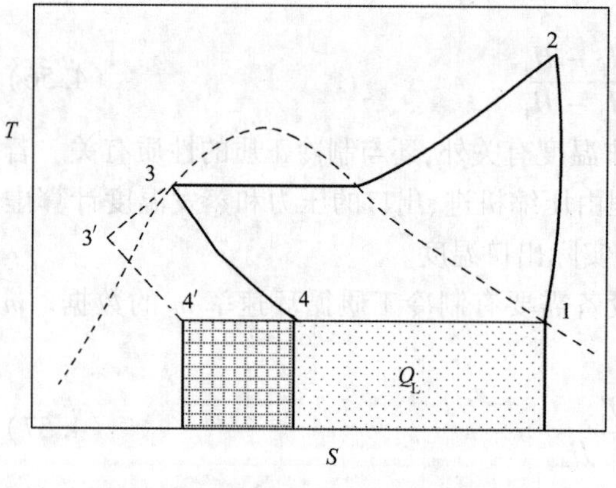

图 4.23　增加过冷度可以提高制冷系数

除冷凝温度与蒸发温度外，制冷工质的过冷度对于制冷系数也有直接的影响。实际制冷循环中，制冷工质的蒸汽通过冷凝器变为饱和液体后，还将进一步冷却，使其成为过冷液体，如图 4.23中的 3′点所示。从图可见，压缩机耗功量未变，但制冷量增大了，因而也提高了制冷系数。显然，过冷温度越低，制冷系数越大。但是过冷温度也不能任意降低，同样受到环境温度的限制。

值得注意的问题：

(1) 以上各图中的温度均是制冷介质的温度，而不是冷源、热源的温度。

(2) 使制冷介质冷凝的冷源一般为空气或水，温度不能随意改变，设计人员能够做的一般是降低换热器的传热温差。但在复杂制冷系统中(如乙烯装置)，应考虑冷量回收，可以用冷流体作为冷源以提高制冷系数。

(3) 使制冷介质蒸发的热源一般是需要被冷却的物流，其温度一般也不能随意改变，设计人员能够做的也只能是降低换热器的传热温差。

(4) 换热介质为液体时，传热温差可以在 5 ~ 8℃；换热介质为气体时，传热温差在 15℃以上。对于有相变的传热过程，因传热系数大，传热温差可以适当降低。当传热温差设计得太低时，换热面积会很大，设备成本会显著升高。

【例 4.5】　某空气调节装置的制冷能力(制冷量)为 $4.180 \times 10^4 \text{kJ} \cdot \text{h}^{-1}$，采用氨蒸气压缩制冷循环。夏天室内温度维持在 15℃，冷却水温度为 35℃。蒸发器与冷凝器的传热温差均为 5℃。已知压缩机的等熵效率为 0.80。(1) 求逆卡诺循环的制冷系数；(2) 假定压缩为等熵过程,求工质的循环速率、压缩功率、冷凝器放热量和制冷系数;(3)压缩为非等熵过程时,求工质的循环速率、压缩功率、冷凝器放热量和制冷系数。

解:(1)循环工质氨在冷凝器中的冷凝温度 T_H 为

$$T_H = 35 + 5 = 40(℃)$$

氨在蒸发器内蒸发温度 T_L 为

$$T_L = 15 - 5 = 10(℃)$$

逆卡诺循环的制冷系数为

$$\xi = \frac{T_L}{T_H - T_L} = \frac{273.15 + 10}{(273.15 + 40) - (273.15 + 10)} = 9.44$$

(2)从图 4.7 查得对应于图 4.20 中 1、2′、3、4 点的焓值分别为

$$H_1 = 1452\text{kJ} \cdot \text{kg}^{-1},\ H_{2'} = 1573\text{kJ} \cdot \text{kg}^{-1}, H_3 = H_4 = 368.2\text{kJ} \cdot \text{kg}^{-1}$$

氨的循环速率 $m = \dfrac{4.180 \times 10^4}{H_1 - H_4} = \dfrac{4.180 \times 10^4}{1452 - 368.2} = 38.57(\text{kg} \cdot \text{h}^{-1}) = 1.0714 \times 10^{-2}(\text{kg} \cdot \text{s}^{-1})$

压缩机的功率 $W_s = m(H_{2'} - H_1) = 1.0714 \times 10^{-2}(1573 - 1452) = 1.296(\text{kW})$

冷凝器放热量 $Q_H = m(H_{2'} - H_3) = 1.0714 \times 10^{-2}(1573 - 368) = 12.91(\text{kW})$

制冷系数 $\xi = \dfrac{H_1 - H_4}{H_{2'} - H_1} = \dfrac{1452 - 368.2}{1573 - 1452} = 8.957$

(3)利用压缩机的 η_s 可求出不可逆绝热压缩终态的焓,即图 4.20 中点 2′的焓。根据式(4.37):

$$\eta_s = \frac{H_1 - H_{2'}}{H_1 - H_2}$$

将已知数据代入上式,则得

$$0.80 = \frac{1452 - 1573}{1452 - H_2}$$

$$H_2 = 1603(\text{kJ} \cdot \text{kg}^{-1})$$

按(2)的计算方法即得

氨的循环速率 $m = 1.0714 \times 10^{-2}(\text{kg} \cdot \text{s}^{-1})$

压缩机功率 $W_s = 1.0714 \times 10^{-2}(1603 - 1452) = 1.618(\text{kW})$

冷凝器放热量 $Q_H = 1.0714 \times 10^{-2}(1603 - 368.2) = 13.23(\text{kJ} \cdot \text{s}^{-1})$

制冷系数 $\xi = \dfrac{H_1 - H_4}{H_2 - H_1} = \dfrac{1452 - 368.2}{1603 - 1452} = 7.177$

可见,压缩过程不可逆就会引起功耗增加,制冷系数减小。

4.7.3 吸收式制冷

吸收式制冷是一种不用机械功、依靠热能取得制冷效果的装置。同样可用氨作为制冷工质。它的工作原理与蒸汽压缩制冷的区别只是在气体的压缩方式上。图 4.24 为吸收式制冷

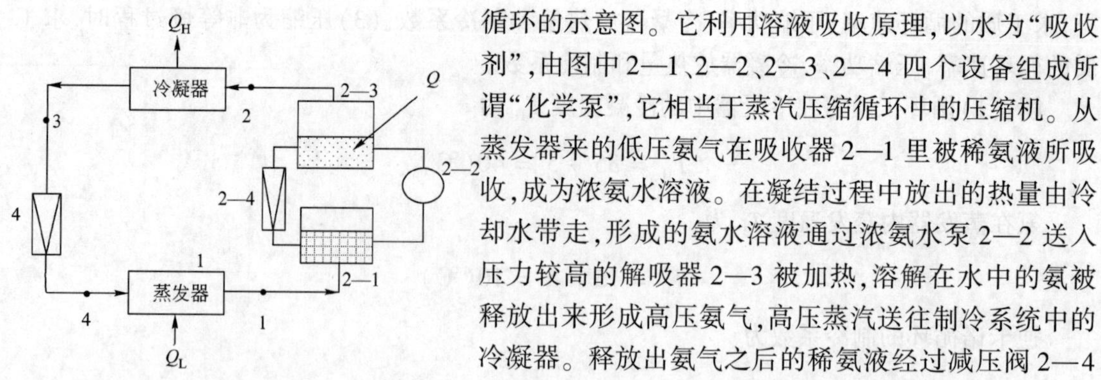

图 4.24　吸收式制冷——以热代替轴功

循环的示意图。它利用溶液吸收原理，以水为“吸收剂”，由图中2—1、2—2、2—3、2—4 四个设备组成所谓“化学泵”，它相当于蒸汽压缩循环中的压缩机。从蒸发器来的低压氨气在吸收器 2—1 里被稀氨液所吸收，成为浓氨水溶液。在凝结过程中放出的热量由冷却水带走，形成的氨水溶液通过浓氨水泵 2—2 送入压力较高的解吸器 2—3 被加热，溶解在水中的氨被释放出来形成高压氨气，高压蒸汽送往制冷系统中的冷凝器。释放出氨气之后的稀氨液经过减压阀 2—4 降低压力，又进入吸收器，完成它本身的循环。

吸收式制冷装置运行的经济指标称为热力系数 ε，ε 的定义为

$$\varepsilon = \frac{Q_L}{Q} \tag{4.58}$$

式中　Q_L——吸收式制冷装置的制冷量；

Q——解吸器中提供的热量。

吸收制冷是一种以热为代价的制冷方式，其优点是可以利用低温热能，特别是可以直接利用工业生产中的余热或废热。通常制冷能力可达到每小时几百万千焦。另一方面，制冷体系中除溶液泵外，无其他传动设备，耗电量少。缺点是热力系数 ε 较低，一般为 0.3 ~ 0.5；设备比压缩制冷循环庞大，灵活性小。

吸收式制冷循环的工质除了氨与水外，常用的还有水（制冷剂）和溴化锂（吸收剂）。由于溴化锂本身不挥发，解吸器不需要精馏塔形式，只要简单的解吸器就行。此外，热力系数也高。但溴化锂有较大的腐蚀性，设备需用不锈钢制造。由于用水作制冷剂，故制冷温度不能低于 0℃，通常用于大型空调系统。

4.7.4　制冷工质的选择

实际制冷循环的制冷能力、压缩机功耗、各设备的操作压力、结构尺寸、使用的材料等都与制冷工质的性质有密切的关系。工业上应用比较广泛的制冷工质有氨、氟里昂-12、氟里昂-11、氟里昂-113、二氧化碳、二氧化硫、乙烷、乙烯等十几种，其中以氨的应用最为广泛。

因为制冷介质要在制冷机中连续循环，所以对制冷介质的选择要从安全性、经济性等方面全面考虑。一般来讲按照以下原则选择：

（1）相变热和单位热容尽量大。相变热大可减少制冷介质的循环量，从而减少动力消耗，提高循环的整体效率。

（2）具有良好的化学稳定性，无腐蚀性。制冷介质的工作环境变化较剧烈，要求制冷介质有良好的化学稳定性，不易分解，对设备无腐蚀。若介质对设备有腐蚀性，将增加设备投资。

（3）无毒、不易燃、不易爆，万一介质泄漏不会对工作人员造成伤害。

（4）价格合理。这是一个显而易见的问题，使用价格较低的制冷介质将减少操作费用。

目前，还没有一种制冷工质能完全满足上述要求，因此在实际选择时只要利大于弊即可。氨作为工质，其优点多于缺点，故在工业上被广泛应用。小型的家用制冷机大都用氟里昂-12或新型氟里昂替代物，但其主要缺点是价格较高。

4.7.5 热泵

热泵是一种通过消耗一定的高品位的能量(电能、机械能等)将温位较低的热能转化为温位较高的热能的设备。热泵的工作原理与制冷机的原理完全相同,只是工作目标不同,制冷的目标是获得冷量,热泵的目标是获得热量。因此热泵就是制热装置。

制热系数表示每消耗单位功所得到的高温位热量,用 ω 表示:

$$\omega = \frac{|Q_H|}{|W_s|} = \frac{|Q_L| + |W_s|}{|W_s|} = 1 + \xi \tag{4.59}$$

对于逆卡诺循环,制热系数为

$$\omega = \frac{T_H}{T_H - T_L} \tag{4.60}$$

◇ 习 题 ◇

1. 判断下列情况下体系的熵变,可供选择的答案为正、负或不能确定。

(1)封闭体系经过可逆过程,对外做功 10kJ,吸热 5kJ;

(2)封闭体系经历不可逆过程,对外做功 10kJ,吸热 5kJ;

(3)封闭体系经历可逆过程,对外做功 10kJ,放热 5kJ;

(4)封闭体系经历不可逆过程,对外做功 10kJ,放热 5kJ。

2. 常压下将 100g 水(液态,80 ℃)与 50g 水(液态,20℃)混合,求过程中的 ΔH 和 ΔS。此过程是否可逆?

3. 1kg、0℃的冷水和 1kg、100℃的热水直接混合。计算混合过程造成的功损。如果冷、热流体经历一个可逆的传热过程,计算平衡温度和对外所做的有用功。

4. 将 $Q = 10$kJ 的热量从温度为 500K 的高温热源传递给温度为 298K 的低温热源,求过程中的熵变和功损,此过程是否可逆?

5. 在温—熵图上表示出如下过程:

(1)气体节流膨胀;

(2)气体绝热可逆膨胀;

(3)气体绝热不可逆膨胀;

(4)气体等压冷凝至过冷液体;

(5)饱和蒸汽绝热可逆压缩;

(6)饱和蒸汽绝热不可逆压缩;

(7)饱和液体绝热可逆膨胀;

(8)饱和液体等焓膨胀。

6. 若体系发生一绝热不可逆过程,是否能设计一绝热可逆过程计算它的热力学性质的变化?请说明理由。

7. 某朗肯循环用水作循环介质,锅炉加热后的过热水蒸气的温度为 550℃,压力为 15MPa,透平出口的压力为 8kPa。试求:

(1)朗肯循环的热效率；

(2)水泵消耗的功与透平输出的功之比；

(3)能达到100kW的输出功率时的蒸汽循环量。

8. 若习题7中透平和泵的等熵效率分别为0.8和0.75，其余条件不变，试求解该题中的同样三个问题。

9. 一台冰箱所处周围的环境温度为300K，环境向冰箱内的传热速率为10kJ·min^{-1}，制冷机的效率为可逆卡诺循环的一半，若要使冰箱内温度保持在253K，试求冰箱消耗的电功率。

10. 为满足设备工作条件，某机房需要保持室温恒定在10℃，已知环境向室内的传热速率为4.5kW，环境温度35℃，采用氨作制冷介质。假定冷凝器的传热温差10℃，蒸发器的传热温差为5℃，且已知压缩机的等熵效率为0.80。试求：

(1)逆卡诺循环的制冷系数；

(2)压缩过程为等熵过程时的制冷系数、制冷介质的循环量、压缩机的功率；

(3)压缩过程为非等熵过程时的制冷系数、制冷介质的循环量、压缩机的功率。

第5章 化工过程的有效能分析

热力学第一定律及第二定律揭示了过程转化中能量是守恒的且转化的方向和限度是有规可循的。化工过程中有多种形式的能量在流动,不同形式的能量在数量上是相等的,在质量上却不相等,即热功等量不等质。能量具有不同的品位,功可以全部转化为热,而热通过热机只能部分转化为功。因此,研究化工过程的能量变化,达到既要节约用能、降低能量消耗,又要经济合理地用能的意义十分重要。

本章运用热力学基本原理,应用理想功、损耗功、㶲等概念,对化工过程中的能量转化、传递、使用和损失情况进行热力学分析,即有效能分析;对过程、设备或装置的能量有效利用程度进行评价,确定能量利用的效率,揭示能量消耗的大小、原因和部位,为改进工艺过程、提高能量利用率指明方向及途径。

5.1 能量的级别

化工过程就是遵循物流、能流等流动规律将不同的物质、能量等通过不同的化工设备组合在一起的有机整合体。化工生产过程实际上就是一个能量利用、转化和消耗的过程,这种过程是借助于物质的流动来实现的,过程中需要多种形式的能量,如热能、机械能、电能、化学能等常规能量形式和光能、磁能、原子能等特殊能量形式。

热通过热机只能部分地转化为功,说明了热功转化过程的不可逆性,它存在明显的方向和限度。能量不仅有数量之分,而且有质量(品位)上的区别,相同数量但不同能量形式的能量其做功的能力不同。

能量按其做功能力的大小可分为三大类:高级能量、低级能量和僵态(寂态)能量。理论上完全可以转化为功的能量,称为高级能量,如机械能、电能、水力能和风力能等;从理论上不能全部转化为功的能量,称为低级能量,如热能、内能和焓等;完全不能转化为功的能量,称为僵态能量,如大气、大地、天然水源具有的内能。

由高质量的能量转化为低质量的能量,称为能量贬质(降级),能量贬质意味着做功能力的衰减。化工过程等诸多过程中普遍存在能量降级现象,如传热过程、精馏过程、节流过程等,前两者由高温热贬质为低温热,后者由高压物流降级为低压物流,均存在做功能力的损失。

合理用能,提高能量的有效利用率,就是尽可能地减少能量贬质或者避免不必要的贬质。

5.2 理想功、理想功损失和热力学效率

体系由一个状态向另一个状态的变化,可以通过不同的途径来实现。当经历的过程不同时,其所能产生(或消耗)的功是不同的。一个完全可逆的过程可以产出最大的功,一个完全可逆的过程也可以消耗最小的功。

5.2.1 理想功

理想功是指体系的状态变化在一定的环境条件下按完全可逆的过程进行时，理论上所能产生的最大功或者必须消耗的最小功。

完全可逆是指：

(1)体系内部的所有变化是可逆的；

(2)体系只与温度为 T_0 的环境进行可逆热交换。

实际过程为不可逆过程，不可能得到理想功。理想功是一个理想的极限值，可用来作为实际功的比较标准。

1. 非流动过程

对于非流动过程（或者封闭体系），热力学第一定律表达式为（以对外做功为正）

$$\Delta U = Q - W \tag{5.1}$$

因为过程是完全可逆的，体系所处的环境构成了一个温度为 T_0 的恒温热源，即此交换的热量 Q 为可逆热量。依据热力学第二定律，体系与环境的传热量 Q 为

$$Q = T_0\Delta S \tag{5.2}$$

故体系与环境之间交换的可逆功 W_R 为

$$W_R = T_0\Delta S - \Delta U \tag{5.3}$$

式(5.3)中的 W_R 不但包括可以利用的功，而且也包括体系对抗大气压力 p_0 所做的膨胀功 $p_0\Delta V$，后者是无法利用的，没有利用价值，在计算理想功时应该把这部分除外，因此非流动过程的理想功为

$$W_{id} = T_0\Delta S - \Delta U - p_0\Delta V \tag{5.4}$$

从式(5.4)可以看出，非流动过程的理想功仅与体系变化前后的状态及环境温度、环境压力有关，而与具体的途径无关。

2. 稳定流动过程

热力学第一定律用于稳定流动过程的表达式为

$$W_s = Q - \Delta H - 0.5\Delta U^2 - g\Delta Z \tag{5.5}$$

同样将 $Q = T_0\Delta S$ 代入式(5.5)，即稳定流动过程的理想功 W_{id} 的表达式为

$$W_{id} = T_0\Delta S - \Delta H - 0.5\Delta U^2 - g\Delta Z \tag{5.6}$$

化工过程中动能、势能变化不大，往往可以忽略，故式(5.6)简化为

$$W_{id} = T_0\Delta S - \Delta H \tag{5.7}$$

稳定流动过程的理想功仅与状态变化有关，即仅与初、终态以及环境温度 T_0 有关，而与变化途径无关。只要初、终状态相同，无论是否为可逆过程，其理想功是相同的。理想功与轴功不同在于：理想功是完全可逆过程，它在与环境换热 Q 过程中使用卡诺热机做可逆功。

通过比较理想功与实际做功（或者消耗功），可以评价实际过程的不可逆程度。

3. 热力学效率

理想功是确定状态发生变化时所提供的最大功。欲获得理想功，过程必须是在完全可逆的条件下进行的。由于实际过程的不可逆性，实际过程提供的功 W_s 必然小于理想功，两者之

比称为热力学效率。

产功过程：

$$\eta = \frac{W_s}{W_{id}} \tag{5.8a}$$

耗功过程：

$$\eta = \frac{W_{id}}{W_s} \tag{5.8b}$$

可逆过程 $\eta=1$，不可逆过程 $\eta<1$，热力学效率是过程热力学完善性的度量尺度，它反映了过程的可逆程度。

5.2.2 理想功损失

只有完全可逆过程才能获得理想功，即完全可逆过程没有功的损耗，而一切实际过程都是不可逆过程，因此只能得到实际功。系统在相同的状态变化过程中，实际过程所做的功（产生或者消耗）与完全可逆过程所做的理想功之差，称为损失功。

对于稳定流动过程，理想功损失 W_L 表示为

$$W_{L,id} = W_{id} - W_s \tag{5.9}$$

式中理想功 W_{id}、轴功 W_s 分别用式（5.7）和式（5.5）表示，得

$$W_{L,id} = T_0\Delta S - Q \tag{5.10}$$

式中，Q 为实际过程中体系与温度为 T_0 的环境所交换的热量，ΔS 是体系的熵变。上式说明损失功是由两部分组成的，一部分是由于过程的不可逆性而引起的熵增加造成的，另一部分是由于过程的热损失所造成的。由于环境可视为一个热容量极大的恒温热源，它并不因为吸入或放出有限的热量而发生温度的变化，故对环境而言，Q 可视为可逆热量。于是有

$$\Delta S_{环境} = \frac{-Q}{T_0} \tag{5.11}$$

将式（5.11）代入式（5.10），得

$$W_{L,id} = T_0\Delta S + T_0\Delta S_{环境} = T_0\Delta S_{tot} \tag{5.12}$$

理想功损失与总熵变和环境温度有关。式（5.12）是著名的高乌—斯托多拉（Gouy-Stodola）公式，在化工过程用能分析中应用极广。ΔS_{tot} 是实际过程所引起的体系和环境的总熵变。根据热力学第二定律，一切自发过程均引起总熵的增加，即 $\Delta S_{tot}\geqslant 0$，也即实际过程总是有损失功的，过程的不可逆性越大，总熵值越大，理想功损失也越大。损失的功转化为热，使体系的做功能力降低。

对于可逆过程：

$$\Delta S_{tot} = 0 \qquad (\Delta S_{产生} = 0) \qquad W_{L,id} = 0$$

对于不可逆过程：

$$\Delta S_{tot} > 0 \qquad (\Delta S_{产生} > 0) \qquad W_{L,id} > 0$$

一切实际过程都是不可逆过程，例如各种传递过程和化学反应过程，都存在流体阻力、热阻、扩散阻力、化学反应阻力等。为了使上述过程得以有效进行，必须保持一定的推动力如温差、压力差、浓度差、化学位差等，因而实际过程不可避免地有功的损失，实际过程必然伴随着能量的降级。

【例 5.1】 一输送 363K 的热水管路，由于保温不好，到用户时水温降至 343K，试计算由于散热而引起的理想功损失。已知环境温度为 25℃。

解：以 1kg 热水为基准。

(1)热水降温过程的热损失：

$$Q = nC_p(T_2 - T_1) = 1 \times 4.1868 \times (343 - 363) = -83.736\ (\mathrm{kJ \cdot kg^{-1}})$$

(2)热水降温过程的理想功损失：

$$W_{\mathrm{L,id}} = T_0 \Delta S_{体系} + T_0 \Delta S_{环境}$$

水管内热水散热的过程是一个等压过程，所以

$$\Delta S_{体系} = nC_p \ln \frac{T_2}{T_1} = 1 \times 4.1868 \ln \frac{343}{363} = -0.237 [\mathrm{kJ \cdot kg^{-1} \cdot K^{-1}}]$$

$$\Delta S_{环境} = \frac{-Q}{T_0} = \frac{83.736}{298} = 0.281 [\mathrm{kJ \cdot kg^{-1} \cdot K^{-1}}]$$

$$W_{\mathrm{L,id}} = 298 \times (-0.237 + 0.281) = 13.11 (\mathrm{kJ \cdot kg^{-1}})$$

热水降温过程并未获得实际功，故降温过程的理想功以热量散失于大气的形式全部损失，有

$$W_{\mathrm{id}} = W_{\mathrm{L,id}} = T_0 \Delta S_{体系} - \Delta H = T_0 \Delta S_{体系} - Q = 298 \times (-0.237) + 83.736$$
$$= 13.11 (\mathrm{kJ \cdot kg^{-1}})$$

5.3 㶲及𤆬

运用热力学第一定律对过程进行能量恒算以确定能量的利用率虽然重要，但不能全面评价能量的利用效率。大量的实例说明，物流所具有的能量不仅有数量的大小，而且有品位的高低，即不同形式的能量转换为功的能力是不同的。

5.3.1 㶲、𤆬概述

体系在某一状态时具有一定的能量，体系的状态发生变化时，有一部分能量以功或热的形式释放出来，由于变化过程的不同，其做功能力也是不同的。因此，体系的能量与所处的初、终态有关，同时也与所经历的途径有关。衡量体系在某一状态下所具有的做功能力需要一定的基准状态，这个基态的物理条件常选择与环境 T_0(25℃)、p_0(0.1MPa)达到平衡的状态，化学条件是指确定每一元素所对应基准物的种类、状态与组成。

体系达到环境状态时已无做功能力，以某一状态可逆变化到基态时，可以获得的最大功即为理想功，这是状态变化时最大的可用功(或可用能)。故体系所处的状态距离基态越远，理想功也越大，其能量的利用价值也越高。

为度量能量的可利用程度或比较在不同状态下的能量转换为功的大小，凯南(Keenen)提出了有效能(available energy)的概念，也称之为可用能、有用能、㶲等。

体系在一定的状态下的㶲(E_{X})，就是体系从该状态变化到基态过程中所做的理想功。

对于稳定流动过程，从状态 1 变化到状态 2，过程的理想功可写为

$$W_{\mathrm{id}} = T_0 \Delta S - \Delta H = T_0(S_2 - S_1) - (H_2 - H_1) = (H_1 - T_0 S_1) - (H_2 - T_0 S_2) \quad (5.13)$$

当体系由任意状态(T、p)变化到基态(T_0、p_0)时稳流过程的㶲为

$$E_{\mathrm{X}} = (H - T_0 S) - (H_0 - T_0 S_0) = (H - H_0) - T_0(S - S_0) \quad (5.14)$$

$(H-H_0)$是体系具有的能量,而$T_0(S-S_0)$不能用于做功,我们将不能转变为有用功的那部分能量称之为无效能或烁(A_N)。能量是由㶲和烁两部分组成,即$E = E_X + A_N$。熵是体系分子热运动混乱度的量度,熵值越大,烁越多。

基态的性质可视为常数,因此体系的有效能E_X仅与体系状态有关,它是状态函数。但与热力学中焓、熵、自由能等热力状态函数有所不同,有效能的大小还与所选定的基态有关。

有效能的表达式不同于理想功,它的终态是基态(或寂态、僵态、热力学死态),即是环境状态,此时有效能为零。基态是与周围环境达到平衡的状态,这种平衡包括热平衡(温度相同)、力平衡(压力相同)和化学平衡(组成相同),即完全平衡。

由式(5.14)可知

$$\delta E_X = dH - T_0 dS \tag{5.15}$$

$$\delta A_N = T_0 dS \tag{5.16}$$

$$\delta E = \delta E_X + \delta A_N \tag{5.17}$$

即流动体系在用能过程中可能做出的最大功(在可逆条件下)等于体系的㶲E_X,同时向环境放出的最小热量等于体系的烁A_N。但做功与放热的总和,无论是否可逆都等于体系的能量E。流动体系在用能中可能做出功的高限是㶲,向环境放热的低限为烁,它们均由体系的状态(H,S)和寂态(T_0,p_0,S_0)来确定。

处于不同状态下的体系,在其总能量中㶲和烁所占的比例不同,其比例大小取决于体系的熵。㶲是能量中具有做功能力的部分,是促成体系变化能力的“势”,因而能量的价值,除其数量的多少,还有其中包括㶲的多少。通常定义单位能量中所含㶲的比率为能量的能级系数(或称品位、㶲浓度)ε

$$\varepsilon = E_X / E \tag{5.18}$$

能级系数ε是衡量能量质量的指标,它的大小代表体系能量品质的高低:

$$0 \leqslant \varepsilon \leqslant 1$$

高级能量即有序运动的能量如电、机械能、位能等,其能级系数为1;低级能量即无序运动的能量如热能、焓、内能等,其能级系数小于1;僵态能量的能级系数等于零。化学能量是分子结构的核外电子有序运动的结果,其能级系数也近似为1。

引入㶲和烁后,关于能量的概念发生了根本性的变化。不可逆过程都有功损耗,功损耗就是㶲损失,因此,不可逆过程的做功能力必然减少。由于体系的总能量守恒即体系在过程中的㶲和烁的总和保持恒定,那么㶲的减少必然引起烁的增加,烁的增加量等于㶲的减少量。能量转化过程是沿㶲减烁增的方向进行的。㶲的减少不但表明能量数量的损失,而且表明能量质量的贬值,这才是真正意义上的能量损失。节能的关键是节㶲。在用能过程中,充分、有效地发挥㶲的作用,尽可能地减少不必要和不合理的㶲损失,尽量避免㶲转化为烁,是有效能分析的核心。

5.3.2 物理㶲和化学㶲

由于体系状态如温度、压力等物理参数不同而引起的有效能不同,称此种㶲为物理㶲;若体系由于化学结构和化学组成不同而引起的有效能不同,称此种㶲为化学㶲。

1. 物理㶲

物理㶲是指体系由于温度、压力等状态不同于环境而具有的有效能。在化工过程中，与热量传递相关的加热、冷却、冷凝过程以及与压力变化有关的压缩、膨胀等过程，均只考虑物理㶲。

2. 化学㶲

处于环境温度和压力下的体系，由于与环境进行物质交换或化学反应，达到与环境平衡，所做出的最大功即为化学㶲。从体系状态到环境状态，需经过化学反应和物理扩散两个过程；化学反应将体系的物质转化成环境物质（基准物），物理扩散是指体系反应后的物质浓度变化到与环境浓度相同的过程。在计算化学㶲时，不但要确定环境的温度和压力，而且要指定基准物和浓度。和物理㶲一样，指定基准态的物理条件是压力为 0.1MPa，温度为 298.15K；化学条件是首先规定大气物质所含元素的基准物，取大气中的对应成分，其组成见表 5.1，即在上述物理条件下的饱和湿空气。表 5.2 列出了国家标准中部分元素的基准物。

表 5.1　环境基准态下的大气组成

组分	N_2	O_2	Ar	CO_2	Ne	He	H_2O
组成	0.7557	0.2034	0.0091	0.0003	1.8×10^{-5}	5.24×10^{-6}	0.0316

表 5.2　部分元素的基准物

元素	基准物	元素	基准物	元素	基准物
Al	$Al_2O_3\cdot H_2O$ 固体	Cu	$CaCl_2\cdot 3Cu(OH)_2$	Ni	$NiCl_2\cdot 6H_2O$
Ar	空气	Fe	Fe_2O_3 固体	O	空气
C	CO_2 气体	H	H_2O 液体	P	$Ca_3(PO_4)_2$ 固体
Ca	$CaCO_3$ 固体	Mg	$CaCO_3\cdot MgCO_3$ 固体	S	$CaSO_4\cdot 2H_2O$
Cl	NaCl 固体	N	空气	Ti	TiO_2 固体
Co	$CoFe_3O_4$ 固体	Na	$NaNO_3$	Zn	$Zn(NO_3)_2$ 固体

规定每一元素的环境状态带有人为的性质，但只要在计算同一元素的化学㶲时保持热力学的一致性，而对所选的环境状态则无限制。

化学㶲的计算方法有基准反应法、焓熵数据法等，一般采用焓熵数据法来计算体系的化学㶲。

在有效能中，化学㶲和物理㶲所占比重较大，对化工工程的分析起着重要作用。

【例 5.2】　试求 298K、0.9MPa 下压缩氮气的㶲值，此时氮气可作为理想气体处理。设环境温度 $T_0=298\text{K}$，压力 $p_0=0.1\text{MPa}$。

解：由于理想气体的焓与压力无关，故 $H=H_0$，则

$$E_X=(H-H_0)-T_0(S-S_0)=-T_0(S-S_0)$$

$$E_X=-T_0\left(\int_{T_0}^{T}\frac{C_p^{id}}{T}\mathrm{d}T-R\ln\frac{p}{p_0}\right)=-T_0R\ln\frac{p}{p_0}=-298\times8.314\ln\frac{0.9}{0.1}=5443.8(\text{J}\cdot\text{mol}^{-1})$$

【例 5.3】　计算碳（C）的化学㶲。

解：元素 C 的环境状态是 CO_2 的纯气体，元素 O 的环境状态是空气（$y_{O_2}=0.21$），碳（C）的

化学㶲按定义即为:298.15K、0.10MPa 下碳(C)与空气中的氧($y_{O_2}=0.21$)完全可逆转变为同温、同压下的纯 CO_2 气体过程中所转化的功。

$$H-H_0=H_C+H_{O_2}-H_{CO_2}$$

$$S-S_0=S_C+S_{O_2}-S_{CO_2}$$

上述气体视为理想气体,则对 1mol 碳(C):

$$H-H_0=H_C^0+H_{O_2}^0-H_{CO_2}^0=-\Delta H_{f,CO_2}^0$$

$$S-S_0=S_C^0+(S_{O_2}^0-R\ln 0.21)-S_{CO_2}^0$$

式中 $\Delta H_{f,CO_2}^0$——CO_2 的摩尔标准生成焓变;

$S_C^0,S_{O_2}^0,S_{CO_2}^0$——C、$O_2$ 和 CO_2 的标准摩尔熵。

查取相关数据并代入上式得

$$H-H_0=393.5(\text{kJ}\cdot\text{mol}^{-1})$$

$$S-S_0=5.740+(205.04-8.314\ln 0.21)-213.66=10.455[\text{J}\cdot\text{mol}^{-1}\cdot\text{K}^{-1}]$$

故 C 的化学㶲为

$$\begin{aligned}E_X&=(H-H_0)-T_0(S-S_0)\\&=393.5-298.15\times10.455\times10^{-3}\\&=390.4(\text{kJ}\cdot\text{mol}^{-1})\end{aligned}$$

5.3.3 有效能效率

由状态 1 变化到状态 2,有效能变化 ΔE_X 为

$$\begin{aligned}\Delta E_X&=E_{X_2}-E_{X_1}=(H_2-H_0)-T_0(S_2-S_0)-[(H_1-H_0)-T_0(S_1-S_0)]\\&=(H_2-H_1)-T_0(S_2-S_1)=\Delta H-T_0\Delta S\end{aligned}\tag{5.19}$$

即

$$W_{id}=-\Delta E_X\tag{5.20}$$

理想功等于有效能的减少,当 $\Delta E_X<0$,即减少的有效能全部用于做可逆功,且所做功最大为 W_{id};当 $\Delta E_X>0$,即增加的有效能等于体系消耗的最小可逆功,即可逆过程㶲是守恒的,不可逆过程㶲不守恒。

有效能的平衡方程可表述为

$$(\sum E_X)_{in}=(\sum E_X)_{out}+W_s+E_{X,L}\tag{5.21}$$

其中,$E_{X,L}$表示㶲的损失。当 $E_{X,L}=0$ 时为可逆过程;当 $E_{X,L}>0$ 时,是不可逆过程;当 $E_{X,L}<0$ 时,过程不可能自发地进行。

对于不可逆过程,实际所做的功 W_s 总是小于有效能的减少,有效能必然存在损失。

∵

$$W_{id}=W_s+W_{L,id}\tag{5.22}$$

∴

$$-\Delta E_X=W_{id}=W_s+W_{L,id}=W_s+T_0\Delta S_{tot}\tag{5.23}$$

即

$$E_{X,L}=T_0\Delta S_{tot}=W_{L,id}\tag{5.24}$$

不可逆过程中，有部分㶲降级变为炕而不做功，有效能的损失等于损失功 $T_0 \Delta S_{tot}$。为比较不同有效能的变化状况，引入有效能效率，即

$$\eta_B = 1 - \frac{E_{X,L}}{(\sum E_X)_{in}} \tag{5.25}$$

对于可逆过程，$\eta_B = 100\%$；对于实际过程，$\eta_B < 100\%$，表明了实际过程与理想过程的差别。

【例 5.4】 现有两种余热可以回收利用，一种是 CO 废热锅炉外排高温烟气，流量为 $600 kg \cdot h^{-1}$，温度为 810℃，其平均定压热容为 $0.8 kJ \cdot kg^{-1} \cdot K^{-1}$；另一种是低温排水，流量为 $1400 kg \cdot h^{-1}$，温度为 89.5℃，水的平均定压热容为 $4.18 kJ \cdot kg^{-1} \cdot K^{-1}$。假设环境温度为 298K，问两种余热中的㶲各为多少？

解：高温烟气从 810℃降至环境温度 298 K 所放出的热量为

$$Q_{烟} = C_p m \Delta T = 0.8 \times 600 \times (810 - 25) = 3.77 \times 10^5 (kJ \cdot h^{-1})$$

高温、低压烟气可视为理想气体，其㶲为

$$E_X = (H - H_0) - T_0(S - S_0) = m\left(\int_{T_0}^{T} C_p dT - T_0 \int_{T_0}^{T} \frac{C_p}{T} dT\right)$$

$$= m\left[C_p(T - T_0) - T_0 C_p \ln \frac{T}{T_0}\right]$$

$$= 600 \times 0.8 \times \left(810 - 25 - 298 \ln \frac{1083}{298}\right)$$

$$= 1.92 \times 10^5 (kJ \cdot h^{-1})$$

低温排水从 89.5℃降至环境温度 298K 放出的热量为

$$Q_{水} = C_p m \Delta T = 1400 \times 4.18 \times (89.5 - 25) = 3.77 \times 10^5 (kJ \cdot h^{-1})$$

低温排水的有效能：

$$E_X = 1400 \times 4.18 \times (89.5 - 25 - 298 \ln \frac{362.5}{298}) = 3.577 \times 10^4 (kJ \cdot h^{-1})$$

由此题可知，尽管低温排水的余热等于高温烟气的余热，但由于其温度较低，其㶲仅为高温烟气的 18.6%，故只有㶲才能正确地评价资源的利用价值。

5.4 节能分析

化工节能分析，即对化工过程进行热力学分析。用热力学的基本原理分析，评价装置、过程中的能量或㶲损失的大小、原因及分布情况，确定过程的效率，为提高能量利用率、制定节能措施及实现化工过程用能最优化提供依据。

【例 5.5】 设有压力为 1.013 MPa、6.868 MPa、8.611 MPa 的饱和水蒸气以及 1.0 MPa、573 K 的过热水蒸气，若这 4 种蒸汽均经过充分利用，最后排出 0.1013 MPa、298.15 K 的冷凝水。试比较单位质量蒸汽㶲(E_X)的大小和所放出的热。

解：蒸汽的㶲 $E_X = (H - H_0) - T_0(S - S_0)$

若蒸汽仅用来加热，不做轴功，蒸汽放出的热即 $\Delta H = H - H_0$，平衡态为 $T_0 = 298.15K$，$p_0 = 0.1013MPa$，H_0、S_0 分别为水的基态焓和熵，查相应的表并按上式计算得表 5.3 所示数据。

表 5.3　例 5.5 基本数据表

物流	状态	p MPa	T K	S $kJ\cdot kg^{-1}\cdot K^{-1}$	H $kJ\cdot kg^{-1}$	$S-S_0$ $kJ\cdot kg^{-1}\cdot K^{-1}$	$H-H_0$ $kJ\cdot kg^{-1}\cdot K^{-1}$	E_X $kJ\cdot kg^{-1}$	$\frac{E_X}{H-H_0}$
0	液体水	0.1013	298.15	0.367	104.8	—	—	—	—
1	饱和蒸汽	1.013	453	6.582	2776	6.215	2671	814	0.3066
2	过热蒸汽	1.013	573	7.13	3053	6.76	2948	934	0.3168
3	饱和蒸汽	6.868	557.5	5.826	2775	5.46	2670	1043	0.3906
4	饱和蒸汽	8.611	573	5.787	2783	5.474	2678	1092	0.4078

由计算结果可知：

(1) 压力相同(0.1MPa)时，过热蒸汽的㶲较饱和蒸汽的㶲大，故其做功本领也较大；

(2) 温度相同(573K)时，高压蒸汽的焓值较低压蒸汽的焓小，故通常用低压蒸汽作为工艺加热之用，以减少设备费用；

(3) 温度相同(573K)时，高压蒸汽的㶲较低压蒸汽的㶲大，而且热转化为功的效率也比较高，因此在大型化工企业中，温度在 623K 以上的高温热能主要用来生产 10.33 MPa 的蒸汽(过热温度 573K)，作为获得动力的能源，以提高热效率；

(4)温度为 557.5K 和 453K 时，饱和蒸汽所放出的热量基本相等，但高温蒸汽的㶲比低温蒸汽的㶲大 28.13%，由此说明，盲目将高温、高压蒸汽用作加热是一种浪费。

热力学分析法大致可分为：能量衡算法、熵分析法、㶲分析法，下面给予简单介绍。

5.4.1　能量衡算法

能量衡算法是建立在热力学第一定律基础上的热力学分析方法。它分析某一装置、过程乃至车间、部门的能量转换、利用及损失的情况，即对进出体系的能量数量进行平衡计算，以确定能量损失的数量及分布，计算能量的利用效率即热效率。

能量衡算(有时称热量衡算)是工艺计算的最基本内容，在化工设备和装置的设计、标定、新工艺、新产品的开发和放大等过程中得以广泛应用。通过热量衡算，可以确定设备或装置的热负荷、回收的余热量、换热器换热面积的大小，还可确定反应温度的变化和某些工艺指标；了解换热设备以及化工装置的热效率、热损失等。可见能量衡算对化工过程具有重要的意义和作用。

能量衡算法就是根据装置或过程的具体特点，灵活应用封闭体系特别是稳流体系的能量方程式。对于化工过程，一般动能、位能的变化很小，所以应用最广泛的能量方程的简化形式即为

$$\Delta H = Q - W_s \tag{5.26}$$

若没有轴功交换，进一步简化为

$$\Delta H = Q \tag{5.27}$$

因为主要涉及的能量是内能和热，恒压流动系统的能量平衡就只考虑体系的焓和热，所以有时也称能量平衡为热量平衡或焓平衡。

一般情况下，能量平衡先从单位设备开始，然后扩大到整个体系。此外，能量衡算往往以物料衡算为基础，与物料平衡结合进行。

【例5.6】 设有合成氨厂二段炉出口高温转化气余热利用装置,如图5.1所示。转化气进入废热锅炉的温度为1000℃,离开时为380℃,其流量为5160 $m^3 \cdot t^{-1}(NH_3)$。可以忽略降温过程压力变化。废热锅炉产生4MPa、430℃的过热蒸汽,蒸汽通过透平做功。离开透平的乏汽压力为0.01235 MPa,其干度为0.9853。转化气在有关温度范围的平均定压热容 $C_p = 36$ kJ · $kmol^{-1} \cdot K^{-1}$。乏汽进入冷凝器用冷却水冷凝,冷凝水用水泵打入锅炉,进入锅炉的水温为50℃,冷凝器冷却水进口温度为25℃,出口温度为30℃,试用能量衡算法计算此余热利用装置的热效率。为简化计算,忽略体系中有关设备的热损失和驱动水泵所消耗的轴功。

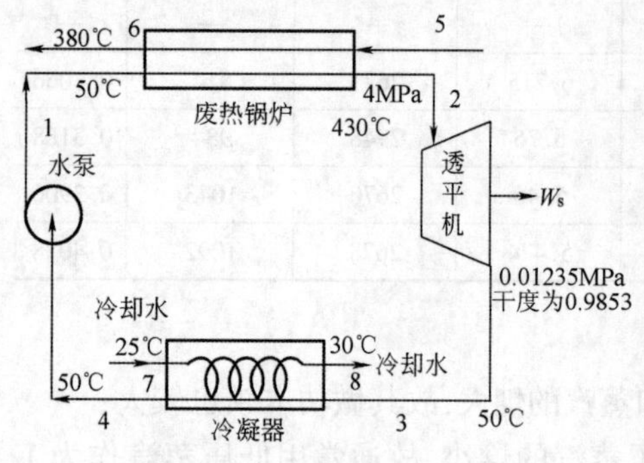

图5.1 转化气余热利用装置

解:由水蒸气表查得各状态点的有关参数见表5.4。

表5.4 例5.6基本数据表

状态点	状态	压力,MPa	T,℃	H,kJ · kg^{-1}	S,kJ · $kg^{-1} \cdot K^{-1}$
1	液态水	0.01235	50	209.33	0.70380
2	过热蒸汽	4.0000	430	3283.6	6.8694
3	汽液两相	0.01235	50	2557.0	7.9679
4	饱和水	0.01235	50	209.33	0.70380

以下计算以每吨氨为基准。

(a) 求锅炉所产蒸汽量 G(kg)。

对废热锅炉进行能量衡算,忽略热损失 Q_L,则有

$$\Delta H = Q_L - W_s$$

$$Q_L = 0, \quad W_s = 0$$

$$\Delta H = \Delta H_{水} + \Delta H_{转} = 0$$

式中,$\Delta H_{水}$ 和 $\Delta H_{转}$ 分别为水和转化气的焓变。

$$G(H_2 - H_1) + n_{转} C_p(T_6 - T_5) = 0$$

$$G = \frac{n_{转} C_p(T_5 - T_6)}{H_2 - H_1} = \frac{5160 \times 36 \times (1000 - 380)}{224 \times (3283.6 - 209.33)} = 1672.5(\text{kg})$$

水汽化吸热 $Q = \Delta H_{水} = G(H_2 - H_1) = 1672.5 \times (3283.6 - 209.33) = 5.1416 \times 10^6(\text{kJ})$

(b) 计算透平机所做的轴功 W_s。

对透平机作能量衡算,忽略热损失,则有

$$W_s = -\Delta H_{tur} = -G(H_3 - H_2) = -1672.5 \times (2557 - 3283.6) = 1.2152 \times 10^6(\text{kJ})$$

(c) 求冷却水吸收的热,忽略冷凝器的热损失,则有

$$\Delta H_{冷却水} = -\Delta H_{冷凝} = -G(H_4 - H_3) = -1672.5 \times (209.33 - 2557) = 3.9265 \times 10^6(\text{kJ})$$

式中 $\Delta H_{冷却水}$ 与 $\Delta H_{冷凝}$ 分别为冷却水吸收与乏汽冷凝过程的焓变。

(d) 计算热效率：

$$\eta = \frac{W_s}{Q} = \frac{1.2152 \times 10^6}{5.1417 \times 10^6} = 0.2363$$

通过对例5.6的计算分析见表5.5。

表5.5 余热回收装置的能量衡算表

项目	输入能量 kJ	所占比例 %	输出能量 kJ	所占比例 %
高温转化气放热	5.1417×10^6	100	—	—
透平做功	—	—	1.2152×10^6	23.63
冷却水吸热	—	—	3.9265×10^6	76.37
合计	5.1417×10^6	100	5.1417×10^6	100

由转化气余热回收装置的能量衡算分析表明，输入与输出的能量相等，满足热力学第一定律的要求，但输入装置的高温转化气余热中只有23.63%作为透平输出功，而高达76.37%的热量被冷却水带走而损失。根据单纯的能量衡算分析，节能的重点应设法降低冷却水带走的热量损失。

能量衡算法反映了能量损失的多少和部位，查找由于物流排放、散热、散冷而损失的能量以及随工艺物流、能流带走的能量。这些能量全部排放、废弃到环境中而成为有形的外部损失，减少这些外部损失是节能的重要工作。由于能量衡算法仅反映能量损失的数量，不能反映能量质量的损失，因而不可能指出能量在转化和使用中贬质、变废和消耗的根本原因。仅依靠能量衡算法来指导节能工作，常会导致舍本逐末的错误。如上述能量衡算表明，能量损失主要是由冷凝器冷却水带走的热量，似乎节能的重点是回收这部分热能。但由于这部分热量的能级系数很低，所含的㶲少，回收利用比较困难，需花费更大的代价，得不偿失。实际上这部分低位热能是由输入系统的高级能量(㶲)转化而来的，过程的不可逆性越大，㶲损失越大，㶲转化为炾的量也越大，排放到体系外的低位热能当然也就越多。所以，节能的重点不单单是尽力回收㶲值低的低位热量，更重要的是通过各种技术途径将㶲转化为炾的损失减小到最低限度，这样才能大大减少排出体系的低品位热能，达到真正节能的目的。

5.4.2 熵分析法

熵分析法是以热力学第一定律与第二定律为基础的第二类热力学分析法。它通过计算设备、装置或过程的熵生量与理想功、损耗功，从而确定过程的功消耗(㶲损耗)及热力学效率，分析查找功损耗大的原因，提出节能降耗、提高能量利用率的途径和措施。

【例5.7】 对例5.6中转化气的余热利用装置用熵分析法评价其能量利用情况。

解：以1t NH_3 为计算基准。

(1) 物料与能量衡算。

由例5.6得出

二段转化气量：

$$n = 5160/22.4 = 230.36(\mathrm{kmol})$$

二段转化气放热量：

$$Q = \Delta H_{转} = -5.1417 \times 10^6 (\text{kJ})$$

锅炉产汽量：

$$G = 1672.5 (\text{kg})$$

透平做功：

$$W_s = 1.2152 \times 10^6 (\text{kJ})$$

冷却水带走热量：

$$Q_0 = -3.9265 \times 10^6 (\text{kJ})$$

（2）转化气降温过程的理想功。

$$W_{id} = T_0 \Delta S_{转} - \Delta H_{转}$$

其中，T_0 为环境温度，取冷却水温度为30℃；$\Delta S_{转}$ 为转化气降温过程的熵变，忽略其压力变化，则有

$$\Delta S_{转} = n\, C_p \ln \frac{T_6}{T_5} = 230.26 \times 36 \times \ln \frac{653}{1273} = -5535.93 (\text{kJ} \cdot \text{K}^{-1})$$

$$W_{id} = 303 \times (-5535.93) - (-5.1417 \times 10^6)$$

$$= 3.4643 \times 10^6 (\text{kJ})$$

（3）理想功损失，即㶲损失。

取整个装置为体系，不计热损失，有

$$W_{L,id} = T_0 \Delta S_g = T_0 \left(\sum_{出} m_i S_i - \sum_{入} m_i S_i \right) = T_0 [(S_6 + S_8) - (S_5 + S_7)]$$

$$= T_0 [(S_6 - S_5) + (S_8 - S_7)] = T_0 (\Delta S_{转} + \Delta S_{冷却水})$$

$$\Delta S_{冷却水} = \frac{Q_0}{T_0} = \frac{3.9265 \times 10^6}{30 + 273} = 12958.75 (\text{kJ} \cdot \text{K}^{-1})$$

$$W_{L,id} = 303 \times (-5535.93 + 12958.75) = 2.2491 \times 10^6 (\text{kJ})$$

各设备的理想功损失（㶲损失）：

余热锅炉：

$$W_{L,id余} = T_0 \Delta S_g = T_0 (\Delta S_{转} + \Delta S_{水})$$

$$= 303 \times [-5535.93 + 1672.5 \times (6.8694 - 0.7038)]$$

$$= 1.4471 \times 10^6 (\text{kJ})$$

透平：

$$W_{L,id透} = T_0 \Delta S_g = T_0 G (S_3 - S_2)$$

$$= 303 \times 1672.5 \times (7.9679 - 6.8694)$$

$$= 0.5567 \times 10^6 (\text{kJ})$$

冷凝器：

$$
\begin{aligned}
W_{L,id冷} &= T_0 \Delta S_g = T_0[(S_8 + S_4) - (S_7 + S_3)] \\
&= T_0(\Delta S_{乏汽} + \Delta S_{冷却水}) = T_0 G(S_4 - S_3) + T_0 \Delta S_{冷却水} \\
&= 303 \times [1672.5 \times (0.7038 - 7.9679) + 12958.75] \\
&= 0.2453 \times 10^6 (kJ)
\end{aligned}
$$

(4) 热力学效率。

$$
\eta_a = \frac{W_s}{W_{id}} = \frac{1.2152 \times 10^6}{3.4643 \times 10^6} = 0.3508
$$

(5) 转化气余热利用装置熵分析结果见表5.6。

表5.6 转化气余热利用装置熵分析结果

项目		输入		输出	
		$kJ \cdot t^{-1}(NH_3)$	%	$kJ \cdot t^{-1}(NH_3)$	%
理想功 W_{id}		3.4643×10^6	100	—	—
输出功 W_s		—	—	1.2152×10^6	35.08
损耗功	$W_{L,id余}$	—	—	1.4471×10^6	41.77
	$W_{L,id透}$	—	—	0.5567×10^6	16.07
	$W_{L,id冷}$	—	—	0.2453×10^6	7.08
	小计	—	—	2.2491×10^6	64.92
总计		3.4643×10^6	100	3.4643×10^6	100

(6) 装置中各设备的热力学效率和装置的理想功损失分布。

①余热锅炉。高温转化气降温过程的理想功：

$$
W_{id} = 3.4643 \times 10^6 (kJ)
$$

$$
\eta_{a,余} = 1 - \frac{W_{L,id余}}{W_{id}} = 1 - \frac{1.4471 \times 10^6}{3.4643 \times 10^6} = 0.5823
$$

②透平。过热蒸汽经过透平的理想功：

$$
\begin{aligned}
W_{id,透} &= T_0 \Delta S_{汽} - \Delta H_{汽} = G[T_0(S_3 - S_2) - (H_3 - H_2)] \\
&= 1672.5 \times [303 \times (7.9679 - 6.8694) - (2557.0 - 3283.6)] \\
&= 1.7719 \times 10^6 (kJ)
\end{aligned}
$$

$$
\eta_{a,透} = 1 - \frac{W_{L,id透}}{W_{id,透}} = 1 - \frac{0.5567 \times 10^6}{1.7719 \times 10^6} = 0.6858
$$

③冷凝器。乏汽冷凝过程的理想功：

$$W_{id,冷} = T_0\Delta S_{汽} - \Delta H_{汽} = G[T_0(S_4 - S_3) - (H_4 - H_3)]$$

$$= 1672.5 \times [303 \times (0.7038 - 7.9679) + (209.33 - 2557.0)]$$

$$= 2.4527 \times 10^5 (kJ)$$

$$\eta_{a,冷} = 1 - \frac{W_{L,id冷}}{W_{id,冷}} = 1 - \frac{2.453 \times 10^5}{2.453 \times 10^5} = 0$$

可见,乏汽冷凝过程的理想功未被利用而全部损失掉了。

现将各设备热力学效率及理想功汇总于表5.7。

表5.7　热力学效率及理想功损失分布

设　备	热力学效率 η_α	$W_{L,id}$, $kJ \cdot t^{-1}(NH_3)$	分布,%
余热锅炉	0.5823	1.4471×10^6	64.34
透　平	0.6858	0.5567×10^6	24.75
冷凝器	0	0.2453×10^6	10.91
小　计	—	2.2491×10^6	100

熵分析的结果表明,整个装置的热力学效率为35.08%,说明由于内部的不可逆损耗,有高达64.92%的理想功损失掉了。从各个设备的热力学效率看,冷凝器为零,似乎节能的潜力最大,与能量衡算法给出的结果一致。能量衡算法指出高达76.37%的热量被冷凝器中的冷却水带走而损失,节能的重点是设法降低冷却水带走的热量损失。但实际上冷凝器理想功损失仅占总理想功损失的10.91%,主要的理想功损在余热锅炉,占总理想功损的64.34%。所以,节能的重点应是设法提高锅炉的热力学效率,即应降低锅炉的传热温差,提高蒸汽吸热过程的平均温度,包括提高锅炉的给水温度,提高蒸汽参数等。

熵分析法求出的理想功损失虽然反映了体系内部过程不可逆的㶲损失,但无法给出进入或排出体系的物流㶲,这是熵分析法的缺点,而㶲分析法可以避免这种缺点。

5.4.3　㶲分析法

㶲分析法是以热力学第一定律、第二定律为基础的第二类热力学分析法。它是对装置或过程,在物料衡算和能量衡算的基础上,计算各物流和能流的㶲值;通过㶲平衡,确定㶲损失及其分布,找出损失或损耗的原因以及能量利用上的薄弱环节,从而为节能降耗、提高能量利用率指明正确的方向。

㶲分析法的主要内容有:

(1)进行物料、热量衡算,确定输入、输出体系各种物流量、热流量、功流量以及各物流的状态参数(如温度、压力、组成等);

(2)计算物流㶲和热流㶲;

(3)由㶲平衡方程确定过程的㶲损失;

(4)确定㶲效率。

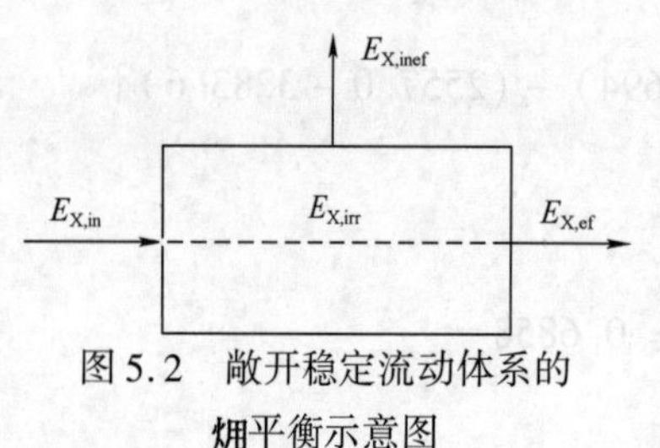

图5.2　敞开稳定流动体系的㶲平衡示意图

对于图5.2所示的化工生产中常遇到的敞开稳定流动体系,可列出㶲平衡方程为

$$E_{X,in} = E_{X,ef} + E_{X,inef} + E_{X,irr} \qquad (5.28)$$

式中　$E_{X,in}$——由㶲源或具有㶲源作用的物质供给体系的㶲,通常有燃料㶲、蒸汽㶲、电㶲等;

$E_{X,ef}$——由体系输出的可被有效利用的㶲;

$E_{X,inef}$——体系输出的除有效㶲以外的㶲。通常无效㶲称为体系的外部㶲损;

$E_{X,irr}$——由体系内的不可逆性引起的能量损耗,即内部㶲损。

㶲效率为

$$\eta_B = \frac{E_{X,ef}}{E_{X,in}} = 1 - \frac{E_{X,inef} + E_{X,irr}}{E_{X,in}} \tag{5.29}$$

【例5.8】 对例5.6中转化气余热利用装置用㶲分析法评价其能量利用情况。

解: 以1tNH_3为计算基准。

余热锅炉:

$$E_{X5} + E_{X1} = E_{X6} + E_{X2} + E_{X,irr}$$

$$(H_5 - H_0) - T_0(S_5 - S_0) + G(H_1 - H_0) - T_0G(S_1 - S_0)$$
$$= (H_6 - H_0) - T_0(S_6 - S_0) + G(H_2 - H_0) - T_0G(S_2 - S_0) + E_{X,irr}$$

$$E_{X,irr} = (H_5 - H_6) + G(H_1 - H_2) - T_0(S_5 - S_6) - T_0G(S_1 - S_2) = W_{L,id余}$$

$$E_{X,irr} = 1.4471 \times 10^6 (kJ)$$

$$E_{X,in} = (H_5 - H_0) - T_0(S_5 - S_0) + G(H_1 - H_0) - T_0G(S_1 - S_0)$$
$$= nC_p(T_5 - T_0) - T_0nC_p\ln\frac{T_5}{T_0} + G(H_1 - H_0) - T_0G(S_1 - S_0)$$
$$= 230.36 \times 36 \times (1000 - 30) - 303 \times 230.36 \times 36 \times \ln\frac{1273}{303}$$
$$+ 1672.5 \times (209.33 - 125.6) - 303 \times 1672.5 \times (0.7038 - 0.4365)$$
$$= 4.4419 \times 10^6 (kJ)$$

$$\eta_{B,余} = 1 - \frac{E_{X,irr}}{E_{X,in}} = 1 - \frac{1.4471 \times 10^6}{4.4419 \times 10^6} = 0.6742$$

透平机:

$$E_{X,in} = G(H_2 - H_0) - T_0G(S_2 - S_0)$$
$$= 1672.5 \times [(3283.6 - 125.6) - 303 \times (6.8694 - 0.4365)] = 2.0218 \times 10^6 (kJ)$$

$$E_{X,irr} = W_{L,id透} = 0.5567 \times 10^6 (kJ)$$

$$\eta_{B,透} = 1 - \frac{E_{X,irr}}{E_{X,in}} = 1 - \frac{0.5567 \times 10^6}{2.0218 \times 10^6} = 0.7246$$

冷凝器:

$$E_{X,in} = (H_7 - H_0) - T_0(S_7 - S_0) + G(H_3 - H_0) - T_0G(S_3 - S_0)$$
$$= nC_p(T_7 - T_0) - T_0nC_p\ln\frac{T_7}{T_0} + G(H_3 - H_0) - T_0G(S_3 - S_0)$$
$$= 230.36 \times 36 \times (25 - 30) - 298 \times 230.36 \times 36 \times \ln\frac{298}{303}$$
$$+1672.5 \times (2557.0 - 125.6) - 298 \times 1672.5 \times (7.9679 - 0.4365)$$
$$= 0.2501 \times 10^6 (kJ)$$

$$E_{X,irr} = W_{L,id冷} = 0.2453 \times 10^6 (kJ)$$

$$\eta_{B,冷} = 1 - \frac{E_{X,irr}}{E_{X,in}} = 1 - \frac{0.2453 \times 10^6}{0.2501 \times 10^6} = 0.0192$$

转化气余热利用装置㶲分析结果见表5.8。

表5.8 转化气余热利用装置㶲分析结果

设　备	㶲效率,%	㶲损,$kJ \cdot t^{-1}(NH_3)$	㶲损分布,%
余热锅炉	67.42	1.4471×10^6	64.34
透平机	72.46	0.5567×10^6	24.75
冷凝器	1.92	0.2453×10^6	10.91
合计	—	2.2491×10^6	100

从以上结果可以看出,冷凝器的㶲效率最低,有节能的潜力,主要原因是进入冷凝器的乏汽温度偏高(50℃)。可考虑降低乏汽温度,这样不仅可使透平的输出功提高,而且可提高冷凝器的效率。但冷凝器并不是节能潜力最大的设备,因为其㶲损失只占总㶲损失的10.91 %。最具节能潜力的设备是余热锅炉,其㶲损失占总㶲损失的64.34 %。节能的方法上例中已叙及。

5.4.4 三种热力学分析法的对比

能量衡算法以热力学第一定律为指导,应用能量方程,从能量转换的数量关系来评价过程和装置的能量利用率,其主要指标是第一定律效率,即热效率。能量衡算法仅能求出能量的排出损失,但对揭示过程不可逆引起的能量损耗(功损失、㶲损失)却无能为力。第一效率的高低,不足以说明过程和装置在能量利用上的完善程度,因而不能单凭能量衡算的结果实施节能措施。从例5.6单纯的能量衡算结果看,最大的能量损失为冷凝器中由冷却水带走的热量;但从例5.7熵分析和例5.8㶲分析结果看,冷凝器的㶲损失是最小的,而最大的㶲损失却在余热锅炉,因而节能的重点设备是余热锅炉。

熵分析法或㶲分析法都是以热力学第一定律、第二定律的结合为指导,以理想功损耗基本方程式或㶲平衡方程式为依据,从能量转换的质量(品位)及㶲的利用程度来评价过程和装置的能量利用率。其主要指标是热力学效率和第二定律效率即㶲效率。熵分析法或㶲分析法可以求出过程和装置的理想功损失(㶲损失)的大小及其分布情况,查出不可逆损耗以及引起的原因,指出能量利用上的真正薄弱环节,便于实施正确有效的节能措施。

从能量衡算、熵分析法和㶲分析法的讨论中可以看出,三种热力学分析方法中,以能量衡算法最为简单,熵分析法次之,而㶲分析法较为复杂。能量衡算法虽有其缺陷,但仍不失其重要性,因为它是化工工艺设计、设备设计的基础,同时也是熵分析法或㶲分析法的基础。熵分析法和㶲分析法所得结果是一致的,但㶲分析法比熵分析法更为方便和明晰,应用也更为广泛。

5.5 合理用能的基本准则

节能问题涉及面很广,各行业有其各自的特点和具体情况,然而节能的基本原理却是相同的,即必须遵守合理用能的基本原则。只有合理用能,才能获得高的能量有效利用率,达到节能的目的。下面简述合理用能的基本原则。

5.5.1 最小外部损失原则

由于废气、废液、废渣、冷却水、各种中间物或产品带走能量造成的损失,跑、冒、滴、漏造成的损失,保温和保“冷”不良造成的散热和散“冷”损失等有形损失称之为外部损失。

这些外部损失的能量能级虽然不高,但它们都是由进入体系的高级能源由于过程的不可逆性转化而来的。所以在设计和实际生产过程中,应力求使排出系统而未利用的余热降低到最低的限度,做到能量的充分利用。

余热的回收利用。首先要调查余热的数量、质量及稳定性,看余热回收是否必要,在此基础上确定余热回收的方法。高温(或高压)及中温余热用于产生蒸汽及发电;低温余热(473K以下)则利用热泵提高其温度。另外,化工生产中的许多操作过程,如精馏、蒸发、干燥等,都存在着余热温度与用热温度相差不大的情况,因而采用热泵蒸发、热泵精馏技术来利用余热是合理的。

5.5.2 最佳推动力原则

从能量利用的观点看,一切化工过程都是能量的传递和转化过程。它们在一定的热力学势差(温度差、压力差、电位差、化学位差等)推动下进行,过程进行的速率和推动力成正比,没有推动力的过程是无法实现的过程。

任何热力学势差都是过程不可逆因素,都会导致过程能量的损失。因此,能量利用的中心环节是在技术和经济条件许可的前提下,采取各种措施,寻求过程进行的最佳推动力,以提高能量的有效利用率。

按需供能,按质用能。按需供能是按用户所需要能量的能级要求,选择适当的输入能量,不要供给过高质量的能量,否则就是浪费。按质用能是按输入能量的能级来使用能量,而不要大幅度降级使用,否则也是浪费。按需供能和按质用能两者的核心都是尽量避免能量的无功降级,实现能级匹配。例如,高参数的蒸汽用于驱动高压透平;中参数的蒸汽用于驱动中压透平;低参数的蒸汽作为工艺或加热用汽。对热量也要按能级高低使用,用高温热源加热高温物料;用中温热源加热中温物料;用低温热源加热低温物料。盲目地用高参数蒸汽加热物料就是一种浪费。

能量多次利用。化工过程的能源主要是高能级的电能和化石燃料。为了防止能量的无功降级,应根据用户对输入能的不同能级要求,使能源的能级逐次下降,对能量进行梯级利用,只有系统无法再使用的低温余热才加以废弃,做到能尽其用。

适当减少过程的推动力。传统的设计方法,往往追求推动力来强化过程,这样虽然可以减少设备投资资金,但却增加了过程的㶲损,从而增加了长期运行的能耗费。这种做法在能源充足、价格相对低廉的条件下是可行的,但从节能的观点分析却是不合理的。

梯级降温和梯级制冷。通过逐级降温和制冷,可以减少传热温差,减少㶲损。由于在相同温差下,㶲损失与传热温度成反比,所以在制冷过程中实现梯级制冷意义更大。在气液吸收、精馏和液液萃取过程中,相互接触的两相(气—液或液—液相)流量比是决定这些过程能耗的重要因素。对一定的分离系统,两相流量比越大,则过程推动力越大,所需传质设备越少,因而设备投资少,但能耗和运行费却增加了,因此存在一个最佳流量比。适当减少机械能传递过程的推动力也是降低能耗的措施。

5.5.3 合理组织能量梯次利用原则

在化工生产中,原料与产品通常在常温、常压下存在,而反应过程常在高温或高压下进行。因而原料、中间物与产品需反复进行升压、降压、加热、冷却、增湿和减湿。除了输入一次能源外，化工过程中还有各种二次能源——化学反应和物理变化的热效应可以利用，这就构成了复杂的用能系统：一次能源与二次能源、热量与冷量、电能、高压流体的机械能等共存的系统。因此，各种形式能量的相互匹配、综合利用，使之各尽其能就具有特别重要的意义。

◇ 习　题 ◇

1. 1kg 甲烷气体由 27℃、9.80×10^4Pa 压缩后冷却至 27℃、6×10^6Pa，若实际压缩功耗为 1021.6kJ，t_0 为 30℃，试求：

(1) 冷却器中需移走的热量；

(2) 压缩与冷却过程的理想功损耗；

(3) 该过程的理想功；

(4) 该过程的热力学效率。

2. 某氮肥厂的锅炉生产 4MPa、713K 的过热蒸汽，其中一部分经减压阀减压到 0.7MPa、648K 后送往煤气发生炉使用。由于管道阻力影响，蒸汽进煤气炉时压力降到 0.2 MPa，温度为 523K。试求 1kg 蒸汽在减压阀和管道中的有效能损失。

3. 有人生产出一套复杂的产热过程，可在高温下产生连续可用的热量。该过程的能量来自 423K 的饱和水蒸气，当系统流过 1kg 的蒸汽时，将有 1000kJ 的热量生成。已知环境为 300K 的冷水，问经过该系统加热后最高温度可为多少？

4. 某蒸汽动力装置，进入蒸汽透平的蒸汽流量为 $1600\text{kg}\cdot\text{h}^{-1}$，温度为 430℃，压力为 3.8MPa。蒸汽经透平绝热膨胀对外做功。产功后的乏汽分别为：(1) 0.1049 MPa 饱和蒸汽；(2) 0.0147MPa、60℃的蒸汽。试求两种情况下，蒸汽经透平的理想功与热力学效率。已知大气温度为 25℃。

5. 以煤、空气和水为原料制取合成甲醇的反应按下式进行：

$$2C+2H_2O+2.381(0.78N_2+0.21O_2)\longrightarrow CH_3OH_{(L)}+CO_{2(g)}+1.857N_{2(g)}$$

此反应在标准状态下进行，反应物与产物都不相互混合，试求此反应过程的理想功。

6. 1kg 水在 1.368MPa 下，由 30℃升温至沸点后全部汽化。设环境的可能最低温度为 20℃，问如将水所吸收的热通过可逆机转化为功，则排给环境的无效能最少应为多少？若传给水的热量是由 1100℃的燃烧炉气供给，问由于不可逆传热使无效能增加多少？在上述条件下，试比较利用水的状态变化和直接用燃烧炉气将热量传给热机做功，两者的热效率。

7. 某蒸汽动力装置，汽轮机入口蒸汽 3.5MPa、440℃；出口蒸汽 0.8MPa、280℃。若忽略动能、位能变化，汽轮机为绝热操作，基准态为 0.1013 MPa、25℃的水。试计算：

(1) 汽轮机输出轴功；

(2) 入口和出口过热蒸汽的㶲；

(3) 汽轮机操作时的㶲损失及㶲效率。

8. 某化肥厂生产的半水煤气，其组成如下：CO_2 为 9%；CO 为 33%；H_2 为 36%；N_2 为 21.5%；CH_4 为 0.5%。进变换炉时水蒸气与一氧化碳的体积比为 6，温度为 653.15K。设变换率为 85%。试计算出变换炉的气体温度，并分析其能量转化、利用和损失情况。

9. 试用能量衡算法、熵分析法和㶲分析法分别评价下述蒸汽动力循环装置的能量利用情况。已知操作条件为：燃料为焦炭（以纯碳计），用20%过剩空气使之完全燃烧成二氧化碳；锅炉生产的水蒸气压力为3.447MPa，温度为482℃，透平的等熵效率为75%。乏汽是压力为6.90kPa的饱和蒸汽。假定在冷凝器中冷凝水不过冷，冷凝水直接用水泵送入锅炉；水泵功耗很小，可以忽略。由燃烧炉出来的烟道气的温度为260℃，冷却水温度为25℃。

提示：可用1mol的燃烧碳作为计算基准。供给燃烧炉的空气含1.2kmolO_2、4.51kmolN_2。烟道气含1kmolCO_2、0.2kmolO_2和4.51kmolN_2。烟道气总的千摩尔数为5.71。已知烟道气的平均定压热容为31.38kJ·kmol^{-1}·K^{-1}。

第 6 章 溶液热力学基础

溶液泛指一种均相的混合物，它既可以是气体混合物、液体混合物，也可以是固体混合物。以前认为溶液是一种液体混合物，是对溶液的狭义理解。构成溶液的化学物质称为组分，溶液至少含两个组分。含两个组分的溶液，常称为二元溶液，相应的，含三个或三个以上组分的溶液被称为三元或多元溶液。

在化工过程中涉及的体系大多是混合体系，因此对溶液的描述是十分重要的。对溶液的热力学描述，仅仅从其总的压力、温度、体积、焓、熵、吉布斯自由能等出发进行描述还远远不够，需要深入到溶液内部，研究每一个组分处在溶液环境中时的性质，这就是所谓的偏摩尔性质。最重要的偏摩尔性质是偏摩尔吉布斯自由能。从偏摩尔吉布斯自由能又衍生出两个很重要的溶液热力学性质，那就是组分逸度和组分活度。对这些热力学量的求取对解决石油天然气开发中的相变和相平衡问题、定量描述化学反应平衡和反应动力学、设计和模拟化工分离过程是至关重要的。

溶液热力学的主要任务是建立溶液性质和组成之间的关系，因此组成是溶液热力学中除温度、压力以外的一个最基本的变量。

通过本章的学习，首先要掌握一些基本溶液热力学性质（偏摩尔性质、化学位、逸度、活度、过量性质、混合性质等）的定义和物理含义以及不同溶液热力学性质之间的关系，然后要掌握它们的计算方法，主要是逸度和活度的计算方法，而它们的应用将会在下一章学习。

6.1 溶液体系的热力学性质

6.1.1 均相敞开体系的热力学基本方程

对于封闭的均相系统，体系的内能 U 仅是熵 S 和体积 V 的函数，即

$$U = U(S,V) \tag{6.1}$$

而对于均相敞开体系，可能存在物质交换，因此体系的内能 U 除和 S、V 有关外，还与体系中各组分的量 n 相关，即

$$U = U(S,V,n_1,n_2,\cdots,n_m) \tag{6.2}$$

式中的 m 指组分数。写成全微分的形式为

$$\mathrm{d}U = \left(\frac{\partial U}{\partial S}\right)_{V,n}\mathrm{d}S + \left(\frac{\partial U}{\partial V}\right)_{S,n}\mathrm{d}V + \sum_{i=1}^{m}\left(\frac{\partial U}{\partial n_i}\right)_{S,V,n_{j\neq i}}\mathrm{d}n_i \tag{6.3}$$

对于封闭体系，有 $\mathrm{d}U = T\mathrm{d}S - p\mathrm{d}V$ 及 $\mathrm{d}U = \left(\frac{\partial U}{\partial S}\right)_V \mathrm{d}S + \left(\frac{\partial U}{\partial V}\right)_S \mathrm{d}V$，可得

$$\left(\frac{\partial U}{\partial S}\right)_V = T,\qquad \left(\frac{\partial U}{\partial V}\right)_S = -p$$

对于式(6.3)中的$\left(\frac{\partial U}{\partial S}\right)_{V,n}$与$\left(\frac{\partial U}{\partial V}\right)_{S,n}$,其含义均为在所有组分的量均不变的情况下求偏导,实际就相当于限定在一个封闭体系内求偏导,因此有

$$\left(\frac{\partial U}{\partial S}\right)_{V,n} = T, \qquad \left(\frac{\partial U}{\partial V}\right)_{S,n} = -p$$

定义函数μ_i为
$$\mu_i = \left(\frac{\partial U}{\partial n_i}\right)_{S,V,n_{j\neq i}}$$

则式(6.3)可改写为

$$dU = TdS - pdV + \sum_{i=1}^{m}\mu_i dn_i \tag{6.4}$$

根据焓H、亥姆霍兹自由内能A(常简称自由能)及吉布斯自由能G(常简称自由焓)的定义式:

$$H = U + pV$$

$$A = U - TS$$

$$G = U + pV - TS$$

将上述方程式全微分,并将式(6.4)表示的dU代入,得到dH、dA及dG的表达式:

$$dH = TdS + Vdp + \sum_{i=1}^{m}\mu_i dn_i \tag{6.5}$$

$$dA = -SdT - pdV + \sum_{i=1}^{m}\mu_i dn_i \tag{6.6}$$

$$dG = -SdT + Vdp + \sum_{i=1}^{m}\mu_i dn_i \tag{6.7}$$

式(6.4)~式(6.7)即为均相敞开体系的热力学基本方程。当体系所有的n_i保持不变时,即dn_i=0,式(6.4)~式(6.7)即简化成适用于均相封闭体系的热力学基本方程。

在实际应用中,上述4个均相敞开体系的热力学基本方程中的式(6.7)使用得最多,因为所进行的相变和化学过程常常是在等温和等压下进行的,所以常用ΔG来判断过程的方向。将全微分的判据应用于式(6.7),可以得出两个较重要的方程式,即μ_i与温度和压力的关系式:

$$\left(\frac{\partial \mu_i}{\partial T}\right)_{p,n} = -\left(\frac{\partial S}{\partial n_i}\right)_{T,p,n_{j\neq i}} \tag{6.8}$$

$$\left(\frac{\partial \mu_i}{\partial p}\right)_{T,n} = \left(\frac{\partial V}{\partial n_i}\right)_{T,p,n_{j\neq i}} \tag{6.9}$$

6.1.2 化学位

上小节定义的函数μ_i称为组分i的化学位。化学位这一热力学函数是由吉布斯(Gibbs)和路易斯(Lewis)提出的,它和温度、压力一样,是强度性质。对式(6.4)而言,温度T是决定

体系由于熵变而引起内能变化的推动力，压力 p 是决定体系由于体积变化而引起内能变化的推动力，而化学位 μ_i 是决定体系由于组成变化而引起的内能变化的推动力。因此化学位在热力学中占有重要地位。由式(6.8)和式(6.9)可以看出，温度和压力对化学位的影响可分别通过组分摩尔量变化对体系的总熵变化和总体积变化的影响来计算。

根据式(6.5)～式(6.7)，还可以得出化学位的另一些表达式，即

$$\mu_i = \left(\frac{\partial U}{\partial n_i}\right)_{S,V,n_{j\neq i}} = \left(\frac{\partial H}{\partial n_i}\right)_{S,p,n_{j\neq i}} = \left(\frac{\partial A}{\partial n_i}\right)_{T,V,n_{j\neq i}} = \left(\frac{\partial G}{\partial n_i}\right)_{T,p,n_{j\neq i}} \tag{6.10}$$

式(6.10)中的4个偏微商都叫作化学位，这是化学位的广义说法。在这里值得注意的是上式中的各个下标，每个化学位表达式的独立变量彼此不同，在使用时应避免出错。由于在相平衡讨论中所涉及的前提条件大多是恒温、恒压，所以化学位的概念往往只是狭义地指 $\left(\frac{\partial G}{\partial n_i}\right)_{T,p,n_{j\neq i}}$。

6.2 偏摩尔性质和 Gibbs-Duhem 方程

6.2.1 偏摩尔性质概述

在讨论真实混合物时，需要引进偏摩尔量来代替摩尔量。对于含有 n 种物质的真实混合物，体系的任一广度性质 M 都是温度、压力及组分摩尔量的函数，即

$$M = M(T,p,n_1,\cdots,n_m) \tag{6.11}$$

全微分得

$$dM = \left(\frac{\partial M}{\partial T}\right)_{p,n_i} dT + \left(\frac{\partial M}{\partial p}\right)_{T,n_i} dp + \sum_{i=1}^{m}\left(\frac{\partial M}{\partial n_i}\right)_{T,p,n_{j\neq i}} dn_i \tag{6.12}$$

当 T、p 恒定时，上式变为

$$dM = \sum_{i=1}^{m}\left(\frac{\partial M}{\partial n_i}\right)_{T,p,n_{j\neq i}} dn_i \tag{6.13}$$

定义

$$\overline{M}_i = \left(\frac{\partial M}{\partial n_i}\right)_{T,p,n_{j\neq i}} \tag{6.14}$$

则式(6.13)变为

$$dM = \sum_{i=1}^{m}\overline{M}_i dn_i \tag{6.15}$$

$\overline{M}_i$ 称为组分 i 的偏摩尔性质。偏摩尔性质的物理意义在于，对于含有无限多组分的均相混合物，其中含有组分 i，在给定温度、压力和组成的条件下，向混合物中加入1mol i 组分所引起的体系性质 M 的变化。注意 M 为广度性质，而 $\overline{M}_i$ 为强度性质。

对比式(6.10)可以看出，$\mu_i = \left(\frac{\partial G}{\partial n_i}\right)_{T,p,n_{j\neq i}} = \overline{G}_i$，即化学位与偏摩尔吉布斯自由能相等。

而式中的$\left(\frac{\partial U}{\partial n_i}\right)_{S,V,n_{j\neq i}}$、$\left(\frac{\partial H}{\partial n_i}\right)_{S,p,n_{j\neq i}}$、$\left(\frac{\partial A}{\partial n_i}\right)_{T,V,n_{j\neq i}}$虽然与偏摩尔吉布斯自由能在数值上相等，但是不能称之为偏摩尔性质，因为这些偏导数不是限定在恒温、恒压条件下进行的。

当温度、压力和组成恒定时，$\bar{M}_i$ 是常数，此时对式(6.15)积分得

$$M = \sum_{i=1}^{m} n_i \bar{M}_i \tag{6.16}$$

式(6.16)为偏摩尔性质的一个重要方程，利用它可以根据组分的偏摩尔性质与组分的摩尔数来计算相应的均相混合体系的广度性质。对于二元系，式(6.16)尤为重要，利用它可以根据一种物质的偏摩尔性质和相应的混合物的摩尔性质求得另一种物质的偏摩尔性质。

6.2.2 偏摩尔性质的计算

偏摩尔性质在溶液热力学中占有重要的地位，有必要阐述一下它的计算方法。这里以二元系的偏摩尔体积 $\bar{V}$ 为例，介绍两种计算偏摩尔量的方法，即解析法和图解法。

1. 解析法

当体积 V 与组成的关系式已知时，可以直接用偏摩尔体积的定义式来计算偏摩尔体积。但是在使用这个方法时，需要大量的实验数据，才可以回归得到 V 和组成的关系式。

【例 6.1】 在温度为 298K，压力为 0.1MPa 下，一定量的 NaCl(1) 加入 1kg 水(2)中，形成的水溶液的体积 $V(\mathrm{cm^3})$ 与 NaCl 的摩尔数 $n_1(\mathrm{mol})$ 之间的关系满足下面关系式：

$$V = 1003.1221 + 19.2123n_1 + 1.5128n_1^{1.5} - 0.1861n_1^2$$

试求 $n_1 = 0.4\mathrm{mol}$ 时的溶液中的 NaCl 和水的偏摩尔体积。

解： NaCl 的偏摩尔体积 $\bar{V}_1$ 为

$$\bar{V}_1 = \left(\frac{\partial V}{\partial n_1}\right)_{T,p,n_2} = 19.2123 + 2.2692n_1^{0.5} - 0.3722n_1$$

将 $n_1 = 0.4\mathrm{mol}$ 代入得：$\bar{V}_1 = 20.4986(\mathrm{cm^3 \cdot mol^{-1}})$

将式(6.16)应用于二元系的偏摩尔体积的计算，有 $V = n_1\bar{V}_1 + n_2\bar{V}_2$，则水的偏摩尔体积 $\bar{V}_2$ 为

$$\bar{V}_2 = \frac{V - n_1\bar{V}_1}{n_2}$$

水的摩尔数 n_2 为

$$n_2 = \frac{1000}{18.015} = 55.5093(\mathrm{mol})$$

$n_1 = 0.4\mathrm{mol}$ 时算得体系的总体积为

$$V = 1011.1599(\mathrm{cm^3})$$

于是得水的偏摩尔体积为

$$\bar{V}_2 = \frac{1011.1599 - 0.4 \times 20.4986}{55.5093} = 18.0683(\mathrm{cm^3 \cdot mol^{-1}})$$

2. 图解法

对于 A 和 B 组成的二元系，实验测得不同浓度下体系的摩尔体积 v，绘出 v 与 x_B 的关系曲线如图 6.1 所示。在曲线上的任一点 P 作曲线的切线 bd，该切线在 $x_\mathrm{A} = 1$ 的轴上的截距 $\overline{bO}$ 即为点

P 所对应的组成下溶液中组分 A 的偏摩尔体积 $\overline{V}_A$，而在 $x_A=0$ 轴上的截距$\overline{dO'}$即为组分 B 的偏摩尔体积 $\overline{V}_B$。

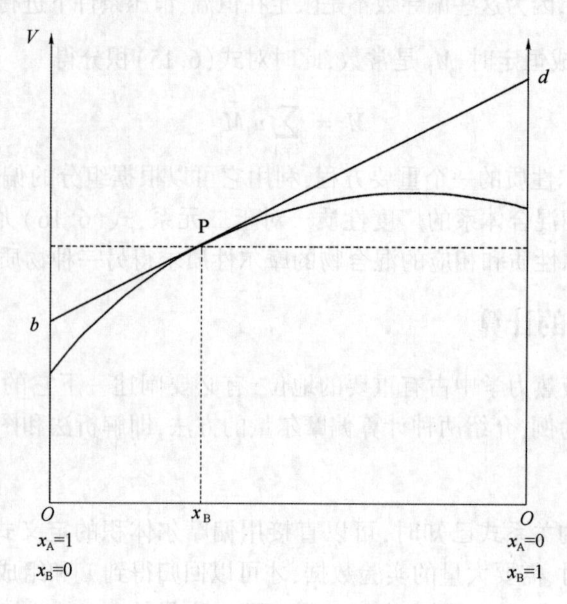

图 6.1　截距法计算二元系的偏摩尔体积

其原理简单说明如下：

切线 bd 的斜率 k 为：$k=\left(\frac{\partial v}{\partial x_B}\right)_{T,p}$，根据式(6.16)得：

$$v=x_A\overline{V}_A+x_B\overline{V}_B=(1-x_B)\overline{V}_A+x_B\overline{V}_B$$

则代入斜率的计算式得

$$k=\overline{V}_B-\overline{V}_A$$

P 点的坐标为$[x_B, v(x_B)]$，即$(x_B, x_A\overline{V}_A+x_B\overline{V}_B)$，这样可以按点斜式写出切线 bd 的方程为

$$v-(x_A V_A+x_B V_B)=(V_B-V_A)(x-x_B)$$

分别将 $x=0$ 和 $x=1$ 代入直线方程得该切线在 $x_A=1$ 的轴上的截距$\overline{bO}$和在 $x_A=0$ 轴上的截距$\overline{dO'}$：

$$\overline{bO}=v|_{x=0}=-x_B(\overline{V}_B-\overline{V}_A)+(1-x_B)\overline{V}_A+x_B\overline{V}_B=\overline{V}_A \tag{6.17}$$

$$\overline{dO'}=v|_{x=1}=(1-x_B)(\overline{V}_B-\overline{V}_A)+(1-x_B)\overline{V}_A+x_B\overline{V}_B=\overline{V}_B \tag{6.18}$$

即切线在 $x_A=1$ 的轴上的截距$\overline{bO}$即为点 P 所对应的组成下组分 A 的偏摩尔体积 $\overline{V}_A$，而在 $x_A=0$轴上的截距$\overline{dO'}$即为组分 B 的偏摩尔体积 $\overline{V}_B$。

需要指出的是，该方法仅适用于二元系偏摩尔体积的求取，其他偏摩尔性质的计算也可采用以上介绍的两种方法。另外要特别注意图 6.1 中的曲线必须是按摩尔性质(如摩尔体积)而非广度性质(如总体积)绘制的。

6.2.3　Gibbs-Duhem 方程

体系的任一广度性质 M 是温度、压力及各组分摩尔量的函数，即

$$M = M(T, p, n_1, \cdots, n_m)$$

微分得

$$dM = \left(\frac{\partial M}{\partial T}\right)_{p,n_i} dT + \left(\frac{\partial M}{\partial p}\right)_{T,n_i} dp + \sum_{i=1}^{m} \left(\frac{\partial M}{\partial n_i}\right)_{T,p,n_{j\neq i}} dn_i \tag{Ⅰ}$$

而对式(6.16)微分得

$$dM = \sum_{i=1}^{m} n_i d\overline{M}_i + \sum_{i=1}^{m} \overline{M}_i dn_i \tag{Ⅱ}$$

比较式(Ⅰ)、式(Ⅱ)得

$$\sum_{i=1}^{m} n_i d\overline{M}_i = \left(\frac{\partial M}{\partial T}\right)_{p,n_i} dT + \left(\frac{\partial M}{\partial p}\right)_{T,n_i} dp \tag{6.19}$$

式(6.19)即为 Gibbs-Duhem 方程。在式(6.19)左右两端同除以总摩尔数 n 后变为

$$\sum_{i=1}^{m} x_i d\overline{M}_i = \left(\frac{\partial M}{\partial T}\right)_{p,x_i} dT + \left(\frac{\partial M}{\partial p}\right)_{T,x_i} dp \tag{6.20}$$

在恒温、恒压下,Gibbs-Duhem 方程可写为

$$\sum_{i=1}^{m} n_i d\overline{M}_i = 0 \tag{6.21}$$

或

$$\sum_{i=1}^{m} x_i d\overline{M}_i = 0 \tag{6.22}$$

式(6.22)是 Gibbs-Duhem 方程使用较为广泛的一种形式。

对于二元体系,式(6.22)可以写为

$$x_1 d\overline{M}_1 + x_2 d\overline{M}_2 = 0 \tag{6.23}$$

将式(6.23)改写为

$$(1 - x_2)\frac{d\overline{M}_1}{dx_2} = -x_2\frac{d\overline{M}_2}{dx_2} \tag{6.24}$$

由于$(1-x_2)$与 x_2 总是大于 0 的数,则从式(6.24)可以看出,$\frac{d\overline{M}_1}{dx_2}$与$\frac{d\overline{M}_2}{dx_2}$的正负号总是相反的;同样,$\frac{d\overline{M}_1}{dx_1}$与$\frac{d\overline{M}_2}{dx_1}$的正负号也总是相反的。这一特点可以作为检验偏摩尔性质实验测定结果准确性的一个判据。

【例 6.2】 在温度和压力为常数时,若针对某二元体系所测得的偏摩尔体积数据,可用下列方程描述:

$$\overline{V}_1 - v_1^0 = A + (B - A)x_1 + Ax_1^2 \tag{Ⅰ}$$

$$\overline{V}_2 - v_2^0 = A + (B - A)x_2 + Ax_2^2 \tag{Ⅱ}$$

式中 v_1^0 和 v_2^0——该温度压力下纯组分 1 和组分 2 的摩尔体积;

A 和 B——温度和压力的函数。

请问,从热力学角度考虑,这些实验数据是否可靠?

解:利用 Gibbs-Duhem 方程检验方程的合理性,将式(6.22)应用于二元系的偏摩尔体积,得

$$x_1 \mathrm{d}\bar{V}_1 + x_2 \mathrm{d}\bar{V}_2 = 0$$

两边同除以 $\mathrm{d}x_1$：

$$x_1 \frac{\mathrm{d}\bar{V}_1}{\mathrm{d}x_1} + x_2 \frac{\mathrm{d}\bar{V}_2}{\mathrm{d}x_1} = 0$$

整理得

$$x_1 \frac{\mathrm{d}\bar{V}_1}{\mathrm{d}x_1} = -x_2 \frac{\mathrm{d}\bar{V}_2}{\mathrm{d}x_1} = x_2 \frac{\mathrm{d}\bar{V}_2}{\mathrm{d}x_2}$$

下面分别计算 $x_1 \frac{\mathrm{d}\bar{V}_1}{\mathrm{d}x_1}$和 $x_2 \frac{\mathrm{d}\bar{V}_2}{\mathrm{d}x_2}$的表达式，看其是否相等：

$$x_1 \frac{\mathrm{d}\bar{V}_1}{\mathrm{d}x_1} = x_1 \frac{\mathrm{d}}{\mathrm{d}x_1}[v_1^0 + A + (B - A)x_1 + Ax_1^2] = x_1(B - A + 2Ax_1)$$

$$x_2 \frac{\mathrm{d}\bar{V}_2}{\mathrm{d}x_2} = x_2 \frac{\mathrm{d}}{\mathrm{d}x_2}[v_2^0 + A + (B - A)x_2 + Ax_2^2] = x_2(B - A + 2Ax_2)$$

比较上两式可见，仅在 $x_1 = x_2$ 时，$x_1 \frac{\mathrm{d}\bar{V}_1}{\mathrm{d}x_1}$与 $x_2 \frac{\mathrm{d}\bar{V}_2}{\mathrm{d}x_2}$才相等。所以式（Ⅰ）和式（Ⅱ）在一般情况下不满足 Gibbs-Duhem 方程，说明所测实验数据不合理。

对于二元系，利用 Gibbs-Duhem 方程还可以从一组分的偏摩尔性质推算另一组分的偏摩尔性质。

对式(6.24)进行重排积分可以得到

$$\bar{M}_1 = M_{m,1}^0 - \int_0^{x_2} \left(\frac{x_2}{1 - x_2}\right) \frac{\mathrm{d}\bar{M}_2}{\mathrm{d}x_2} \mathrm{d}x_2 \tag{6.25}$$

式中　$M_{m,1}^0$——混合体系所处温度、压力下纯组分 1 的摩尔性质。

只要从 $x_2 = 0$ 到 $x_2 = x_2$ 范围内已知 M_2 的数值，就可以根据上式求得另一组分的偏摩尔性质。

将 Gibbs-Duhem 方程应用于 Gibbs 自由能 G 时，得到

$$\sum_{i=1}^{m} x_i \mathrm{d}\bar{G}_i = 0 \qquad (T, p \text{ 恒定}) \tag{6.26}$$

或

$$\sum_{i=1}^{m} x_i \mathrm{d}\mu_i = 0$$

式(6.26)是检验混合物相平衡热力学性质数据准确性的一个重要判据。

6.3　混合性质与理想气体混合物

6.3.1　混合性质

纯组分物质在恒定温度、压力下混合成混合物的过程中，体系性质的变化量（ΔM_{mix}）称为体系的混合性质或混合性质变化，即

$$\Delta M_{\mathrm{mix}} = M - \sum_{i=1}^{m} x_i M_i \tag{6.27}$$

式中　M_i——混合温度、压力下纯组分 i 的摩尔性质。

由式(6.16)得 $$M = \sum_{i=1}^{m} x_i \overline{M}_i$$

代入式(6.27)得

$$\Delta M_{\text{mix}} = \sum_{i=1}^{m} x_i (\overline{M}_i - M_i) \tag{6.28}$$

定义偏摩尔混合性质 $\Delta\overline{M}_i$ 为

$$\Delta\overline{M}_i = \overline{M}_i - M_i \tag{6.29}$$

则式(6.28)变为

$$\Delta M_{\text{mix}} = \sum_{i=1}^{m} x_i \Delta\overline{M}_i \tag{6.30}$$

相应的,混合吉布斯自由能 ΔG_{mix}、混合焓 ΔH_{mix}、混合熵 ΔS_{mix} 及混合体积 ΔV_{mix} 可分别表示为

$$\Delta G_{\text{mix}} = \sum_{i=1}^{m} x_i (\overline{G}_i - G_i) \tag{6.31}$$

$$\Delta H_{\text{mix}} = \sum_{i=1}^{m} x_i (\overline{H}_i - H_i) \tag{6.32}$$

$$\Delta S_{\text{mix}} = \sum_{i=1}^{m} x_i (\overline{S}_i - S_i) \tag{6.33}$$

$$\Delta V_{\text{mix}} = \sum_{i=1}^{m} x_i (\overline{V}_i - V_i) \tag{6.34}$$

ΔH_{mix} 常被称为混合热,可以通过量热计直接测定,继而根据混合性质的定义可以得出体系的焓值。而 ΔV_{mix} 也可由实验直接测定。另外,在混合体系的性质 M 已知时,可以通过纯组分的摩尔性质 M_i,利用混合性质的定义式(6.27)直接计算体系的混合性质变化。

混合性质之间的关系与对应的混合物热力学性质之间的关系相同,其中较为重要的几个关系式为

$$\left[\frac{\partial(\Delta G_{\text{mix}}/T)}{\partial T}\right]_{p,x} = -\frac{\Delta H_{\text{mix}}}{T^2} \tag{6.35}$$

$$\left[\frac{\partial \Delta G_{\text{mix}}}{\partial p}\right]_{T,x} = \Delta V_{\text{mix}} \tag{6.36}$$

$$\left[\frac{\partial \Delta G_{\text{mix}}}{\partial T}\right]_{p,x} = -\Delta S_{\text{mix}} \tag{6.37}$$

6.3.2 理想气体混合物及其混合性质

含 2 个以上组分的理想气体称为理想气体混合物。恒定的温度和压力下,由几种纯态的理想气体混合成理想气体混合物的过程是一个不可逆过程,混合过程的熵变为

$$\Delta S_{\text{mix}}^{\text{id}} = -R\sum_{i=0}^{m} x_i \ln x_i \tag{6.38}$$

而焓变和体积的变化均为零:

$$\Delta H_{\text{mix}}^{\text{id}} = 0 \tag{6.39}$$

$$\Delta V_{\text{mix}}^{\text{id}} = 0 \tag{6.40}$$

由此可得

$$\Delta G_{\mathrm{mix}}^{\mathrm{id}} = RT\sum_{i=1}^{m} x_i \ln x_i \tag{6.41}$$

$$\Delta A_{\mathrm{mix}}^{\mathrm{id}} = RT\sum_{i=1}^{m} x_i \ln x_i \tag{6.42}$$

在自然界中有一些混合物虽然不是理想气体,但其混合性质却和理想气体混合物的混合性质相近,如正己烷和正庚烷溶液及苯和甲苯溶液等。人们将和理想气体混合物具有相同混合性质的均相混合物称为理想溶液。对于真实混合物热力学性质的描述,理想溶液是一个很重要的参照系,在以后的章节中还要对理想溶液进行专门讨论。

6.4 逸度与逸度系数

6.4.1 逸度与逸度系数的定义

从化学位的定义可以看出,它的值与参考态的选择有关,即不能指定化学位的绝对大小,而只能给出它的相对大小,这给实际应用带来了很大的麻烦。为方便应用,定义了一个在描述相变和相平衡方面功能与化学位相同,但应用更为方便的热力学量,这就是逸度。逸度优于化学位的地方是它可以有绝对大小,而且与参考态的选择无关,广泛应用于相平衡、反应平衡和化学动力学的计算中。

逸度的引出和定义源于人们对理想气体的摩尔自由焓—压力关系的分析和外延。对于纯组分理想气体,在恒定的温度下,有

$$\mathrm{d}\mu = v\mathrm{d}p \tag{6.43}$$

将理想气体方程 $v = \frac{RT}{p}$ 代入式(6.43)得

$$\mathrm{d}\mu = RT\mathrm{d}\ln p \tag{6.44}$$

再将上式等温积分得

$$\mu(T,p) = \mu^*(T) + RT\ln\frac{p}{p^*} = \lambda(T) + RT\ln p \tag{6.45}$$

式中 $\mu^*(T)$——对应体系温度和标准压力下的化学位;

p^*——标准压力,即0.1MPa。

式(6.45)说明,对于理想气体,在恒温下其抽象的热力学量——化学位 μ 的变化可以简单地表示为实际可测的物理量压力 p 的对数函数。遗憾的是,这仅适用于理想气体。是否能在某种程度上沿用到真实流体呢?虽然真实流体的压力和化学位没有上述简单关系,但如果将压力值进行校正,总可以满足这样的关系。这样,就引出了一个校正压力 f 来代替真正的压力 p,使真实流体的化学位和 f 之间具有理想气体的化学位和压力 p 之间的简单关系,即

$$\mathrm{d}\mu = RT\mathrm{d}\ln f \tag{6.46}$$

$$\mu(T,p) = \mu^*(T) + RT\ln\frac{f}{f^*} = \lambda(T) + RT\ln f \tag{6.47}$$

对于上述的校正压力,定义了一个专用名称——逸度。式(6.47)中 f^* 为标准状态下的逸度。不难看出,由式(6.46)或式(6.47)定义的逸度的值和参考态的选择有关,这是所不希望的。因此对逸度的定义进行了限定,即要求逸度在压力趋于零时,其值和压力相等,有

$$\lim_{p \to 0} \frac{f}{p} = 1 \tag{6.48}$$

式(6.46)和式(6.48)共同组成逸度的定义。正如引入压缩因子来衡量气体偏离理想气体 PVT 行为的程度一样,针对逸度也引入了一个无因次量来衡量真实流体的逸度偏离理想气体逸度即压力的程度,这个无因次量被称为逸度系数,其定义为

$$\phi = \frac{f}{p} \tag{6.49}$$

根据逸度的定义,对于理想气体或压力趋于零的真实流体,逸度系数的值应该为 1。

要想象化学位是困难的,但是理解逸度这一概念要容易得多。逸度可以看作是校正的压力,其量纲也和压力一样,而逸度系数则可以理解成逸度对压力的校正系数。逸度具有化学位的某些热力学功能,例如,在相平衡的判定方面有

α 相的化学位:

$$\mu^{\alpha} = \lambda(T) + RT\ln f^{\alpha} \tag{6.50}$$

β 相的化学位:

$$\mu^{\beta} = \lambda(T) + RT\ln f^{\beta} \tag{6.51}$$

α、β 两相平衡的化学位判据为

$$\mu^{\alpha} = \mu^{\beta} \tag{6.52}$$

结合上列各式,很容易得到等价的逸度判据:

$$f^{\alpha} = f^{\beta} \tag{6.53}$$

6.4.2 纯流体逸度的计算

纯气体的逸度一般都采用状态方程法计算,具体计算方法概述如下。

对于纯气体,在恒温条件下可以写出

$$\mathrm{d}G = RT\mathrm{d}\ln f \tag{6.54}$$

对于理想气体,将式(6.54)由 $p=0$ 积分至 p,得

$$G^{\mathrm{id}}(T,p) - G^{\mathrm{id}}(T,p=0) = RT\ln\frac{p}{p'} \tag{6.55}$$

对于真实气体,则有

$$G(T,p) - G(T,p=0) = RT\ln\frac{f}{f'} \tag{6.56}$$

以上两式中,f' 指 $p=0$ 时体系的逸度,p' 指无限接近于 0 的极低压力。根据理想气体定律,真实气体在 $p=0$ 时的行为和理想气体相同。因此,$G^{\mathrm{id}}(T,p=0)=G(T,p=0)$ 和 $p'=f'$ 成立。这样用式(6.56)减去式(6.55)可得

$$G^{R} = G(T,p) - G^{\mathrm{id}}(T,p) = RT\ln\frac{f}{p} = RT\ln\phi \tag{6.57}$$

当以 T、p 为独立变量时,结合第二章中的 G^{R} 计算式(2.116)得出

$$RT\ln\phi = \int_0^p \left(v - \frac{RT}{p}\right)\mathrm{d}p = \int_0^p (Z-1)\frac{RT}{p}\mathrm{d}p \tag{6.58}$$

当以 T,V 为独立变量时,结合式(2.124)得出

$$RT\ln\phi = \int_{\infty}^{v}\left(-p+\frac{RT}{v}\right)\mathrm{d}v - RT\ln Z + (Z-1)RT \tag{6.59}$$

由于通常情况下的状态方程都是以 T、V 为独立变量来表示压力 p,所以式(6.59)在逸度计算时较为常用。值得注意的是,这里涉及的 v 指的是纯物质的摩尔体积。

【例 6.3】 试推导 R-K 方程描述的纯物质以 T、V 为独立变量时的逸度系数的表达式。

解: R-K 方程的形式为 $p=\frac{RT}{v-b}-\frac{a}{T^{1/2}v(v+b)}$,将其 p 的表达式代入式(6.59)得

$$RT\ln\phi = \int_{\infty}^{v}\left(-\frac{RT}{v-b}+\frac{a}{T^{1/2}v(v+b)}+\frac{RT}{v}\right)\mathrm{d}v - RT\ln Z + (Z-1)RT$$

$$= RT\ln\frac{v}{v-b}\bigg|_{\infty}^{v} + \frac{a}{T^{1/2}b}\ln\frac{v}{v+b}\bigg|_{\infty}^{v} - RT\ln Z + (Z-1)RT$$

$$= RT\ln\frac{v}{v-b} + \frac{a}{T^{1/2}b}\ln\frac{v}{v+b} - RT\ln Z + (Z-1)RT$$

在等式两边同除以 RT,得逸度系数的表达式:

$$\ln\phi = \ln\frac{v}{v-b} + \frac{a}{T^{1/2}bRT}\ln\frac{v}{v+b} + Z - 1 - \ln Z$$

对于纯组分气体,尤其是稀薄气体,还可以采用普遍化方法计算逸度系数,包括普遍化压缩因子法和普遍化第二维里系数法。其中的普遍化压缩因子法的缺点是要查图,目前已较少使用。普遍化第二维里系数法尚有一定应用价值。

【例 6.4】 用下列方法计算乙烯在 50℃、0.5MPa 下的逸度和逸度系数。

(1) 用维里方程和普遍化维里系数表达式;

(2) 用 R-K 方程。

解: (1) 对于维里方程,可以写出 $Z = 1 + \frac{Bp}{RT}$

普遍化维里系数表达式为 $B = (B^0 + \omega B^1)\frac{RT_c}{p_c}$

其中 $B^0 = 0.083 - \frac{0.422}{T_r^{1.6}}, B^1 = 0.139 - \frac{0.172}{T_r^{4.2}}$

则 $RT\ln\phi = \int_0^p (Z-1)\frac{RT}{p}\mathrm{d}p = \int_0^p \frac{Bp}{RT}\frac{RT}{p}\mathrm{d}p = Bp$

则 $\ln\phi = \frac{Bp}{RT}$

将普遍化维里系数表达式代入上式得

$$\ln\phi = (B^0 + \omega B^1)\frac{p_r}{T_r}$$

从附录中查得乙烯的物性参数为:$T_c = 282.4$ K,$p_c = 5.04$ MPa,$\omega = 0.089$,则 50℃、0.5MPa 时乙烯的对比温度 $T_r = 1.1443$,对比压力 $p_r = 0.0992$,则

$$B^0 = 0.083 - \frac{0.422}{T_r^{1.6}} = 0.083 - \frac{0.422}{1.1443^{1.6}} = -0.2571$$

$$B^1=0.139-\frac{0.172}{T_r^{4.2}}=0.139-\frac{0.172}{1.1443^{4.2}}=0.0414$$

$$\ln\phi=(B^0+\omega B^1)\frac{p_r}{T_r}=(-0.2571+0.089\times0.0414)\times\frac{0.0992}{1.1443}=-0.0220$$

50℃、0.5MPa 时乙烯的逸度系数为　　$\phi=0.9783$

50℃、0.5MPa 时乙烯的逸度为　　$f=p\phi=0.5\times0.9783=0.4892(\text{MPa})$

(2)用例6.3中导出的逸度系数表达式计算：

$$\ln\phi=\ln\frac{v}{v-b}+\frac{a}{T^{1/2}bRT}\ln\frac{v}{v+b}+Z-1-\ln Z$$

其中参数 a,b 的值为

$$a=\frac{0.42747R^2T_c^{2.5}}{p_c}=\frac{0.42747\times8.314^2\times282.4^{2.5}}{5.04\times10^6}=7.858(\text{m}^6\cdot\text{Pa}\cdot\text{K}^{0.5}\cdot\text{mol}^{-2})$$

$$b=\frac{0.08664RT_c}{p_c}=\frac{0.08664\times8.314\times282.4}{5.04\times10^6}=4.036\times10^{-5}(\text{m}^3\cdot\text{mol}^{-1})$$

用迭代法算出乙烯的摩尔体积为

$$v=525.011\times10^{-5}(\text{m}^3\cdot\text{mol}^{-1})$$

则压缩因子为

$$Z=\frac{pv}{RT}=\frac{0.5\times10^6\times525.011\times10^{-5}}{8.314\times323.15}=0.9771$$

代入算得

$$\ln\phi=\ln\frac{525.011}{525.011-4.036}+\frac{7.858\times\ln\frac{525.011}{525.011+4.036}}{4.036\times10^{-5}\times8.314\times323.15^{1.5}}-0.0229-\ln0.9771$$

$$=0.00772+4.0341\times\ln0.99237-0.0229+0.02317$$

$$=-0.0229$$

则乙烯的逸度系数 $\phi=0.9774$，逸度 $f=p\phi=0.5\times0.9774=0.4887(\text{MPa})$。结果和普遍化第二维里系数的方法的计算结果很接近。

对于凝聚态物质的逸度，不仅可以采用上述的状态方程法，还可以采用相平衡法。当纯物质达到相平衡时，该物质在气相和液相中的逸度是相等的，即 $f^V=f^L$。基于此，可以通过计算气相逸度从而得到凝聚相的逸度。

对于过压液体，根据 $\text{d}G=RT\text{d}\ln f=v\text{d}p$，得

$$RT\ln\frac{f^L}{f^{L(s)}}=\int_{p^s}^{p}v\text{d}p \tag{6.60}$$

其中上标 s 指的是饱和态，在饱和态时有

$$f^{L(s)}=f^{V(s)} \tag{6.61}$$

由式(6.61)得

$$f^L=f^{L(s)}\exp\frac{\int_{p^s}^{p}v\text{d}p}{RT}=f^{V(s)}\exp\frac{v^L(p-p^s)}{RT}=p^s\phi^s\exp\frac{v^L(p-p^s)}{RT} \tag{6.62}$$

式中的指数项称为 Poynting 因子。

6.4.3 混合物中组分逸度的计算

均相混合物中组分的分逸度 $\hat{f}_i$ 的定义为

$$\mathrm{d}\mu_i = RT\mathrm{d}\ln\hat{f}_i \tag{6.63}$$

$$\lim_{p\to 0}\frac{\hat{f}_i}{px_i} = 1 \tag{6.64}$$

组分逸度系数定义为

$$\hat{\phi}_i = \frac{\hat{f}_i}{x_i p} \tag{6.65}$$

混合物中的组分逸度和组分逸度系数的计算方法主要有状态方程法和活度系数法。其中活度系数法将在后面介绍,本节主要介绍状态方程法。根据组分逸度的定义,对于真实流体,在恒温、恒组成下有

$$\mu_i(T,p,x) - \mu_i(T,p^*,x) = RT\ln\hat{f}_i/\hat{f}_i^* \tag{6.66}$$

对于理想气体,有

$$\mu_i^{\mathrm{id}}(T,p,x) - \mu_i^{\mathrm{id}}(T,p^*,x) = RT\ln px_i/(p^*x_i) \tag{6.67}$$

当压力 $p^*\to 0$ 时,根据理想气体定律,应有

$$\mu_i(T,p^*,x) = \mu_i^{\mathrm{id}}(T,p^*,x) \tag{6.68}$$

和

$$\hat{f}_i^* = p^*x_i \tag{6.69}$$

因此,将式(6.66)和式(6.67)相减,得

$$\mu_i(T,p,x) - \mu^{\mathrm{id}}(T,p,x) = RT\ln\frac{\hat{f}_i}{px_i} = RT\ln\hat{\phi}_i \tag{6.70}$$

式(6.70)是计算组分逸度系数的基本公式,由此出发,可分别得到以 T、p 为独立变量时和以 T、V 为独立变量时组分逸度系数和 PVT 之间的关系。注意式(6.70)左边的变量表中 x 的含义。这里 x 实际上是一个向量,表示混合物的组成,它对应着所有组分的摩尔分数。因此式(6.70)左边的物理意义是真实流体在真实状态下和理想状态下具有相同的温度、压力和组成时,任一组分在这两种状态下的化学位差。

当以 T、p 为独立变量时,将式(2.116)用于混合物体系,得

$$G(T,p,n) - G^{\mathrm{id}}(T,p,n) = \int_0^p\left(V - \frac{nRT}{p}\right)\mathrm{d}p \tag{6.71}$$

将式(6.71)对 n_i 求偏导,得

$$\mu_i(T,p,x) - \mu_i^{\mathrm{id}}(T,p,x) = \int_0^p\left(\overline{V}_i - \frac{RT}{p}\right)\mathrm{d}p \tag{6.72}$$

将其代入式(6.70),得

$$RT\ln\hat{\phi}_i = \int_0^p\left(\overline{V}_i - \frac{RT}{p}\right)\mathrm{d}p \tag{6.73}$$

原则上当混合物体系的状态方程已知时,可以用式(6.73)计算出混合物中任一组分 i 的分逸度系数。但由于一般状态方程的形式为 $p=p(T、V)$,偏摩尔体积的表达式不易获得,因此式(6.73)应用起来并不方便。下面将要给出的以 T、V 为独立变量的逸度系数计算公式,该公

式应用起来则方便得多。

当以 T、V 为独立变量时,曾在式(2.121)的推导过程得到过下面的关系式:

$$A(T,v) - A^{\mathrm{id}}(T,v) = \int_{\infty}^{V}\left(-p + \frac{RT}{v}\right)\mathrm{d}v$$

如果将上式应用于 n 摩尔的混合物,有

$$A(T,V,n) - A^{\mathrm{id}}(T,V,n) = \int_{\infty}^{V}\left(-p + \frac{nRT}{V}\right)\mathrm{d}V \tag{6.74}$$

根据 $\mu_i = \left(\frac{\partial A}{\partial n_i}\right)_{T,V,n_{j\neq i}}$,将上式左右两边在保持 T、V 恒定的情况下分别对 n_i 求偏导数,得

$$\mu_i(T,V,x) - \mu_i^{\mathrm{id}}(T,V,x) = \int_{\infty}^{V}\left[-\left(\frac{\partial p}{\partial n_i}\right)_{T,V,n_{j\neq i}} + \frac{RT}{V}\right]\mathrm{d}V \tag{6.75}$$

参照式(2.121)的推导,将 $\mu_i(T,V,x) - \mu_{\mathrm{i}}^{\mathrm{id}}(T,V,x)$ 转变成 $\mu_i(T,p,x) - \mu_i^{\mathrm{id}}(T,p,x)$:

$$\begin{aligned}\mu_i(T,V,x) - \mu_i^{\mathrm{id}}(T,V,x) &= \mu_i(T,p,x) - \mu_i^{\mathrm{id}}(T,p',x)\\ &= \mu_i(T,p,x) - \mu_i^{\mathrm{id}}(T,p',x) + \mu_i^{\mathrm{id}}(T,p,x) - \mu_i^{\mathrm{id}}(T,p,x)\end{aligned} \tag{6.76}$$

其中,$p = nZRT/V$,$p' = nRT/V$。根据理想气体的性质,有

$$\mu_i^{\mathrm{id}}(T,p,x) - \mu_i^{\mathrm{id}}(T,p',x) = RT\ln\frac{p}{p'} = RT\ln Z \tag{6.77}$$

再结合式(6.70),得

$$\mu_i(T,V,x) - \mu_i^{\mathrm{id}}(T,V,x) = RT\ln\hat{\phi}_i + RT\ln Z \tag{6.78}$$

结合式(6.78)与式(6.75)得出以 T、V 为独立变量时混合物组分逸度系数的计算公式为

$$RT\ln\hat{\phi}_i = \int_{\infty}^{V}\left[-\left(\frac{\partial p}{\partial n_i}\right)_{T,V,n_{j\neq i}} + \frac{RT}{V}\right]\mathrm{d}V - RT\ln Z \tag{6.79}$$

上式即为通常采用的利用状态方程求算混合物中组分逸度系数的公式,需重点掌握。应特别注意它右边的偏导数所指定的下标,必须是温度、总体积和除组分 i 以外其他组分的摩尔数。因此状态方程必须是压力关于温度、总体积和总摩尔数的函数形式,而不应是压力关于温度和摩尔体积的函数形式。由于在第2章介绍状态方程时,一般均将状态方程写成压力关于温度和摩尔体积的函数形式,因此用这些状态方程代入上式推导逸度系数表达式时,需先将状态方程转变成压力关于温度、总体积和总摩尔数的函数形式。例如,若采用van der Waals方程,则需做如下变换:

$$p = \frac{RT}{v-b} - \frac{a}{v^2} \Rightarrow p = \frac{nRT}{V-nb} - \frac{n^2a}{V^2}$$

【例6.5】 试证明混合物的总逸度 f、总逸度系数 ϕ 与组分逸度 $\hat{f}_i$、组分逸度系数 $\hat{\phi}_i$ 满足下列关系式:

$$\ln\left(\frac{\hat{f}_i}{x_i}\right) = \left[\frac{\partial(n\ln f)}{\partial n_i}\right]_{T,p,n_{j\neq i}} \tag{Ⅰ}$$

$$\ln(\hat{\phi}_i) = \left[\frac{\partial(n\ln\phi)}{\partial n_i}\right]_{T,p,n_{j\neq i}} \tag{Ⅱ}$$

证明:根据逸度系数和 Gibbs 自由能的关系式(6.57),有:

$$G(T,p,n)-G^{id}(T,p,n)=nRT\ln\phi$$

上式两边在温度和压力恒定的情况下对任一组分的摩尔数 n_i 求导得到

$$\mu_i(T,p,x)-\mu^{id}(T,p,x)=RT\left[\frac{\partial(n\ln\phi)}{\partial n_i}\right]_{T,p,n_{j\neq i}}$$

由组分逸度系数和化学位的关系式(6.70)最后得到

$$\ln(\hat{\phi}_i)=\left[\frac{\partial(n\ln\phi)}{\partial n_i}\right]_{T,p,n_{j\neq i}} \quad (\text{Ⅲ})$$

将 $\hat{\phi}_i=\frac{\hat{f}_i}{x_ip}$ 及 $\phi=\frac{f}{p}$ 代入式(Ⅲ),得:

$$\ln\left(\frac{\hat{f}_i}{x_i}\right)-\ln p=\left[\frac{\partial(n\ln f-n\ln p)}{\partial n_i}\right]_{T,p,n_{j\neq i}}=\left[\frac{\partial(n\ln f)}{\partial n_i}\right]_{T,p,n_{j\neq i}}-\ln p$$

这样就得到

$$\ln\left(\frac{\hat{f}_i}{x_i}\right)=\left[\frac{\partial(n\ln f)}{\partial n_i}\right]_{T,p,n_{j\neq i}}$$

【例 6.6】 试推导以 Van der Waals 状态方程描述的,以 T、V 为独立变量的混合物的组分逸度系数表达式。

解:首先将 van der Waals 状态方程写成关于温度、总体积和总摩尔数的函数形式:

$$p=\frac{nRT}{V-nb}-\frac{n^2a}{V^2}$$

其中 $$a=\sum_i\sum_j x_ix_ja_{ij},\quad b=\sum_i x_ib_i,\quad a_{ij}=a_{ji}$$

将 nb 和 n^2a 看作整体,上式对 n_i 偏导得

$$\left(\frac{\partial p}{\partial n_i}\right)_{T,V,n_{j\neq i}}=\frac{RT}{V-nb}+\frac{nRT}{(V-nb)^2}\left[\frac{\partial(nb)}{\partial n_i}\right]_{T,V,n_{j\neq i}}-\frac{1}{V^2}\left[\frac{\partial(n^2a)}{\partial n_i}\right]_{T,V,n_{j\neq i}}$$

下面分别推导 $\left[\frac{\partial(nb)}{\partial n_i}\right]_{T,V,n_{j\neq i}}$ 及 $\left[\frac{\partial(n^2a)}{\partial n_i}\right]_{T,V,n_{j\neq i}}$:

$$\left[\frac{\partial(nb)}{\partial n_i}\right]_{T,V,n_{j\neq i}}=\frac{\partial}{\partial n_i}\left(\sum_j n_jb_j\right)=b_i$$

$$\frac{\partial(n^2a)}{\partial n_i}=\frac{\partial}{\partial n_i}\left(\sum_i\sum_j n_in_ja_{ij}\right)=\frac{\partial}{\partial n_i}\left[\sum_i n_i\left(\sum_j n_ja_{ij}\right)\right]=2\sum_j n_ja_{ij}$$

将 $\frac{\partial(nb)}{\partial n_i}$ 及 $\frac{\partial(n^2a)}{\partial n_i}$ 代入式(Ⅰ)得

$$\left(\frac{\partial p}{\partial n_i}\right)_{T,V,n_{j\neq i}}=\frac{RT}{V-nb}+\frac{nRTb_i}{(V-nb)^2}-\frac{2}{V^2}\sum_j n_ja_{ij}$$

再将上式代入式(6.79)并积分得

$$RT\ln\hat{\phi}_i=\int_\infty^V\left[-\frac{RT}{V-nb}-\frac{nRTb_i}{(V-nb)^2}+\frac{2\sum_j n_ja_{ij}}{V^2}+\frac{RT}{V}\right]\mathrm{d}V-RT\ln Z$$

$$=RT\ln\frac{V}{V-nb}\bigg|_\infty^V+\frac{nRTb_i}{V-nb}\bigg|_\infty^V-\frac{2}{V}\sum_j n_ja_{ij}\bigg|_\infty^V-RT\ln Z$$

$$= RT\ln\frac{V}{V-nb} + \frac{nRTb_i}{V-nb} - \frac{2}{V}\sum_j n_j a_{ij} - RT\ln Z$$

约去物质的摩尔量 n,将上式变为摩尔体积 v 的函数,得

$$RT\ln\hat{\phi}_i = RT\ln\frac{v}{v-b} + \frac{RTb_i}{v-b} - \frac{2}{v}\sum_j x_j a_{ij} - RT\ln Z$$

6.5 理想溶液与标准态

6.5.1 理想溶液的定义

在化工热力学的研究过程中,为了达到简化研究对象的目的,经常会采用一些理想模型,比如理想气体、绝热过程、可逆过程等。对于复杂的真实对象,先研究其理想模型,然后再对理想模型进行修正,就可以得出能够描述真实对象的理论和方法,这是在处理热力学问题时所广泛采用的思路之一。当研究溶液的热力学性质时,也希望有一个理想的溶液模型做基础,在此基础上通过引入合理的修正,达到对真实溶液热力学行为的描述。前面我们已经提到,自然界有些混合物的混合性质和理想气体混合物的混合性质相近。从理想气体混合物的混合性质的特点不难推知:具有和理想气体混合物完全相同的混合性质的混合物,其各种热力学性质均可由纯物质的性质和组成完全预测。例如,其摩尔体积和偏摩尔体积为

$$v = \sum_i x_i v_i \tag{6.80}$$

$$\bar{V}_i = v_i \tag{6.81}$$

其摩尔自由焓和偏摩尔自由焓为

$$G = \sum_i x_i G_i + RT\sum_i x_i \ln x_i \tag{6.82}$$

$$\bar{G}_i = G_i + RT\ln x_i \tag{6.83}$$

当研究溶液的热力学性质时,如果能从纯组分的性质完全预知混合物的性质,自然是一种最理想的情况。人们因此将具有此类特征的均相混合物称为理想溶液。

对照纯流体逸度系数的计算公式(6.58)和混合物的组分逸度系数计算公式(6.73),当纯组分和混合物处在相同的温度和压力下时,不难得出

$$RT\ln\frac{\hat{\phi}_i}{\phi_i} = \int_0^p (\bar{V}_i - v_i)\,\mathrm{d}p \tag{6.84}$$

或

$$RT\ln\frac{\hat{f}_i}{x_i f_i} = \int_0^p (\bar{V}_i - v_i)\,\mathrm{d}p \tag{6.85}$$

式中　f_i——纯 i 组分在 T、p 下的逸度。

对于理想溶液,有

$$\bar{V}_i = v_i \tag{6.86}$$

因此有

$$\hat{f}_i^{\text{id}} = x_i f_i \tag{6.87}$$

具有和理想气体混合物相同的混合性质是理想溶液的特点，而式(6.87)则是理想溶液狭义上的定义式。在式(6.87)的基础上，理想溶液的定义被进一步广义化为

$$\hat{f}_i^{\text{id}} = f_i^0 x_i \tag{6.88}$$

式中　f_i^0——与组成无关的常数，称为标准态逸度。

可见，只要混合物中任一组分的逸度和其摩尔分数成正比，就可被视为理想溶液。这一条件有时只能在一定的浓度范围内成立，那么也只能认为该溶液在该浓度范围内才是理想溶液。如果在全浓度范围内均满足这一条件，则 f_i^0 必定等于 f_i，此时成为狭义上的理想溶液。

6.5.2　理想溶液定律和两个重要规则

在第 2 章介绍理想气体概念时，我们述及了理想气体定律。在这里介绍理想溶液这一概念时，同样需要提及一个很重要的定律，即理想溶液定律。理想溶液定律指出：任何真实溶液，当溶剂的摩尔分数趋于 1 或溶质的摩尔分数趋于零时，均具有理想溶液的性质。理想溶液定律在真实溶液和理想溶液之间构建起了一个彼此相通的桥梁，人们因此可以在理想溶液的基础上去建立真实溶液热力学性质的描述方法，因此理想溶液定律和理想气体定律一样具有十分重要的作用。

由理想溶液定律还衍生出两个重要的规则，即 Lewis-Randall 规则和 Henry 定律。Lewis-Randall 规则指出，对于任何真实溶液，当某组分的摩尔分数趋于 1 时，该组分的分逸度和其纯态时的逸度及其摩尔分数之间满足理想溶液条件，即

$$\lim_{x_i \to 1} \hat{f}_i = x_i f_i \tag{6.89}$$

Henry 定律指出，对于任何真实溶液，当某组分的摩尔分数趋于零时，该组分的分逸度和其摩尔分数之间满足理想溶液条件，即

$$\lim_{x_i \to 0} \hat{f}_i = x_i H_i \tag{6.90}$$

式中，H_i 称为组分 i 在溶液中的 Henry 常数。H_i 不仅和组分 i 本身的性质有关，还和其所处的溶液环境有关，它一般不等于纯 i 组分的逸度 f_i。很显然，Lewis-Randall 规则和 Henry 定律一起构成了完整的理想溶液定律。Lewis – Randall 规则和 Henry 定律可用图 6.2 表示。

Lewis – Randall 规则和 Henry 定律实际上给我们提供了两种标准态的选择方法。标准态逸度的选择实际上是为计算当前状态下组分逸度服务的，因此标准态的选择也应以最方便组分逸度的计算为原则。显然，当组分的摩尔分数和 1 接近时，其组分逸度和组成的关系更接近 Lewis-Randall 规则，因此选择真实的纯组分为标准态更为方便。对于摩尔分数和零接近的溶质，其组分逸度和组成的关系更接近 Henry 定律，因此选择 Henry 定律的标准态，即假想的纯 i 组分为标准态更为方便。标准态的温度和溶液的温度必须相同，以便能使式(6.91)成立：

$$\mu_i - \mu_i^0 = RT\ln \hat{f}_i / f_i^0 \tag{6.91}$$

虽然一般不限定标准态和溶液状态的压力相同，但是选择标准态和溶液具有相同的压力时一般能给问题的解决带来方便，因此建议将标准态和溶液的压力选为一致。

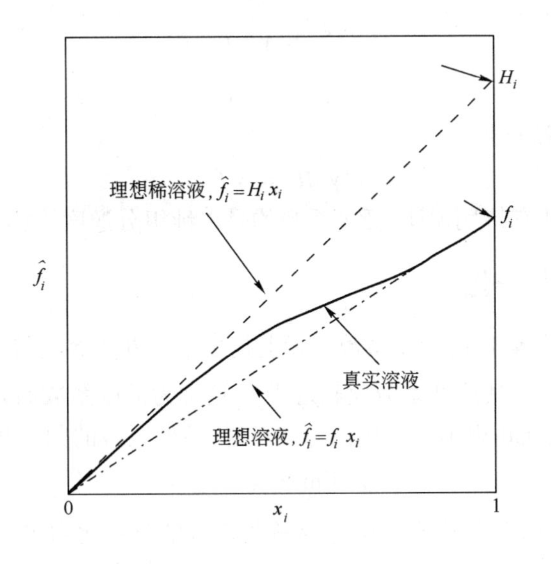

图 6.2 Lewis - Randall 规则和 Henry 定律示意图

6.6 活度与活度系数

6.6.1 活度与活度系数的定义

对于理想溶液，组分逸度可以简单地由其在标准态的逸度和溶液组成通过式(6.88)求得。对于真实溶液，人们希望组分逸度和标准态逸度仍有类似于式(6.88)这样简单的关系。为此，人们通过引入一个校正浓度 a_i 来代替式(6.88)中的摩尔分数 x_i 来实现这一目的。这个校正浓度被称为活度；校正系数(活度与摩尔浓度之比)被称为活度系数。因此活度 a_i 的定义式为

$$\hat{f}_i = a_i f_i^0 \tag{6.92}$$

活度系数 γ_i 定义为

$$\hat{f}_i = \gamma_i x_i f_i^0 \tag{6.93}$$

在这里需要指出的是，逸度与标准态的选择无关，而活度与活度系数却与标准态的选择有关，对应于不同标准态的活度与活度系数的值是不同的。因此在使用时要注意标准态的选择。

上一节已经指出，常用的标准态有两种，一种是 Lewis-Randall 规则下的标准态，即真实纯组分在溶液压力和温度下的状态；另一种是 Henry 定律下的标准态，即假想的纯组分在溶液压力和温度下的状态。一般情况下，通常采用以 Lewis-Randall 规则为基础的标准态，即以溶液当前温度、压力下纯组分 i 的逸度 f_i 作为标准态的逸度，该标准态逸度仅与纯组分 i 的性质有关。以 Henry 定律为基础的标准态常用于稀溶液，以无限稀释溶液的溶质 i 的 Henry 系数 H_i 作为标准态逸度，H_i 与 i 组分自身的性质和 i 组分以外的其他组分的摩尔浓度有关。以纯组分逸度 f_i 作为标准态逸度时，活度系数通常用 γ_i 表示；而以 H_i 作为标准态逸度时，活度系数用 γ_i^{H} 表示，以示区别。

$$\hat{f}_i = \gamma_i x_i f_i \tag{6.94}$$

$$\hat{f}_i = \gamma_i^{\mathrm{H}} x_i H_i \tag{6.95}$$

比较式(6.94)与式(6.95)得

$$\gamma_i^{\mathrm{H}} H_i = \gamma_i f_i \tag{6.96}$$

值得注意的是,除非有特别说明,活度系数均是以纯组分逸度为标准态的。

6.6.2 活度系数的归一化

对于理想溶液,γ_i 应等于1,活度系数实际上是校正了真实溶液与理想溶液的偏差。当真实溶液接近于理想溶液时,其活度系数应趋近于1,这称为活度系数的归一化。

当采用以 Lewis-Randall 规则为基础的标准态时,活度系数的归一化条件为

$$\lim_{x_i \to 1} \gamma_i = 1 \tag{6.97}$$

这种归一化方法对于溶质和溶剂都适用,通常称为对称的归一化约定。

当采用以 Henry 定律为基础的标准态时,则归一化条件为

$$\lim_{x_i \to 0} \gamma_i^{\mathrm{H}} = 1 \tag{6.98}$$

定义无限稀释状态下溶液中溶质的活度系数为 γ_i^{∞},即

$$\gamma_i^{\infty} = \lim_{x_i \to 0} \gamma_i \tag{6.99}$$

将式(6.96)应用于无限稀释的溶液,得

$$H_i = f_i \gamma_i^{\infty} \tag{6.100}$$

上式表明两种标准态逸度是有内在关系的。

6.6.3 活度系数与温度压力的关系

在研究相平衡时,常涉及温度和压力对活度系数的影响,对应于不同的标准态,影响关系式的形式也不同。

采用以 Lewis-Randall 规则为基础的标准态时,活度系数的定义式为

$$\ln\gamma_i = \ln \frac{\hat{f}_i}{f_i x_i}$$

分别对温度、压力求偏导,并结合逸度与温度、压力之间的关系式(其推导作为习题留给同学们自己完成),得

$$\left(\frac{\partial \ln\gamma_i}{\partial T}\right)_{p,x} = \left(\frac{\partial \ln\hat{f}_i}{\partial T}\right)_{p,x} - \left(\frac{\partial \ln f_i}{\partial T}\right)_{p,x} = -\frac{\overline{H}_i - H_i^{\mathrm{id}}}{RT^2} + \frac{H_i - H_i^{\mathrm{id}}}{RT^2} = -\frac{\overline{H}_i - H_i}{RT^2} \tag{6.101}$$

$$\left(\frac{\partial \ln\gamma_i}{\partial p}\right)_{T,x} = \left(\frac{\partial \ln\hat{f}_i}{\partial p}\right)_{T,x} - \left(\frac{\partial \ln f_i}{\partial p}\right)_{T,x} = \frac{\overline{V}_i - V_i}{RT} \tag{6.102}$$

采用以 Henry 定律为基础的标准态时,$\ln\gamma_i^{\mathrm{H}} = \ln \dfrac{\hat{f}_i}{H_i x_i}$,同样用上面的方法推导出

$$\left(\frac{\partial \ln\gamma_i^{\mathrm{H}}}{\partial T}\right)_{p,x} = -\frac{\overline{H}_i - \overline{H}_i^{\infty}}{RT^2} \tag{6.103}$$

$$\left(\frac{\partial \ln \gamma_i^{\mathrm{H}}}{\partial p}\right)_{T,x} = \frac{\overline{V}_i - \overline{V}_i^{\infty}}{RT} \tag{6.104}$$

式中,上标∞表示无限稀释状态下的值,式(6.101)和式(6.103)中的 H_i 和 $\overline{H}_i$ 为 i 组分的摩尔焓和偏摩尔焓。

【例 6.7】 已知在温度 T 为 295K,压力 p 为 2.0MPa 下,某二元溶液中组分 1 的逸度表达式为

$$\hat{f}_1 = 6.0x_1 - 10.0x_1^2 + 5.0x_1^3$$

$\hat{f}_1$ 的单位与 p 相同,为 MPa,计算在上述温度、压力下:

(1) 组分 1 的 Henry 系数 H_1;

(2) 组分 1 的活度系数的表达式;

(3) 组分 2 的活度系数表达式。

解:(1)根据活度系数的定义可得

$$\hat{f}_1 = H_1 \gamma_1^{\mathrm{H}} x_1 \tag{Ⅰ}$$

将组分 1 的逸度的表达式代入得

$$H_1 \gamma_1^{\mathrm{H}} x_1 = 6.0x_1 - 10.0x_1^2 + 5.0x_1^3 \tag{Ⅱ}$$

左右两边约去 x_1 得

$$H_1 \gamma_1^{\mathrm{H}} = 6.0 - 10.0x_1 + 5.0x_1^2 \tag{Ⅲ}$$

当 $x_1 \to 0$ 时,有

$$\lim_{x_1 \to 0} \gamma_1^{\mathrm{H}} = 1$$

这样对式(Ⅲ)左右两边分别取极限 $x_1 \to 0$,得组分 1 的 Herry 系数 H_1 为:$H_1 = 6.0$MPa。

(2)纯组分 1 的逸度为

$$f_1 = \hat{f}_1 \big|_{x_1=1} = 1(\mathrm{MPa})$$

则根据活度系数的定义式得组分 1 的活度系数为

$$\gamma_1 = \frac{\hat{f}_1}{f_1 x_1} = 6.0 - 10.0x_1 + 5.0x_1^2$$

(3)将 Gibbs-Duhem 方程应用于活度系数得

$$x_1 \mathrm{d}\ln\gamma_1 + x_2 \mathrm{d}\ln\gamma_2 = 0 \tag{Ⅳ}$$

又由组分 1 的活度系数得

$$\mathrm{d}\ln\gamma_1 = \frac{1}{6.0 - 10.0x_1 + 5.0x_1^2} \times (-10.0 + 10.0x_1)\mathrm{d}x_1 = \frac{10.0x_2 \mathrm{d}x_2}{6.0 - 10.0x_1 + 5.0x_1^2}$$

代入式(Ⅳ)得

$$\mathrm{d}\ln\gamma_2 = -\frac{10.0x_1 \mathrm{d}x_2}{6.0 - 10.0x_1 + 5.0x_1^2} = -\frac{10.0(1 - x_2)}{1 + 5.0x_2^2}\mathrm{d}x_2 = \frac{10.0x_2}{1 + 5.0x_2^2}\mathrm{d}x_2 - \frac{10.0}{1 + 5.0x_2^2}\mathrm{d}x_2 \tag{Ⅴ}$$

将式(Ⅴ)由 $x_2 = 1$ 积分至 x_2,得

$$\ln\gamma_2 \Big|_{x_2=1}^{x_2} = \left[\ln(1 + 5.0x_2^2) - \frac{10.0}{\sqrt{5}}\arctan\sqrt{5}x_2\right]_{x_2=1}^{x_2} \tag{Ⅵ}$$

整理并代入 $\ln\gamma_2 \big|_{x_2=1} = 0$,得组分 2 的活度系数表达式为

$$\ln\gamma_2 = \ln(1 + 5.0x_2^2) - 2\sqrt{5}\arctan\sqrt{5}x_2 - \ln 6.0 + 2\sqrt{5}\arctan\sqrt{5}$$

6.7 过量函数

定义:在相同温度、压力和组成条件下的真实溶液热力学性质和理想溶液热力学性质之差为过量函数。用公式表示为

$$M^E = M(T,p,x) - M^{\mathrm{id}}(T,p,x) \tag{6.105}$$

常用的过量函数有 V^E、S^E、U^E、G^E、H^E、A^E。

混合过程的过量函数 $\Delta M^E = \Delta M_{\mathrm{mix}} - \Delta M_{\mathrm{mix}}^{\mathrm{id}}$,实际上 M^E 与 ΔM^E 是相同的。可以根据混合性质的定义推导出来 $\Delta M^E = M^E$,即

$$\Delta M^E = \Delta M_{\mathrm{mix}} - \Delta M_{\mathrm{mix}}^{\mathrm{id}} = \left(M - \sum_i n_i M_i\right) - \left(M^{\mathrm{id}} - \sum_i n_i M_i\right) = M - M^{\mathrm{id}} = M^E$$

过量函数间的关系与其对应的热力学函数间的关系相同,且过量函数的偏导数关系也都与相应的热力学函数的偏导数关系类似,即

$$\begin{cases} H^E = U^E + pV^E \\ A^E = U^E - TS^E \\ G^E = H^E - TS^E \\ \left(\dfrac{\partial G^E}{\partial T}\right)_{p,x} = -S^E \\ \left[\dfrac{\partial}{\partial T}\left(\dfrac{G^E}{T}\right)\right]_{p,x} = -\dfrac{H^E}{T^2} \\ \left(\dfrac{\partial G^E}{\partial p}\right)_{T,x} = V^E \end{cases} \tag{6.106}$$

在常用的过量函数中,最有用的是过量 Gibbs 自由能 G^E,因为它与活度系数有着直接关系。

根据过量函数的定义式得

$$G^E = \Delta G_{\mathrm{mix}} - \Delta G_{\mathrm{mix}}^{\mathrm{id}} \tag{6.107}$$

根据式(6.41)得

$$\Delta G_{\mathrm{mix}}^{\mathrm{id}} = RT\sum_{i=1}^{m} n_i \ln x_i \tag{6.108}$$

真实溶液的活度也就对应着理想溶液的摩尔浓度,也就是说

$$\Delta G_{\mathrm{mix}} = RT\sum_{i=1}^{m} n_i \ln a_i \tag{6.109}$$

将式(6.108)与式(6.109)代入式(6.107)得

$$\begin{aligned} G^E &= RT\sum_i n_i \ln a_i - RT\sum_i n_i \ln x_i \\ &= RT\sum_i n_i \ln\frac{a_i}{x_i} = RT\sum_i n_i \ln\gamma_i \end{aligned} \tag{6.110}$$

将上式两边同除以 nRT,得无因次化的摩尔过量 Gibbs 自由能 $\dfrac{g^E}{RT}$

$$\frac{g^E}{RT} = \sum_i x_i \ln\gamma_i \tag{6.111}$$

将式(6.110)对 n_i 求偏导,得

$$\left[\frac{\partial}{\partial n_i}\left(\frac{G^E}{RT}\right)\right]_{T,p,n_{j\neq i}} = \ln\gamma_i + \sum_j n_j\left(\frac{\partial \ln\gamma_j}{\partial n_i}\right)_{T,p,n_{j\neq i}} \tag{6.112}$$

根据 Gibbs-Duhem 方程有

$$\sum_j n_j\left(\frac{\partial \ln\gamma_j}{\partial n_i}\right)_{T,p,n_{j\neq i}} = \left(\frac{\sum_j n_j \partial \ln\gamma_j}{\partial n_i}\right)_{T,p,n_{j\neq i}} = 0$$

因此式(6.112)成为

$$\left[\frac{\partial}{\partial n_i}\left(\frac{G^E}{RT}\right)\right]_{T,p,n_{j\neq i}} = \ln\gamma_i \tag{6.113}$$

在 G^E 已知的情况下,可以根据式(6.113)计算出组分的活度系数。此外,从式中可以看出,$\ln\gamma_i$ 是$\frac{G^E}{RT}$的偏摩尔量。特别注意的是,式(6.113)中的 G^E 不能是摩尔过量 Gibbs 自由能,而必须是 n 摩尔溶液总的过量 Gibbs 自由能,是一个广度量。

【例 6.8】 已知某二元系的摩尔过量 Gibbs 自由能与组成的关系式为:$g^E = Ax_1x_2$,其中参数 A 与温度 T 的关系为:$A = aT + bT^2$。试推导体系的过量焓、过量熵及活度系数表达式。

解:n 摩尔溶液的过量 Gibbs 自由能为 $G^E = nAx_1x_2$,根据热力学基本关系式:

$$\mathrm{d}G = -S\mathrm{d}T + V\mathrm{d}p$$

得吉布斯自由能与熵的关系式为

$$S = -\left(\frac{\partial G}{\partial T}\right)_p$$

上式同样适用于过量熵与过量吉布斯自由能,则有

$$S^E = -\left(\frac{\partial G^E}{\partial T}\right)_p$$

将 G^E 的表达式代入,得过量熵的表达式为

$$S^E = -\left(\frac{\partial G}{\partial T}\right)_p nx_1x_2 = -(a+2bT)nx_1x_2$$

由热力学基本关系式 $H = G + TS$ 得 $H^E = G^E + TS^E$,则代入 G^E 与 S^E,得过量焓的表达式为

$$H^E = nAx_1x_2 - T(a+2bT)nx_1x_2 = -bT^2nx_1x_2$$

根据式(6.113) ,得组分 1 和组分 2 的活度系数的表达式为

$$\ln\gamma_1 = \frac{A}{RT}\left[\frac{\partial}{\partial n_1}\left(\frac{n_1n_2}{n_1+n_2}\right)\right]_{n_2} = \frac{A}{RT}x_2^2$$

$$\ln\gamma_2 = \frac{A}{RT}\left[\frac{\partial}{\partial n_2}\left(\frac{n_1n_2}{n_1+n_2}\right)\right]_{n_1} = \frac{A}{RT}x_1^2$$

6.8 活度系数模型

活度系数模型的建立与溶液理论密不可分。除少数纯经验型的模型外,大多数活度系数模型均以一定的溶液理论为基础。早期的过量吉布斯自由能表达式和活度系数模型是经验型的,随着溶液理论的发展,基于各种溶液理论,较为严格的活度系数模型被相继提出,见表 6.1。这里主要介绍几种目前应用较为广泛的半理论、半经验的活度系数模型。

表 6.1 常见的活度系数模型及其理论基础

提出时间	活度系数模型	理论基础
1895 年	Margules 方程	经验性模型
1913 年	van Laar 方程	van Laar 理论
1929 年	Scathard-Hilderbrand 正规溶液模型	正规溶液理论
1942 年	Flory-Huggins 方程	无热溶液理论
1946 年	Wohl 展开式	经验性模型
1948 年	Redlich-Kister 展开式	经验性模型
1964 年	Wilson 方程	局部组成概念
1968 年	NRTL 方程	局部组成概念、双液体理论
1969 年	ASOG 模型	基团贡献法
1975 年	UNIQUAC 方程	通用似化学理论
1975 年	UNIFAC 方程	基团贡献法

6.8.1 Margules 方程与 Redlich-Kister 展开式

1895 年提出的 Margules 方程,将摩尔过量 Gibbs 自由能 g^E 表达为组成的幂级数,对最简单的二元溶液,其展开式为

$$g^E = x_1 x_2 \sum_{j=0}^{\infty} a_j x_1^j \tag{6.114}$$

当截取至第二项时,组分 1 和组分 2 的活度系数为

$$RT\ln\gamma_1 = x_2^2(a_0 + 2a_1 x_1) \tag{6.115}$$

$$RT\ln\gamma_2 = x_1^2(a_0 + a_1 - 2a_1 x_2) \tag{6.116}$$

比较式(6.115)和式(6.116),发现两式的对称性并不好。为此,Redlich 和 Kister 使用 $(x_1 - x_2)$ 作级数展开,得到了较为通用的 g^E 表达式——Relich-Kister 展开式:

$$g^E = x_1 x_2 [A + B(x_1 - x_2) + C(x_1 - x_2)^2 + D(x_1 - x_2)^3 + \cdots] \tag{6.117}$$

式中 $A, B, C, D, \cdots$——与温度有关的参数。

式(6.117)与式(6.114)虽然形式上有差异,但实质上是等价的。

应用 Redlich-Kister 展开式表示溶液的过量 Gibbs 自由能具有很大的灵活性。其中第一项对 x 是对称的,将 g^E 对 x 作图,可得一条抛物线。其后各个校正项中具有奇次幂的(如 B、D 等项)对 x 并不对称,因而可起到将抛物线向左或向右偏斜的作用;偶次幂的校正项(如 C、E 等项)对 x 则是对称的,可使抛物线变平或变陡。图 6.3 中给出了前 3 项的图形(取 $A = B = C = 1$)。

当截取 Redlich-Kister 展开式至不同项时,所得到方程称作不同下标数的 Margules 方程。截取到第一项时,为两下标或两尾标 Margules 方程(two-suffix Margules equation):

$$RT\ln\gamma_1 = Ax_2^2 \tag{6.118}$$

$$RT\ln\gamma_2 = Ax_1^2 \tag{6.119}$$

截取到第二项时,为最常用的三下标 Margules 方程:

$$RT\ln\gamma_1 = x_2^2[A + 2x_1(B - A)] \tag{6.120}$$

$$RT\ln\gamma_2 = x_1^2[B + 2x_2(A - B)] \tag{6.121}$$

当 $A = B$ 时,三下标 Margules 方程变为对称的单参数二下标 Margules 方程。经验参数 A、

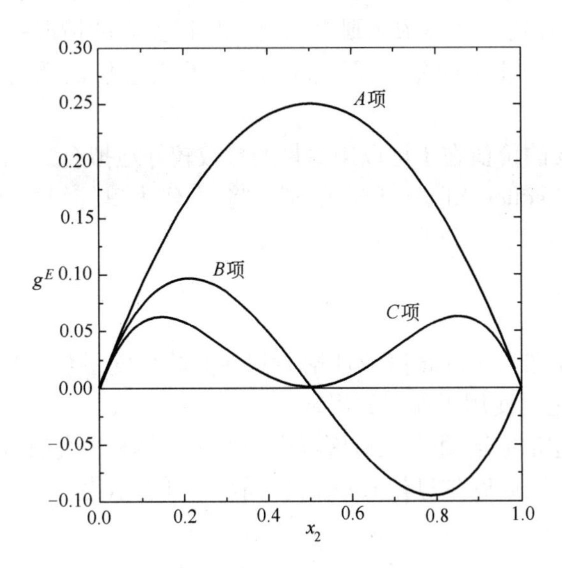

图 6.3　Redlich-Kister 展开式中各项对 g^E 的影响（$A=B=C=1$）

B 的值可由无限稀释溶液的活度系数确定，即

$$\begin{cases} \lim\limits_{x_1 \to 0} \ln\gamma_1 = \ln\gamma_1^\infty = \dfrac{A}{RT} \\ \lim\limits_{x_2 \to 0} \ln\gamma_2 = \ln\gamma_2^\infty = \dfrac{B}{RT} \end{cases} \tag{6.122}$$

如图 6.4 所示，将三下标 Margules 方程应用于拟合三个二元系：丙酮—氯仿、丙酮—甲醇和氯仿—甲醇于 50℃下的活度系数数据。这三个二元系的热力学性质具有很大的差别，例如

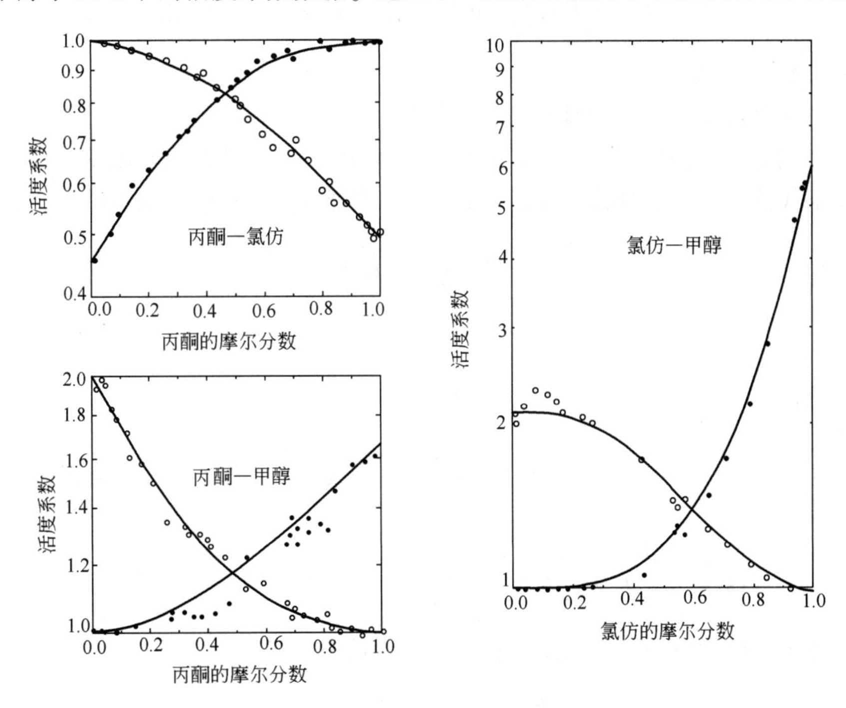

图 6.4　按三下标 Margules 方程计算的 50℃时三个二元系的活度系数

丙酮—甲醇属强的正偏差系统,而丙酮—氯仿则属负偏差系统。对氯仿—甲醇系统,在氯仿高浓区具有很大的正偏差,而在甲醇高浓区则表现出一种很少有的情况——活度系数通过一最高点。尽管这三个体系具有很大的差别,但 Margules 方程对它们的活度系数数据却均能作出较好的拟合。

Margules 方程最主要的价值在于可以用少量的参数较好地拟合二元系的实验数据。但无论是 Margules 方程还是 Redlich-Kister 展开式,都是将 g^E 作为单纯级数展开的方程式,方程中各参数缺乏明确的物理意义,并且很难应用于多元系。

6.8.2 van Laar 模型

van Laar 模型是建立在 van Laar 溶液理论的基础上的活度系数模型。van Laar 在建立其二元流体的溶液理论时主要使用了如下的假定。

(1)假定各组分作随机混合,而且没有因混合而发生的体积变化,此时摩尔过量熵 s^E 和摩尔过量体积 v^E 均等于零,因此摩尔过量 Gibbs 自由能 g^E 可表示为

$$g^E = u^E + pv^E - Ts^E = u^E \tag{6.123}$$

(2)假定流体的性质可由 van der Waals 状态方程给出

$$p = \frac{RT}{v-b} - \frac{a}{v^2}$$

并采用以下的混合规则:

$$a_m = x_1^2 a_1 + x_2^2 a_2 + 2x_1 x_2 \sqrt{a_1 a_2}$$

$$b_m = x_1 b_1 + x_2 b_2$$

于是由 van der Waals 方程可算出内能 U 如下:

$$U = \int_{V^L}^{\infty} \left[p - T\left(\frac{\partial p}{\partial T}\right)_{V, n_T} \right] dV + \sum_i n_i u_i^0 = -\frac{n_T^2 a}{V^L} + \sum_i n_i u_i^0 \tag{6.124}$$

式中 V^L——液相体积;

n_T, n_i——体系总摩尔数和组分 i 的摩尔数。

(3)进一步假定在远低于临界温度下,液体的摩尔体积 v^L 可近似地用 van der Waals 方程中的常数 b 来代替。因此混合物及纯组分 i 的摩尔内能 u_m 和 u_i 可分别表示为

$$u_m = -\frac{a_m}{b_m} + \sum_i x_i u_i^0 \tag{6.125}$$

$$u_i = -\frac{a_i}{b_i} + u_i^0 \tag{6.126}$$

对二元溶液可得到

$$g^E = u^E = u_m - \sum_i x_i u_i = \left(-\frac{a_m}{b_m} + \sum_i x_i u_i^0\right) - \sum_i x_i \left(-\frac{a_i}{b_i} + u_i^0\right)$$

$$= \frac{x_1 x_2 b_1 b_2}{x_1 b_1 + x_2 b_2} \left(\frac{\sqrt{a_1}}{b_1} - \frac{\sqrt{a_2}}{b_2}\right)^2 \tag{6.127}$$

经进一步整理可导出对应的 van Laar 方程和活度系数表达式:

$$\frac{g^E}{RT} = \frac{A' x_1 x_2}{(A'/B') x_1 + x_2} \tag{6.128}$$

$$\ln\gamma_1 = \frac{A'}{[1+(A'/B')(x_1/x_2)]^2} \tag{6.129}$$

$$\ln\gamma_2 = \frac{B'}{[1+(B'/A')(x_2/x_1)]^2} \tag{6.130}$$

其中

$$A' = \frac{b_1}{RT}\left(\frac{\sqrt{a_1}}{b_1} - \frac{\sqrt{a_2}}{b_2}\right)^2 \tag{6.131}$$

$$B' = \frac{b_2}{RT}\left(\frac{\sqrt{a_1}}{b_1} - \frac{\sqrt{a_2}}{b_2}\right)^2 \tag{6.132}$$

van Laar 方程有两个特点:一是活度系数的对数与绝对温度成反比,这是由于假设过量熵为零所决定的;另一个则是两个组分的活度系数不小于 1,也就是说其预测结果对 Raoult 定律总是呈正偏差。根据导出 van Laar 方程所作的简化条件可看出,该方程似应适用于比较简单的溶液,特别是非极性溶液。但经检验发现,这些方程也能表示较复杂溶液的活度系数。如图 6.5 所示,van Laar 方程可很好地描述分子大小相差较多的苯(1)—异辛烷(2)体系的活度系数数据,但在这种溶液中,van Laar 常数的物理意义就更加模糊了。

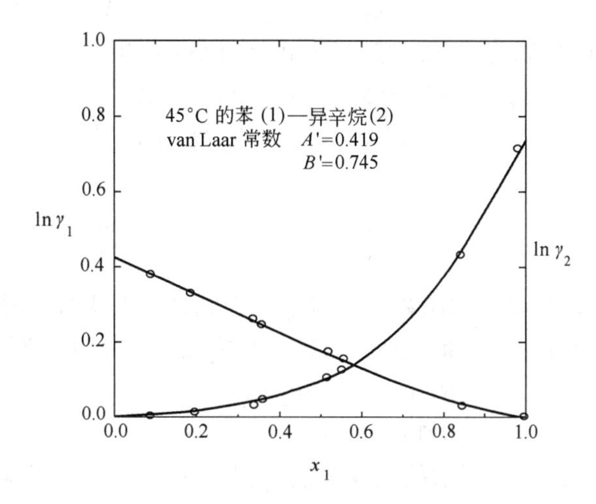

图 6.5　van Laar 方程应用于组分分子大小显著不同的二元溶液

6.8.3　Scatchard 和 Hildebrand 的正规溶液理论

上一节已表明,如混合过程的过量体积和过量熵可以忽略,则溶液的性质可用较简单的理论模型来描述。实际上,有许多非极性溶液(如烃类溶液)是接近于上述假定的。Hildebrand (1929 年)将这类溶液称为正规溶液(Regular Solution),并定义为各组分混合时过量熵和过量体积为零的溶液

Hildebrand 和 Scatchard 曾相互独立地指出,如果能摆脱 van der Waals 状态方程的限制,van Laar 理论就能被大大改进。为此,可用式(6.133)表述液态下分子间的相互作用能,即分子的内聚能(也称凝聚能)Δu^{V}:

$$\Delta u^{V} = u^{id.g} - u^{L} \tag{6.133}$$

式中　$u^{id.g}$,u^{L}——理想气体和液态下的内能。

Δu^{V} 也称完全蒸发能，它代表了饱和液体恒温蒸发到理想气体状态的能量变化。Δu^{V} 与纯液体蒸发时的摩尔内能变化 Δu^{vap} 相差不大，可用 Δu^{vap} 近似表示 Δu^{V}。

结合液体的摩尔体积 v^{L}，定义内聚能密度为

$$c \equiv \frac{\Delta u^{V}}{v^{L}} \tag{6.134}$$

Hildebrand 和 Scatchard 假定分子的碰撞概率与分子的体积分数成正比，于是可用式(6.135)表述二元溶液的内聚能密度：

$$\frac{\Delta u^{V}}{x_1 v_1^{L} + x_2 v_2^{L}} = c_{11}\Phi_1^2 + 2c_{12}\Phi_1\Phi_2 + c_{22}\Phi_2^2 \tag{6.135}$$

其中

$$\Phi_1 = \frac{x_1 v_1^{L}}{x_1 v_1^{L} + x_2 v_2^{L}}, \Phi_2 = \frac{x_1 v_2^{L}}{x_1 v_1^{L} + x_2 v_2^{L}} \tag{6.136}$$

式中，Φ_1 和 Φ_2 分别为组分 1 和组分 2 的体积分数。

式(6.135)中的常数 c_{ij} 表示组分 i 和组分 j 分子间的相互作用。对吸引力主要为色散力的分子(非极性分子)，按 London 公式，c_{11}、c_{22} 和 c_{12} 之间应有如下的简单关系：

$$c_{12} = \sqrt{c_{11}c_{22}} \tag{6.137}$$

因为过量熵为零，$S^{E}=0$，所以将式(6.137)代入式(6.135)可得

$$\begin{aligned} g^{E} = u^{E} &= \Delta u_m^{V} - (x_1\Delta u_1^{V} + x_2\Delta u_2^{V}) \\ &= (x_1 v_1^{L} + x_2 v_2^{L})\Phi_1\Phi_2(\delta_1 - \delta_2)^2 \end{aligned} \tag{6.138}$$

其中

$$\delta_1 \equiv \sqrt{c_{11}} = \left(\frac{\Delta u_1^{V}}{v_1^{L}}\right)^{1/2}, \delta_2 \equiv \sqrt{c_{22}} = \left(\frac{\Delta u_2^{V}}{v_2^{L}}\right)^{1/2} \tag{6.139}$$

式中，δ 称为溶解度参数，是温度的函数。文献中可查到许多非极性液体的溶解度参数的值。由式(6.138)所述过量 Gibbs 自由能表达式可推得与之相对应的活度系数表达式为

$$RT\ln\gamma_1 = v_1^{L}\Phi_2^2(\delta_1 - \delta_2)^2 \tag{6.140}$$

$$RT\ln\gamma_2 = v_2^{L}\Phi_1^2(\delta_1 - \delta_2)^2 \tag{6.141}$$

式(6.140)和式(6.141)即所谓的正规溶液方程。这两个公式和 van Laar 方程有许多共同之处。将 van Laar 方程中的参数 A' 和 B' 表示为

$$A' = \frac{v_1}{RT}(\delta_1 - \delta_2)^2 \tag{6.142}$$

$$B' = \frac{v_2}{RT}(\delta_1 - \delta_2)^2 \tag{6.143}$$

很容易将正规溶液方程改写为 van Laar 方程。

正规溶液方程的一个主要优点是形式简单，很容易将它推广到多元溶液体系。对多元溶液有

$$\frac{\Delta u_m^{V}}{\sum_i x_i v_i^{L}} = \sum_i \sum_j c_{ij}\Phi_i\Phi_j, \Phi_i \equiv \frac{x_i v_i^{L}}{\sum_j x_j v_j^{L}} \tag{6.144}$$

若取 $c_{ij} = \sqrt{c_{ii}c_{jj}}$，则

$$RT\ln\gamma_i = v_i^{L}(\delta_i - \bar{\delta})^2, \bar{\delta} = \sum_i \Phi_i\delta_i \tag{6.145}$$

由于正规溶液理论的简单性，它受到了人们的重视。对许多非极性溶液，这一理论能相当准确地预测相平衡。对较复杂的溶液，只须采用一个二元交互作用参数便能对液相活度系数的数据作出满意的关联。当溶液中含有非常大的分子（聚合物）或含强极性分子时，正规溶液理论便不适用。曾有一些研究者致力于对正规溶液理论进行修正，以便推广应用于分子大小差别显著的体系和含极性组分的体系，但成效不大。

6.8.4 基于无热溶液理论的 Flory – Huggins 模型

混合自由焓由混合焓项和混合熵项组成：$\Delta g = \Delta h - T\Delta S$。在正规溶液理论中，假设分子大小相近，混合熵相当于理想溶液的混合熵，因此集中研究关于混合焓的问题。有一类溶液其混合热接近于零或者很小，但却对 Raoult 定律呈现有很大的偏差。典型的例子为高分子聚合物溶液，如聚苯乙烯在甲苯或乙苯中的溶液以及聚二甲硅氧烷在六聚二甲硅氧烷中的溶液。对这类溶质和溶剂化学性质相近但分子大小相差悬殊的溶液，可假设混合热（混合焓）为零而集中研究其混合熵。混合焓或过量焓为零的溶液称为无热溶液（athermal solution）。

通常将热力学性质表示为组合（combinatorial）贡献和剩余（residual）贡献两部分。例如，对于混合熵有 $\Delta S_{\text{mix}} = \Delta S^{C} + \Delta S^{R}$，其中上标 C 表示组合部分，上标 R 则表示剩余部分。

组合贡献部分与分子的大小和形状有关，包含于混合熵（从而也包含于混合自由焓和混合自由能）但不包含于混合焓和混合体积；剩余贡献部分则由组分的分子间力和自由体积之间的差别所决定。

Flory 和 Huggins 在似晶格模型的基础上，利用极简单的假设独立地推导出大小差别显著的挠性分子的组合熵表达式。

现考察如图 6.6 所示的由 1 和 2 两个组分构成的液体混合物。组分 1（溶剂，白色）是球形对称的小分子。组分 2（聚合物，黑色）则设想为可以挠曲的链，如同由大量活动链节所组成，每个链节和溶剂分子的大小相同。进一步假设似晶格的每一个格点要么被溶剂分子占据，要么被聚合物的链节占据，同时邻近的链节占据邻近的格点。令溶剂分子数为 N_1、聚合物分子数为 N_2、每个聚合物分子有 r 个链节，于是格点的总数为 $N_1 + r \cdot N_2$。溶剂和聚合物占据的格点分数各为

$$\Phi_1 = \frac{N_1}{N_1 + r \cdot N_2}, \Phi_2 = \frac{r \cdot N_2}{N_1 + r \cdot N_2} \tag{6.146}$$

Flory 和 Huggins 证明，如果无定形的聚合物与溶剂混合时没有任何能量效应（即无热过程），则混合的自由焓和熵的变化可由以下非常简单的表达式给出

$$-\frac{\Delta g_{\text{m}}}{RT} = -\frac{\Delta g^{\text{C}}}{RT} = \frac{\Delta S}{R} = -x_1 \ln \Phi_1 - x_2 \ln \Phi_2 \tag{6.147}$$

式（6.147）中的熵变与理想溶液的熵变在形式上相似，只是利用链节分数代替了体积分数。在 $r = 1$ 的特殊情况下，式（6.147）即转变为理想溶液的熵变公式：

$$\frac{\Delta S^{\text{id}}}{R} = -x_1 \ln x_1 - x_2 \ln x_2 \tag{6.148}$$

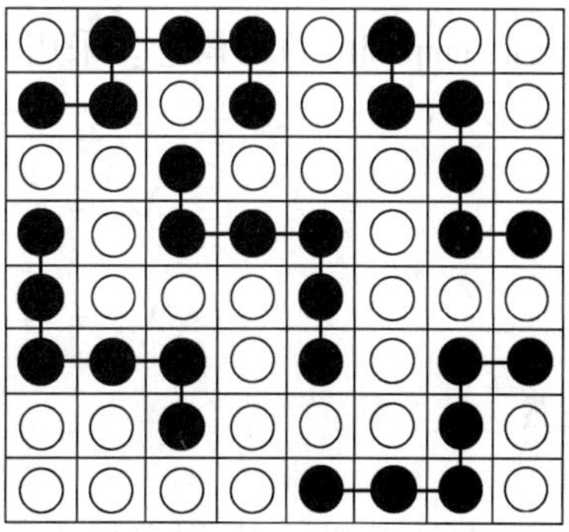

图 6.6　聚合物—溶剂体系的似晶格模型

由式(6.147)很容易进一步导出混合物摩尔过量熵的表达式：

$$\frac{S^E}{R} = -x_1 \ln \frac{\Phi_1}{x_1} - x_2 \ln \frac{\Phi_2}{x_2} = -x_1 \ln\left[1 - \Phi_2\left(1 - \frac{1}{r}\right)\right] - x_2 \ln[r - \Phi_2(r-1)] \quad (6.149)$$

将式(6.149)重排并将最后得到的对数项展开，即可证明对任意 $r\ (r>1)$，S^E 为正。因而按 Flory – Huggins 理论，无热溶液对 Raoult 定律总是呈负偏差，即

$$\frac{g^E}{RT} = \frac{h^E}{RT} - \frac{S^E}{R} = 0 - \frac{S^E}{R} < 0 \quad (6.150)$$

将式(6.149)中的 S^E 代入无热溶液的过量 Gibbs 自由能公式(6.150)可以导出相应的溶剂的活度系数表达式：

$$\ln\gamma_1 = \ln\left[1 - \left(1 - \frac{1}{r}\right)\Phi_2\right] + \left(1 - \frac{1}{r}\right)\Phi_2 \quad (6.151)$$

Flory – Huggins 方程被广泛应用于分子大小差别很大的体系。但对许多实际聚合物体系还不能作出完善的描述。尽管 Flory – Huggins 方程还有不足之处，但它已体现了大分子溶液的主要特征。

6.8.5 基于局部组成概念的活度系数模型

1. 局部组成概念与 Wilson 方程

前面所介绍的几种活度系数模型都是建立在随机溶液基础上的，也就是认为分子的碰撞完全是随机的，分子配对时没有倾向性，混合过程是完全随机的混合过程。但实际上，当一溶液中各分子对的相互作用有差异时，是不可能实现分子的随机分布的。出现引力相互作用较强的分子对的概率比随机分布的概率要高。具体而言，对分子 1 与分子 2 形成的溶液，若分子 1 和分子 2 之间的吸引力小于分子 1 和分子 1 之间与分子 2 和分子 2 之间的吸引力，则分子 1 周围出现分子 1 的概率将高些，而分子 2 周围出现分子 2 的概率将高些；而当分子 1 和分子 2 之间的吸引力大于分子 1 和分子 1 之间与分子 2 和分子 2 之间的吸引力时，溶液则趋于形成尽可能多的分子 1 和分子 2 之间的相邻分子。图 6.7 所示的二元溶液即属于后一种情况。

Wilson 根据经验，考虑了分子间相互作用的影响，对基于无热溶液理论的 Flory – Huggins 方程进行了扩展。Wilson 以 i 和 j 分子间的相互作用能 λ_{ij}（$\lambda_{ij} = \lambda_{ji}$）为参数，引入了局部组成(local composition)的概念。采用 X_{ij} 表示中心分子 j 周围 i 分子的局部摩尔分数，并对二元系定义如下：

$$X_{21} = \frac{\text{与中心分子 1 紧邻的分子 2 的分子数}}{\text{与中心分子 1 紧邻的总分子数}} \quad (6.152)$$

$$X_{11} = \frac{\text{与中心分子 1 紧邻的分子 1 的分子数}}{\text{与中心分子 1 紧邻的总分子数}} \quad (6.153)$$

显然

$$X_{21} + X_{11} = 1 \quad (6.154)$$

由图 6.7 可看出，对总体平均摩尔分数 $x_1 = x_2 = 1/2$ 的二元溶液，X_{21} 和 X_{11} 显然不等于 1/2，而是 $X_{21} \approx 2/3$，$X_{11} \approx 1/3$。当中心分子为 2 时对 X_{12} 和 X_{22} 也可作出类似的定义，并有

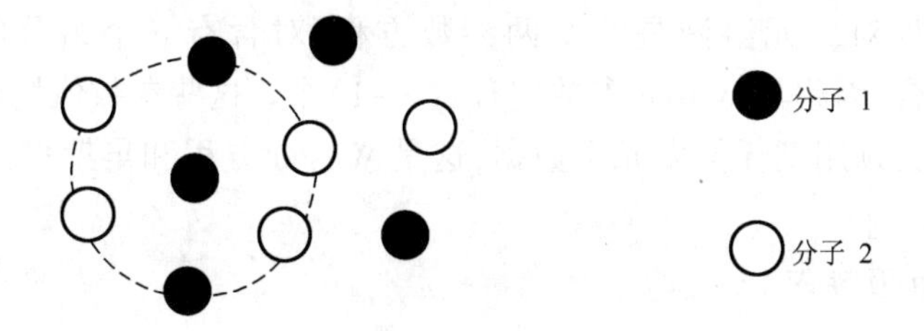

图 6.7　局部组成示意图

$$X_{12} + X_{22} = 1 \tag{6.155}$$

在中心分子 1 周围发现分子 2 的概率和发现分子 1 的概率之比应等于局部摩尔分数之比 X_{21}/X_{11}。Wilson 根据 Maxwell-Boltzmann 分布类推，认为该比值和分子对势能有如下关系：

$$\frac{X_{21}}{X_{11}} = \frac{x_2 \exp(-\lambda_{21}/RT)}{x_1 \exp(-\lambda_{11}/RT)} \tag{6.156}$$

参数 λ_{12} 和 λ_{11} 分别是与分子 1 和分子 2、分子 1 和分子 1 这两类分子对的势能有关的参数，$\lambda_{12} = \lambda_{21}$。类似地可以写出以组分 2 为中心分子时分子 1 与分子 2 的局部摩尔分数之比 X_{12}/X_{22} 为

$$\frac{X_{12}}{X_{22}} = \frac{x_1 \exp(-\lambda_{12}/RT)}{x_2 \exp(-\lambda_{22}/RT)} \tag{6.157}$$

利用以上两式定义组分 1 或组分 2 周围的同种分子所占的局部体积分数 Φ_{11} 和 Φ_{22} 为

$$\Phi_{11} = \frac{v_1^L X_{11}}{v_1^L X_{11} + v_2^L X_{21}} = \frac{1}{1 + \frac{x_2}{x_1}\Lambda_{12}} \tag{6.158}$$

$$\Phi_{22} = \frac{v_2^L X_{22}}{v_1^L X_{12} + v_2^L X_{22}} = \frac{1}{1 + \frac{x_1}{x_2}\Lambda_{21}} \tag{6.159}$$

其中 Λ_{12} 和 Λ_{21} 的表达式为

$$\Lambda_{12} \equiv \frac{v_2^L}{v_1^L}\exp\left[-\frac{(\lambda_{12} - \lambda_{11})}{RT}\right] \tag{6.160}$$

$$\Lambda_{21} \equiv \frac{v_1^L}{v_2^L}\exp\left[-\frac{(\lambda_{21} - \lambda_{22})}{RT}\right] \tag{6.161}$$

Wilson 用局部体积分数 Φ_{11} 和 Φ_{22} 替代 Flory-Huggins 方程中的体积分数 Φ_1 和 Φ_2，得到新的摩尔过量吉布斯自由能表达式：

$$\begin{aligned}\frac{g^E}{RT} &= x_1 \ln \frac{\Phi_{11}}{x_1} + x_2 \ln \frac{\Phi_{22}}{x_2} \\ &= -x_1 \ln(x_1 + x_2\Lambda_{12}) - x_2 \ln(x_2 + x_1\Lambda_{21})\end{aligned} \tag{6.162}$$

对应的活度系数表达式为

$$\ln\gamma_1 = -\ln(x_1 + \Lambda_{12}x_2) + x_2\left(\frac{\Lambda_{12}}{x_1 + \Lambda_{12}x_2} - \frac{\Lambda_{21}}{x_2 + \Lambda_{21}x_1}\right) \tag{6.163}$$

$$\ln\gamma_2 = -\ln(x_2 + \Lambda_{21}x_1) + x_1\left(\frac{\Lambda_{21}}{x_2 + \Lambda_{21}x_1} - \frac{\Lambda_{12}}{x_1 + \Lambda_{12}x_2}\right) \tag{6.164}$$

Wilson 方程实质上只是 Flory – Huggins 理论方程的经验推广，模型中的能量参数 λ_{ij} 虽然取决于分子间力，但是并没有严格的物理意义。

显然 Wilson 方程对二元溶液是一个两参数方程，对含有 c 个组分的多元溶液，共有 $c(c-1)/2$种二元组合，因此其 Wilson 参数应有 $c(c-1)$个。这些参数值均可以由相应的二元实验数据回归得到，无须用到任何多元系数据，这是 Wilson 方程和早期多元活度系数方程相比的一大优点。

多元系的 Wilson 方程为

$$\frac{g^E}{RT} = -\sum_{i=1}^{m} x_i \ln\left(\sum_{j=1}^{m} x_j \Lambda_{ij}\right) \tag{6.165}$$

其中

$$\Lambda_{ij} = \frac{v_j}{v_i}\exp\left(-\frac{\lambda_{ij}-\lambda_{ii}}{RT}\right) \tag{6.166}$$

对多元溶液中任一组分 k 的活度系数表达式为

$$\ln\gamma_k = 1 - \ln\left(\sum_{j=1}^{m} x_j \Lambda_{kj}\right) - \sum_{i=1}^{m}\frac{x_i \Lambda_{ik}}{\sum_{j=1}^{m} x_j \Lambda_{ij}} \tag{6.167}$$

通过 Wilson 模型参数 Λ_{ij}可大体判断二元溶液的非理想性。对理想溶液，$\Lambda_{ij}=\Lambda_{ji}=1$，$\Lambda_{ij}$与 1 偏离越远，表明该溶液的非理想性越强。当 Λ_{ij}和 Λ_{ji} 均大于 1 时，表明该溶液呈负偏差($g^E<0$)；反之，当两者均小于 1 时，表明该溶液呈正偏差($g^E>0$)；而当两者之一大于 1 而另一个小于 1 时，则表明该溶液的非理想性不十分显著。

Λ_{ij}值可由式(6.166)通过二元交互作用能量参数($\lambda_{ij}-\lambda_{ii}$)值确定，而后者需要通过 $i-j$ 二元气—液平衡数据回归确定，其值可为正值或负值。($\lambda_{ij}-\lambda_{ii}$)受温度影响较小，在不太宽的温度范围内可以视为常数。当($\lambda_{ij}-\lambda_{ii}$)和($\lambda_{ij}-\lambda_{jj}$)取为常数时，应注意，按式(6.166)计算，$\Lambda_{ij}$和 Λ_{ji}并非常数，将随温度 T 变化。因而 Wilson 的活度系数方程式(6.167)实际上近似包含了温度对活度系数的影响。

Wilson 方程的适用范围很广，对含烃、醇、酮、醚、氰、酯类以及含水、硫、卤类的互溶溶液均能获得良好结果。Null 曾对 42 组具有不同程度非理想性的二元气—液平衡数据分别采用 Wilson 和早期著名的 van Laar、Margules 及 Scatchard-Hammer 方程进行关联，得到以下结论：

(1)对具有负偏差和较小正偏差的体系($\gamma_{max}^{\infty}\leqslant 1.25$)，如丙酮—氯仿、苯—氯苯和四氯化碳—正庚烷，各方程的拟合误差接近，均能较好地表达实验数据。

(2)对具有中等正偏差的体系($1.25\leqslant\gamma_{max}^{\infty}\leqslant 10$)，如丙酮—甲醇、丙酮—水和苯—苯胺，各方程的适用性也无显著区别，总的来说，Wilson 方程的误差要小一些。

(3)对具有很大正偏差的系统($\gamma_{max}^{\infty}\geqslant 10$)，如四氯化碳—乙醇、乙醇—正庚烷和甲醇—苯，Wilson 方程则显示出明显的优越性(部分互溶系统如乙腈—水除外)。

Wilson 方程虽然具有前述优点，但却不适用于部分互溶体系。Orye 通过在 Wilson 的方程中增加一项，使其能扩展应用于部分互溶体系。Orye 提出的二元系方程为

$$\frac{g^E}{RT} = -x_1\ln(x_1+x_2\Lambda_{12}) - x_2\ln(x_2+x_1\Lambda_{21}) - \frac{x_2\ln(\Lambda_{12}\Lambda_{21})}{(x_1+\Lambda_{12}x_2)(x_2+\Lambda_{21}x_1)} \tag{6.168}$$

其中参数的定义同 Wilson 模型。

McCann 在 Guggenheim 似晶格溶液理论的基础上导出和式(6.168)类似的 g^E 方程：

$$\frac{g^E}{RT}=-x_1\ln(x_1+x_2\Lambda_{12})-x_2\ln(x_2+x_1\Lambda_{21})-\frac{Kx_2\ln(\Lambda_{12}\Lambda_{21})}{(x_1+\Lambda_{12}x_2)(x_2+\Lambda_{21}x_1)} \tag{6.169}$$

式中引入了第三个参数 K，显然对 Orye 方程，$K=1$，而对 Wilson 方程，$K=0$。式（6.169）对应的活度系数方程为

$$\ln\gamma_1=\ln\gamma_1^{\text{Wilson}}-\frac{Kx_2\ln(\Lambda_{12}\Lambda_{21})}{(x_1+\Lambda_{12}x_2)(x_2+\Lambda_{21}x_1)}\left[1+x_1\left(1-\frac{1}{x_1+\Lambda_{12}x_2}-\frac{\Lambda_{21}}{x_2+\Lambda_{21}x_1}\right)\right] \tag{6.170}$$

$$\ln\gamma_2=\ln\gamma_2^{\text{Wilson}}-\frac{Kx_2\ln(\Lambda_{12}\Lambda_{21})}{(x_2+\Lambda_{21}x_1)(x_1+\Lambda_{12}x_2)}\left[1+x_2\left(1-\frac{1}{x_2+\Lambda_{21}x_1}-\frac{\Lambda_{12}}{x_1+\Lambda_{12}x_2}\right)\right] \tag{6.171}$$

式中，$\ln\gamma_i^{\text{Wilson}}$ 指按 Wilson 方程计算出的活度系数。需要注意的是，对同一二元系的 Wilson 方程和 McCann 方程，其中的$(\lambda_{12}-\lambda_{11})$及$(\lambda_{12}-\lambda_{22})$值并不相等。

对多元系，各组分的活度系数 γ_i 表达式为

$$\ln\gamma_i=\ln\gamma_i^{\text{Wilson}}-K\sum_j\frac{x_j\ln(\Lambda_{ij}\Lambda_{ji})}{\sum_p\Lambda_{ip}x_p\sum_p\Lambda_{jp}x_p}\alpha_{ij}-\frac{1}{2}K\sum_{k\neq i}\sum_{j\neq i\neq k}\frac{x_jx_k\ln(\Lambda_{jk}\Lambda_{kj})}{\sum_p\Lambda_{jp}x_p\sum_p\Lambda_{kp}x_p}\alpha_{ijk} \tag{6.172}$$

其中

$$\alpha_{ij}=1+x_i\left(1-\frac{1}{\sum_p\Lambda_{ip}x_p}-\frac{\Lambda_{ij}}{\sum_p\Lambda_{jp}x_p}\right) \tag{6.173}$$

$$\alpha_{ijk}=1-\frac{\Lambda_{ij}}{\sum_p\Lambda_{jp}x_p}-\frac{\Lambda_{ki}}{\sum_p\Lambda_{kp}x_p} \tag{6.174}$$

对互溶体系，McCann 方程可取得与 Wilson 方程近似的效果，但前者因公式过于复杂，所以计算耗时长。一些精馏计算表明，采用 McCann 方程计算活度系数时，耗时常为 Wilson 方程的 2 ~ 3 倍。

Tsuboka 和 Kalayama 也曾对 Wilson 方程作出改进，称之为 T-K-Wilson 方程。T-K-Wilson 方程的 g^E 表达式为

$$\frac{g^E}{RT}=\sum_i x_i\left[\ln\left(\sum_j x_jv_j/v_i\right)-\ln\left(\sum_j x_j\Lambda_{ij}\right)\right] \tag{6.175}$$

对应的活度系数方程为

$$\ln\gamma_i=-\ln\left(\sum_j x_j\Lambda_{ij}\right)-\sum_k\frac{x_k\Lambda_{ki}}{\sum_j x_j\Lambda_{kj}}+\ln\left(\sum_j x_jv_j/v_i\right)+\sum_k x_k\left(\frac{v_k/v_i}{\sum_j x_jv_j/v_k}\right) \tag{6.176}$$

2. NRTL 方程

在导出 Wilson 方程时,有两个步骤带有一定的任意性:(1)用 式(6.156)和式(6.157)表示局部分子分数和总体平均分子分数间的关系;(2)用局部体积分数代替 Flory-Huggins 方程中的总体平均体积分数。Renon 将 Wilson 的式(6.156)和式(6.157)修改成和 Guggenheim 的似化学理论相符的形式,并在 Scott 的双流体理论(图 6.8)所示的基础上提出了 NRTL 模型,即非随机双液体模型(nonrandom two liquid model)。

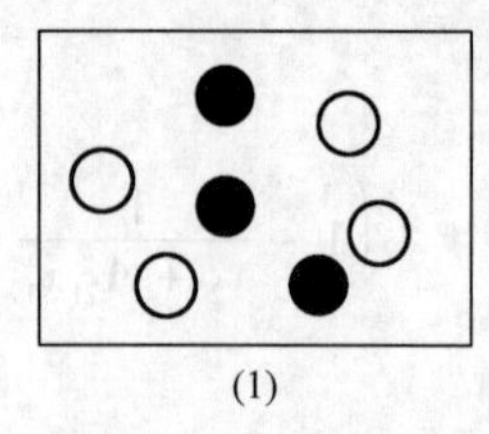
(1)

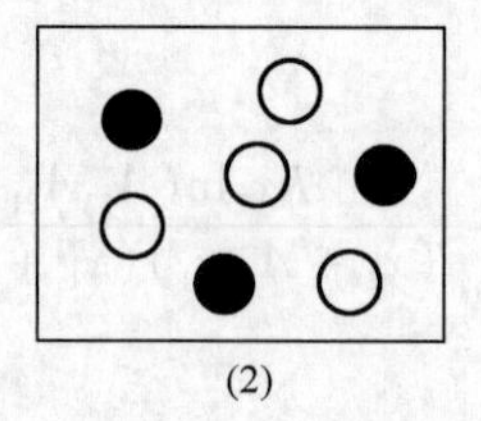
(2)

图 6.8 双流体理论的基本思想(二元混合物:黑色代表分子 1,白色代表分子 2)
(1)以分子 1 为中心的虚拟流体;(2)以分子 2 为中心的虚拟流体

Scott 和 Leland 等提出的双流体理论可以用图 6.8 作简单说明。如图所示的二元混合物,每一个分子被其他分子紧紧围绕,称任何中心分子周围的紧邻区域为该分子的胞腔。在由组分 1 和组分 2 组成的混合物中,有两种胞腔:以分子 1 为中心的胞腔 1 和以分子 2 为中心的胞腔 2。令 $M^{(1)}$ 为仅含第一种胞腔的虚拟流体的某种容量位形性质,$M^{(2)}$ 为仅含第二种胞腔的位形性质,则

$$M_{混合} = x_1 M^{(1)} + x_2 M^{(2)} \tag{6.177}$$

则二元混合物的摩尔 Gibbs 自由能可以通过两种虚拟纯物质的摩尔 Gibbs 自由能的摩尔平均值来表示,即

$$g = x_1 g^{(1)} + x_2 g^{(2)} \tag{6.178}$$

式中,$g^{(1)}$ 和 $g^{(2)}$ 是各胞腔的摩尔 Gibbs 自由能,它们是由分子 1 和分子 1、分子 2 和分子 2 以及分子 1 和分子 2 组成的分子对的摩尔 Gibbs 自由能 g_{11}、g_{22} 和 g_{12} 以及构成胞腔的各分子对所占的比例计算得到的,即

$$g^{(1)} = X_{21} g_{21} + X_{11} g_{11} \tag{6.179}$$

$$g^{(2)} = X_{12} g_{12} + X_{22} g_{22} \tag{6.180}$$

$$X_{21} + X_{11} = 1 \tag{6.181}$$

$$X_{12} + X_{22} = 1 \tag{6.182}$$

Renon 等采用与 Wilson 类似的方法求得各胞腔中的分子对分率,用各分子对的摩尔 Gibbs 自由能替代了 Wilson 方程中的参数 λ_{ij}。对于胞腔 1 有

$$\frac{X_{21}}{X_{11}} = \frac{x_2 \exp(-\alpha_{21} g_{21}/RT)}{x_1 \exp(-\alpha_{11} g_{11}/RT)} \tag{6.183}$$

式中,新引入的参数 α_{12} 是表示组分 1 和组分 2 非随机混合(有序)特性的常数。于是胞腔 1 中分子 2 和分子 1 组成的分子对的分数可按式(6.184)计算:

$$X_{21} = \frac{x_2 \exp(-\alpha_{21}\tau_{21})}{x_1 + x_2 \exp(-\alpha_{21}\tau_{21})} = \frac{x_2 G_{21}}{x_1 + x_2 G_{21}} \tag{6.184}$$

其中

$$\tau_{21} = (g_{21} - g_{11})/RT, G_{21} = \exp(-\alpha_{21}\tau_{21}) \tag{6.185}$$

同理可得胞腔 2 中分子 1 和分子 2 组成的分子对分数的计算式：

$$X_{12} = \frac{x_1 \exp(-\alpha_{12}\tau_{12})}{x_2 + x_1 \exp(-\alpha_{12}\tau_{12})} = \frac{x_1 G_{12}}{x_2 + x_1 G_{12}} \tag{6.186}$$

其中

$$\tau_{12} = (g_{12} - g_{22})/RT, G_{12} = \exp(-\alpha_{12}\tau_{12}) \tag{6.187}$$

值得注意的是

$$\begin{aligned} g_{12} &= g_{21} \\ \alpha_{12} &= \alpha_{21} \end{aligned} \tag{6.188}$$

纯物质的摩尔 Gibbs 自由能 $g_{\text{pure}}^{(1)} = g_{11}, g_{\text{pure}}^{(2)} = g_{22}$，则二元混合物的过量 Gibbs 自由能 g^E 的计算式为

$$\begin{aligned} g^E &= x_1 g^{(1)} + x_2 g^{(2)} - x_1 g_{11} - x_2 g_{22} \\ &= x_1 X_{21}(g_{21} - g_{11}) + x_2 X_{12}(g_{12} - g_{22}) \end{aligned} \tag{6.189}$$

将局部摩尔分数 X_{21} 和 X_{12} 的表达式式(6.184)和式(6.186)代入式(6.189)得

$$\frac{g^E}{RT} = x_1 x_2 \left(\frac{\tau_{21} G_{21}}{x_1 + x_2 G_{21}} + \frac{\tau_{12} G_{12}}{x_2 + x_1 G_{12}} \right) \tag{6.190}$$

对应的二元系活度系数表达式(NRTL 方程)为

$$\ln\gamma_1 = x_2^2 \left[\frac{\tau_{21} G_{21}^2}{(x_1 + x_2 G_{21})^2} + \frac{\tau_{12} G_{12}}{(x_2 + x_1 G_{12})^2} \right] \tag{6.191}$$

$$\ln\gamma_2 = x_1^2 \left[\frac{\tau_{12} G_{12}^2}{(x_2 + x_1 G_{12})^2} + \frac{\tau_{21} G_{21}}{(x_1 + x_2 G_{21})^2} \right] \tag{6.192}$$

NRTL 方程是一个三参数方程，对每一对二元系有三个可调参数 $g_{12} - g_{22}$（或 τ_{12}）、$g_{21} - g_{11}$（或 τ_{21}）和 α_{12}，其数值可由二元气—液平衡数据确定。对多元系，NRTL 的 g^E 表达式为

$$\frac{g^E}{RT} = \sum_{i=1}^{m} x_i \frac{\sum_{j=1}^{m} \tau_{ji} G_{ji} x_j}{\sum_{l=1}^{m} G_{li} x_l} \tag{6.193}$$

其中

$$\tau_{ji} = (g_{ji} - g_{ii})/RT \tag{6.194}$$

$$G_{ji} = \exp(-\alpha_{ji}\tau_{ji}) \tag{6.195}$$

$$\alpha_{ij} = \alpha_{ji} \tag{6.196}$$

相应的组分 i 的活度系数表达式为

$$\ln\gamma_i = \frac{\sum_{j=1}^{m} \tau_{ji} G_{ji} x_j}{\sum_{l=1}^{m} G_{li} x_l} + \sum_{j=1}^{m} \frac{x_j G_{ij}}{\sum_{l=1}^{m} G_{lj} x_l} \left(\tau_{ij} - \frac{\sum_{r=1}^{m} x_r \tau_{rj} G_{rj}}{\sum_{l=1}^{m} G_{lj} x_l} \right) \tag{6.197}$$

对含 m 个组分的多元系,NRTL 方程共有 $3m(m-1)/2$ 个二元交互作用参数,这些参数均可由二元系的气—液平衡数据确定而无须任何多元系数据。

NRTL 模型中的常数 α_{12} 可以与 Guggenheim 的似化学理论中的配位数 z 的倒数建立一定的联系,但其数值间有一定的出入。实验数据表明,α_{12} 通常在 0.2～0.47,可将其视为一经验常数。

严格说来,NRTL 方程中的交互作用参数$(g_{21}-g_{11})$和$(g_{12}-g_{22})$是温度的函数。图 6.9 表示环己烷(1)—乙醇(2)和硝基乙烷(1)—异辛烷(2)系的$(g_{21}-g_{11})$和$(g_{12}-g_{22})$随温度的变化情况。由图可见,两者呈线性关系,由于$(g_{ij}-g_{ii})$的变化范围一般不大,因此通常可取平均值作为常数(例如,可取由等压气—液平衡关联得到的平均能量参数)。

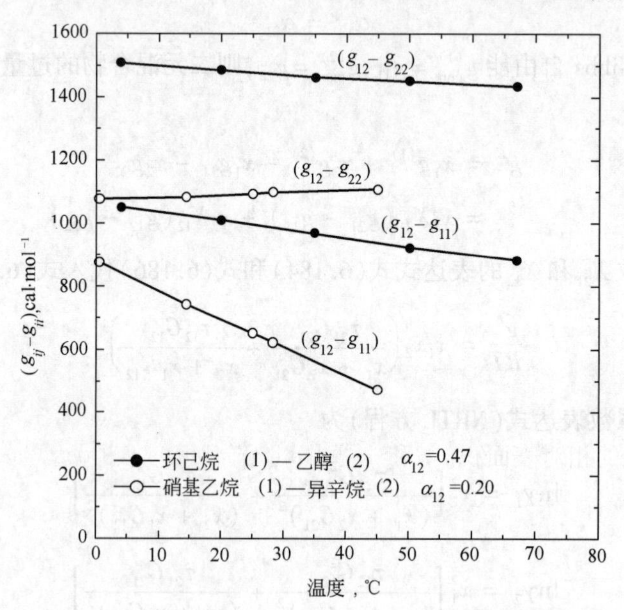

图 6.9 交互作用能量参数$(g_{ij}-g_{ii})$随温度 T 的变化情况

NRTL 方程的交互作用参数$(g_{21}-g_{11})$和$(g_{12}-g_{22})$也可以由无限稀释的活度系数来确定。当 $x_1\to 0$ 时,由式(6.191)有

$$\ln\gamma_1^\infty = \tau_{21} + \tau_{12}G_{12} \tag{6.198}$$

当 $x_2\to 0$ 时,由式(6.192)有

$$\ln\gamma_2^\infty = \tau_{12} + \tau_{21}G_{21} \tag{6.199}$$

于是,在给定的 T 和 α_{12} 下,由一对 $\gamma_1^\infty(T)$ 和 $\gamma_2^\infty(T)$ 的数据便可定出 τ_{12} 和 τ_{21} 的值;相应$(g_{21}-g_{11})$和$(g_{12}-g_{22})$的值则可分别由式(6.185)和式(6.187)求出。

NRTL 与 Wilson 方程都是适用性较广的活度系数关联式,与 Wilson 方程相比,NRTL 方程的优点在于可描述部分互溶体系的液—液平衡。

3. UNIQUAC 方程

Abrams 和 Prausnitz 提出的 UNIQUAC 模型是通用似化学近似(universal quasichemical)模型的简称。该方程的建立一方面是基于晶格理论和似化学近似的严谨推导结果,另一方面也经验性地引入了局部组成的概念。该方程的严格推导比较复杂,涉及晶格理论和 Guggenheim 的似化学溶液理论等基础知识。

UNIQUAC 方程中的 g^E 由两部分组成,一是组合部分(combinatorial part),用于描述占支配地位的熵的贡献;另一部分是剩余部分(residual part),主要描述分子间相互作用能的贡献。于是 g^E 可表示为

$$g^E = g^E(\text{组合}) + g^E(\text{剩余}) \tag{6.200}$$

对二元混合物,UNIQUAC 方程 g^E 的形式为

$$\frac{g^E(\text{组合})}{RT} = x_1\ln\frac{\phi_1^*}{x_1} + x_2\ln\frac{\phi_2^*}{x_2} + \frac{z}{2}\left(q_1x_1\ln\frac{\theta_1}{\phi_1^*} + q_2x_2\ln\frac{\theta_2}{\phi_2^*}\right) \tag{6.201}$$

$$\frac{g^E(\text{剩余})}{RT} = -q_1'x_1\ln(\theta_1' + \theta_2'\tau_{21}) - q_2'x_2\ln(\theta_2' + \theta_1'\tau_{12}) \tag{6.202}$$

式中,z 为晶格配位数(lattice coordination number),一般取 z 为 10。节分数(segment fraction)ϕ_i^*、面积分数(area fraction)θ_i 与 θ_i'分别表示为

$$\phi_1^* = \frac{r_1x_1}{r_1x_1 + r_2x_2},\phi_2^* = \frac{r_2x_2}{r_1x_1 + r_2x_2} \tag{6.203}$$

$$\theta_1 = \frac{q_1x_1}{q_1x_1 + q_2x_2},\theta_2 = \frac{q_2x_2}{q_1x_1 + q_2x_2} \tag{6.204}$$

$$\theta_1' = \frac{q_1'x_1}{q_1'x_1 + q_2'x_2},\theta_2' = \frac{q_2'x_2}{q_1'x_1 + q_2'x_2} \tag{6.205}$$

式中,体积参数(volume parameter)r 相当于分子所含的链节数目,面积参数(area parameter)q 和 q'则代表了分子的相对表面积。r 和 q 可由 Bondi 给出的 van der Waals 容积和表面积来求定。在原始的 UNIQUAC 方程中,几何外表面 q 和作用表面 q' 相等。为使含水和低级醇的体系的数据得到较好的拟合,Anderson 经验地调整了水和醇的 q'值。除水和低级醇外,对其他组分都有 $q = q'$。

每个二元混合物包含有两个可调参数 τ_{12}和 τ_{21},分别通过特征能量 Δu_{12}和 Δu_{21}表示:

$$\tau_{12} \equiv \exp\left(-\frac{u_{12} - u_{22}}{RT}\right) \equiv \exp\left(-\frac{\Delta u_{12}}{RT}\right) \tag{6.206}$$

$$\tau_{21} \equiv \exp\left(-\frac{u_{21} - u_{11}}{RT}\right) \equiv \exp\left(-\frac{\Delta u_{21}}{RT}\right) \tag{6.207}$$

值得注意的是,组合部分仅包含纯组分的数据,而剩余部分除包含纯组分参数外,还包含两个二元交互作用能量参数。

由二元系的 UNIQUAC 的 g^E 方程可导出相应的活度系数表达式为

$$\begin{aligned}\ln\gamma_1 &= \ln\frac{\phi_1^*}{x_1} + \frac{z}{2}q_1\ln\frac{\theta_1}{\phi_1^*} + \phi_2^*\left(l_1 - \frac{r_1}{r_2}l_2\right)\\ &\quad - q_1'\ln(\theta_1' + \theta_2'\tau_{21}) + \theta_2'q_1'\left(\frac{\tau_{21}}{\theta_1' + \theta_2'\tau_{21}} - \frac{\tau_{12}}{\theta_2' + \theta_1'\tau_{12}}\right)\end{aligned} \tag{6.208}$$

$$\begin{aligned}\ln\gamma_2 &= \ln\frac{\phi_2^*}{x_2} + \frac{z}{2}q_2\ln\frac{\theta_2}{\phi_2^*} + \phi_1^*\left(l_2 - \frac{r_2}{r_1}l_1\right)\\ &\quad - q_2'\ln(\theta_2' + \theta_1'\tau_{12}) + \theta_1'q_2'\left(\frac{\tau_{12}}{\theta_2' + \theta_1'\tau_{12}} - \frac{\tau_{21}}{\theta_1' + \theta_2'\tau_{21}}\right)\end{aligned} \tag{6.209}$$

其中

$$l_1 = \frac{z}{2}(r_1 - q_1) - (r_1 - 1) \tag{6.210}$$

$$l_2 = \frac{z}{2}(r_2 - q_2) - (r_2 - 1) \tag{6.211}$$

适用于多元系的 UNIQUAC 方程的通用形式为

$$\frac{g^E(\text{组合})}{RT} = \sum_{i=1}^{m} x_i \ln \frac{\phi_i^*}{x_i} + \frac{z}{2}\sum_{i=1}^{m} q_i x_i \ln \frac{\theta_i}{\phi_i^*} \tag{6.212}$$

$$\frac{g^E(\text{剩余})}{RT} = -\sum_{i=1}^{m} q'_i x_i \ln\Big(\sum_{j=1}^{m} \theta'_j \tau_{ij}\Big) \tag{6.213}$$

式中，z 一般取 10，节分数 ϕ_i^* 和面积分数 θ_i 与 θ'_i 由下式计算：

$$\phi_i^* = \frac{r_i x_i}{\sum_{j=1}^{m} r_j x_j}, \theta_i = \frac{q_i x_i}{\sum_{j=1}^{m} q_j x_j}, \theta'_i = \frac{q'_i x_i}{\sum_{j=1}^{m} q'_j x_j} \tag{6.214}$$

任一组分 i 的活度系数表达为

$$\ln\gamma_i = \ln \frac{\phi_i^*}{x_i} + \frac{z}{2} q_i \ln \frac{\theta_i}{\phi_i^*} + l_i - \frac{\phi_i^*}{x_i}\sum_{j=1}^{m} x_j l_j$$

$$- q'_i \ln\Big(\sum_{j=1}^{m} \theta'_j \tau_{ji}\Big) + q'_i - q'_i \sum_{j=1}^{m} \frac{\theta'_j \tau_{ij}}{\sum_{k=1}^{m} \theta'_k \tau_{kj}} \tag{6.215}$$

其中

$$\tau_{ji} \equiv \exp\left(-\frac{u_{ji} - u_{ii}}{RT}\right) = \exp\left(-\frac{\Delta u_{ji}}{RT}\right) \tag{6.216}$$

$$l_j = \frac{z}{2}(r_j - q_j) - (r_j - 1), z = 10 \tag{6.217}$$

UNIQUAC 方程适用于含非极性和极性组分（如烃类、醇、腈、酮、醛、有机酸等）以及各种非电解质水溶液（其中包括部分互溶体系物）。

与 NRTL 和 Wilson 方程相比，UNIQUAC 方程要稍复杂一些，但它具有下述优点：(1) 仅用两个可调参数便可应用于液—液平衡体系（NRTL 模型需要三个）；(2) 其参数值随温度的变化较小；(3) 由于其主要浓度变量是表面积分数（而非分子分数），因此 UNIQUAC 方程还可应用于大分子（聚合物）溶液。

通过作不同的简化假定，可将 UNIQUAC 方程转化成前面述及的一些方程。

4. 基团贡献法

前面介绍的活度系数方程中均含有需通过二元气—液平衡数据关联得到的二元交互作用能量参数。对一个含 c 个组分的多元溶液，需定出每个二元对的参数，即 $c(c-1)$ 个二元参数值。尽管从一些手册上可以查到常见二元对的参数值，但因生产中涉及的组分极多，往往难以收集到完整的二元参数值，导致实际应用的困难，基团贡献法便是针对这一问题而提出的。

基团贡献的概念很早就已应用于一些物性的计算，比如密度、黏度、表面张力、热容和纯组分的临界参数等。基团贡献法的基本假设是认为各组分的性质可通过其结构基团的有关性质采用叠加的方法确定，即认为各个基团所起的作用是独立的，和分子中其他的基团无关。因此可将种类繁多的化合物分子剖析成为数不多的基团（20～50 个，至多 100 个），仅考虑基团间的交互作用，而不再考虑分子间的交互作用，从而可以使用很少的基团参数来推算大量多元混合物的物性，使物性预测大为简化。

基团贡献法在活度系数计算中的应用直至 20 世纪 60 年代始有报道。Derr 和 Deal 在 1969 年国际精馏会议上所提出的基团解析法，即所谓的 ASOG 方法（Analytical-Solution-Of-Group），其实质是将 Wilson 方法应用于基团溶液活度系数的计算。目前应用最广泛、最具代表性的基团贡献法活度系数模型是 Fredenslund 等所提出的 UNIFAC 模型（UNIQUAC Functional-group Activity Coefficients）。

UNIFAC 模型是将基团贡献法应用于 UNIQUAC 活度系数方程而建立的。与 UNIQUAC 模型相同，它也将 $\ln\gamma_i$ 表示为组合项 $\ln\gamma_i^{C}$ 与剩余项 $\ln\gamma_i^{R}$ 两部分之和：

$$\ln\gamma_i = \ln\gamma_i^{C} + \ln\gamma_i^{R} \tag{6.218}$$

其组合部分与 UNIQUAC 方程的组合部分基本一致：

$$\ln\gamma_i^{C} = \ln\frac{\phi_i}{x_i} + \frac{z}{2}q_i\ln\frac{\theta_i}{\phi_i} + l_i - \frac{\phi_i}{x_i}\sum_{j=1}^{m}x_j l_j \tag{6.219}$$

$$l_j = \frac{z}{2}(r_j - q_j) - (r_j - 1) \tag{6.220}$$

其中，配位数 $z=10$。只是分子的体积与表面积参数改由式（6.221）和式（6.222）计算：

$$r_i = \sum_k v_k^{(i)} R_k \tag{6.221}$$

$$q_i = \sum_k v_k^{(i)} Q_k \tag{6.222}$$

式中，$v_k^{(i)}$ 是分子 i 中基团 k 的数目，而 R_k 与 Q_k 则分别表示基团 k 的体积和表面积参数。R_k 与 Q_k 可分别按 Bondi 所给出的各基团的 van der Waals 体积 V_k 及表面积 A_k 由式（6.223）和式（6.224）求得

$$R_k = V_k/15.17 \tag{6.223}$$

$$Q_k = A_k/(2.5\times10^9) \tag{6.224}$$

标准化因子 15.17 和 2.5×10^9 是由 Abrams 和 Prausnitz 给出的。由于 R_k 和 Q_k 分别用 V_k 和 A_k 与相应的标准值之比值，因此均为无因次参数。

这里应该指出的是，基团的划分并无严格规定，例如对脂族醇中羟基的位置（伯醇或仲醇）可以不加区分或加以区分。原则上划分越细，关联的精度越高，但划分过细、基团的数目过多将有失基团法的优点。

UNIFAC 模型的剩余部分与 UNIQUAC 模型有较大不同：

$$\ln\gamma_i^{R} = \sum_k v_k^{(i)}(\ln\Gamma_k - \ln\Gamma_k^{(i)}) \tag{6.225}$$

其中，$\ln\Gamma_k$ 是基团 k 在实际混合物中的剩余活度系数，而 $\ln\Gamma_k^{(i)}$ 是仅存在分子 i 时基团 k 的剩余活度系数。后者对于满足限制条件 $x_i\to1$ 时 $\gamma_i^{R}\to0$ 十分重要。$\ln\Gamma_k$ 与 $\ln\Gamma_k^{(i)}$ 的形式相同，并且与 UNIQUAC 模型中分子 i 的剩余部分的活度系数公式在形式上相似：

$$\ln\Gamma_k = Q_k\left[1 - \ln\left(\sum_m \theta_m\psi_{mk}\right) - \sum_m \frac{\theta_m\psi_{mk}}{\sum_n \theta_n\psi_{nk}}\right] \tag{6.226}$$

式中基团 m 的表面积分数定义为

$$\theta_m = \frac{X_m Q_m}{\sum_n X_n Q_n} \tag{6.227}$$

而 X_m 是基团 m 在溶液中的摩尔分数：

$$X_m = \frac{\sum_j v_m^{(j)} x_j}{\sum_n \sum_j v_n^{(j)} x_j} \tag{6.228}$$

ψ_{mk}为基团 m 与基团 k 之间的交互作用参数：

$$\psi_{mk} = \exp\left(-\frac{a_{mk}}{T}\right) \tag{6.229}$$

式中，$a_{mk} \neq a_{km}$，当 $m = k$ 时，$a_{mk} = 0$，$\psi_{mk} = 1$。

UNIFAC 模型是目前最为常用的基团贡献模型。随着 UNIFAC 模型的不断修正和发展，其应用范围也在不断扩大。目前该模型不仅用于中低压气—液相平衡计算，而且还被推广到过量焓计算、液—液平衡计算、固—液平衡计算、聚合物溶液计算、纯物质的蒸气压估算和闪点计算等领域。

6.8.6 活度系数模型的比较

综合以上分析，将主要活度系数模型的特点总结如下：

（1）Margules、van Laar 等经验性较强方程的优点是形式简单，易于从活度系数数据求取参数，以及能够描述包括部分互溶体系在内的偏离理想状态较大的二元混合物。但它们没有三元或更高的交互作用参数时将无法应用于多元系。

（2）Wilson 方程只需用二元参数就能很好地表示二元和多元混合物的气—液平衡。相对于 NRTL 和 UNIQUAC 方程，Wilson 方程的形式比较简单，对二元系的回归精度较高。虽然原型的 Wilson 方程无法应用于液—液平衡，但经改进后的 T－K－Wilson 方程在保留简单形式的前提下即可应用于液—液平衡。

（3）NRTL 方程在表示二元和多元系的气—液与液—液平衡方面是相当好的，且对水溶液体系的描述常优于其他方程。NRTL 的形式较 UNIQUAC 简单，其唯一缺点是对每一对组分包含有三个参数，但第三个参数 α 往往可依据组分的化学特性估计。实际上，不少研究者已习惯于将 α 作为一常数使用，例如在 DECHEMA LLE Data Collection 中，对所有混合物均采用$\alpha = 0.2$。

（4）UNIQUAC 方程对每一对组分虽然也只有两个参数，但它的形式最复杂。该方程包含了纯组分的分子表面和体积信息，这些数值可通过基团贡献法估算。正由于这一原因，该法特别适用于分子大小相差较大的混合物。UNIQUAC 方程只需二元参数和纯组分参数便可适用于多元系的气—液和液—液平衡计算。以 UNIQUAC 为基础的 UNIFAC 基团模型在相平衡计算中正得到越来越广泛的应用。

6.9 活度系数的实验测定与可靠性检验

对活度系数进行实验测定,不仅是分析溶液的热力学行为特征、开发合理的溶液热力学模型(主要是活度系数模型)的基础,也是确定已有的活度系数模型参数的基础。除了 UNIFAC 基团模型之外,其他的活度系数模型参数均需要用实验数据拟合得到。可以说是先有活度系数实验数据,后有活度系数模型及相关模型参数。因此,对活度系数进行实验测定是一项重要的基础性工作。

6.9.1 活度系数的实验测定方法

活度系数不能像温度、压力、体积和组成那样能直接测定,只能通过测定温度、压力、体积和组成来间接获得。目前活度系数主要通过进行汽—液相平衡实验来取得。基本的试验方法是:在一个密闭的平衡釜中,在指定的温度和压力条件下使溶液部分汽化,建立起汽—液相平衡;然后分别对汽相和液相进行取样,用色谱等分析仪器对所得样品进行分析,获得平衡时的汽相和液相组成,而温度和压力则可通过温度表和压力表读取。如果有必要,还可以对汽相和液相的密度用密度仪进行测定。当得到温度、压力、液相组成和汽相组成数据,即得到 T-p-x-y 数据以后,就可以利用相平衡原理计算确定液相中各组分的活度系数。基本的计算公式为

$$\gamma_i = \frac{y_i p \hat{\phi}_i^{\mathrm{V}}}{x_i \phi_i^{\mathrm{s}} p_i^{\mathrm{s}}} \tag{6.230}$$

式(6.230)的推导在下一章将会给出,其中纯组分的饱和蒸气压 p_i^{s} 可由附录Ⅳ中的关联式计算,而纯组分饱和蒸气的逸度系数 ϕ_i^{s} 和汽相的组分逸度系数 ϕ_i^{V} 可选用合适的状态方程准确计算。在压力不高时,式(6.230)可简化为

$$\gamma_i = \frac{y_i p}{x_i p_i^{\mathrm{s}}} \tag{6.231}$$

6.9.2 实验数据的热力学一致性检验

由于受实验设备、操作方法及实验人员素质的影响,所测得的实验数据并不一定都是合理、正确的,需要对其可靠性进行检验,及所谓的实验数据的热力学一致性检验。对活度系数实验数据的热力学一致性进行检验的基本工具是 Gibbs-Duhem 方程。将 Gibbs-Duhem 方程式(6.20)应用于偏摩尔过量 Gibbs 自由能,并结合式(6.113)可得到下面约束混合物中各组分活度系数的普遍化关系式:

$$s^E \mathrm{d}T - v^E \mathrm{d}p + \sum_i x_i \mathrm{d}(RT\ln\gamma_i) = 0 \tag{6.232}$$

对简单的等温、等压情况,有

$$\sum x_i \mathrm{d}\ln\gamma_i = 0 \tag{6.233}$$

Gibbs-Duhem 方程表明:混合物中各组分的活度系数不是相互独立的,而是存在一定的内在联系。我们所测得的活度系数实验数据如果可靠的话,则它们应该满足 Gibbs-Duhem 方程;如果不满足,则表明这些数据并不可靠。以下讨论几种基于 Gibbs-Duhem 方程的热力学一致性检验方法。

1. 斜率检验法

等温、等压下可将二元系对应的式(6.206)整理成如下形式：

$$x_1\frac{\mathrm{d}\ln\gamma_1}{\mathrm{d}x_1}=-x_2\frac{\mathrm{d}\ln\gamma_2}{\mathrm{d}x_1}\tag{6.234}$$

式(6.234)可应用于低压下等温活度系数实验数据的检验。

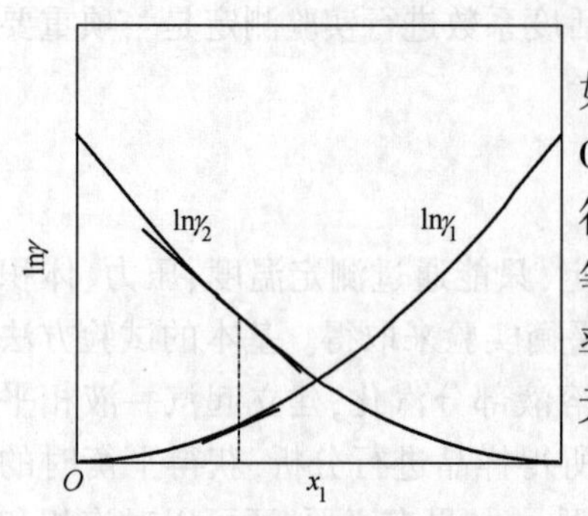

图 6.10　斜率检验法检验实验数据

由实验数据分别作出 $\ln\gamma_1$—x_1 和 $\ln\gamma_2$—x_1 的标绘曲线，如图 6.10 所示。对于任一组成两条曲线的斜率均应符合 Gibbs-Duhem 方程式(6.234)，即 $\mathrm{d}\ln\gamma_1/\mathrm{d}x_1$ 和 $\mathrm{d}\ln\gamma_2/\mathrm{d}x_1$ 的符号必须相反，当 $x_1=x_2=0.5$ 时，两曲线斜率的数值应相等。上述斜率检验法虽然看来简便可行，但是由于实际上斜率难以准确量度，因此该法除去可用作大致判断实验数据有无严重错误外，并不能作为一种可靠的检验方法。

2. 积分检验法

另一种较简便的检验方法为 Redlich 和 Kister 以及 Herington 提出的所谓积分检验法。

首先，由式(6.232)可知，对二元系的等温汽—液平衡有

$$x_1\mathrm{d}\ln\gamma_1+x_2\mathrm{d}\ln\gamma_2=\frac{v^E}{RT}\mathrm{d}p\tag{6.235}$$

对式(6.235)积分得到

$$\int_{x_1=0}^{x_1=1}x_1\mathrm{d}\ln\gamma_1+\int_{x_1=0}^{x_1=1}x_2\mathrm{d}\ln\gamma_2=\int_{x_1=0}^{x_1=1}\frac{v^E}{RT}\mathrm{d}p\tag{6.236}$$

若采用处于混合物温度下的纯液体作标准态，则有：当 $x_1\to1$ 时，$\ln\gamma_1\to0$；当 $x_1\to0$ 时，$\ln\gamma_2\to0$。

注意到 $\mathrm{d}x_1=-\mathrm{d}x_2$，因此式 (6.236)的左方可化为

$$\begin{aligned}\text{左边}&=\int_{x_1=0}^{x_1=1}x_1\mathrm{d}\ln\gamma_1+\int_{x_1=0}^{x_1=1}x_2\mathrm{d}\ln\gamma_2\\&=[x_1\ln\gamma_1]_{x_1=0}^{x_1=1}-\int_{x_1=0}^{x_1=1}\ln\gamma_1\mathrm{d}x_1+[x_2\ln\gamma_2]_{x_1=0}^{x_1=1}-\int_{x_1=0}^{x_1=1}\ln\gamma_2\mathrm{d}x_2\\&=-\int_{x_1=0}^{x_1=1}\ln\frac{\gamma_1}{\gamma_2}\mathrm{d}x_1\end{aligned}\tag{6.237}$$

于是得到以下检验等温活度系数实验数据的公式：

$$\int_{x_1=0}^{x_1=1}\ln\frac{\gamma_1}{\gamma_2}\mathrm{d}x_1=-\int_{x_1=0}^{x_1=1}\frac{v^E}{RT}\mathrm{d}p\tag{6.238}$$

液相混合物的 v^E 一般很小，而且实验时总压变化不大，因此式(6.238) 可简化为

$$\int_{x_1=0}^{x_1=1}\ln\frac{\gamma_1}{\gamma_2}\mathrm{d}x_1=0\tag{6.239}$$

将 $\ln(\gamma_1/\gamma_2)$ 对 x_1 作图，如图 6.11 所示。若图中 A、B 两部分的面积相等，表明所测活度系数实验数据是可靠的。实际上，由于实验误差，两个面积不可能完全相等，允许的误差视溶液的非理想性和所要求的精度而定。对于具有中度非理想性的体系，一般可取：

$$\left|\frac{\text{面积}A - \text{面积}B}{\text{面积}A + \text{面积}B}\right| < 0.02 \tag{6.240}$$

作为符合热力学一致性的判别标准。面积值的求取，可以直接采用图解积分，也可使用电子计算机先找出 $\ln(\gamma_1/\gamma_2)$ 与 x_1 的函数关系式，然后再积分求得面积值，此法既迅速又准确。

式(6.239)适用于等温数据，而对于等压数据，过量焓常不可忽略，式(6.239)不能适用。对于二元系的等压活度系数实验数据，由式(6.232)可得

$$x_1 \mathrm{d}\ln\gamma_1 + x_2 \mathrm{d}\ln\gamma_2 = -\frac{h^E}{RT^2}\mathrm{d}T \tag{6.241}$$

采用与等温活度系数类似的方法可以得到二元系等压活度系数实验数据的检验公式：

$$\int_{x_1=0}^{x_1=1} \ln\frac{\gamma_1}{\gamma_2}\mathrm{d}x_1 = \int_{x_1=0}^{x_1=1} \frac{h^E}{RT^2}\mathrm{d}T \tag{6.242}$$

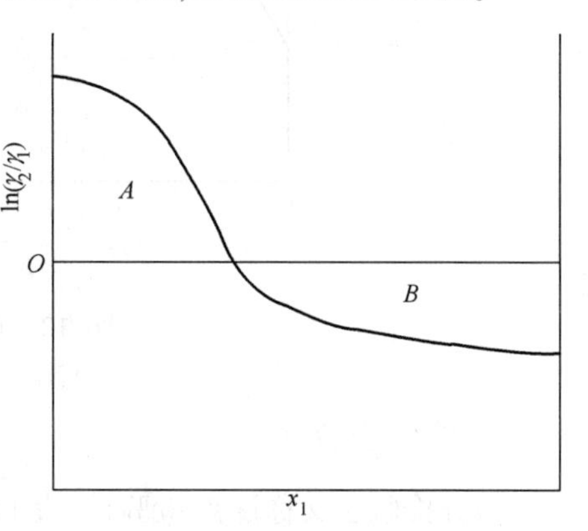

图 6.11　积分检验示意图

式(6.242)右方项对极性—非极性和极性—极性体系一般不可忽略。由于混合热随组成变化的数据一般不具备，因此式(6.242)右方项的积分值实际上很难确定。对等压汽—液平衡，Herington 曾推荐采用以下的半经验方法来检验二元等压数据的热力学一致性。以 $\ln(\gamma_1/\gamma_2)$ 对 x_1 作图，令

$$D = \frac{|I|}{\sum} \times 100 \tag{6.243}$$

其中，I 和 $\sum$ 分别定义为

$$I = \int_{x_1=0}^{x_1=1} \ln\frac{\gamma_1}{\gamma_2}\mathrm{d}x_1$$

$$\sum = \int_{x_1=0}^{x_1=1} \left|\ln\frac{\gamma_1}{\gamma_2}\right|\mathrm{d}x_1 \tag{6.244}$$

又令

$$J = \frac{150\theta}{T_{\min}} \tag{6.245}$$

式中，θ 为两组分的沸点差，若有共沸物生成，需取最大沸点差（图 6.12）。$T_{\min}$ 为 $x_1=0$ 至 $x_1=1$ 间的最低沸点。式中经验常数 150 是 Herington 分析典型有机溶剂混合热数据后得到的经验常数。Herington 建议，如果 $(D-J)<10$，便可认为实验数据是符合热力学一致性的。面积检验法虽然被广泛采用，但是该法对实验数据进行的是整体检验而非逐点检验，不仅需要整个浓度范围内的实验数据，而且很有可能因实验误差的相互抵消造成面积检验虽符合要求，但数据并非符合热力学一致的情况。下面介绍的微分检验法可以克服这一缺点。

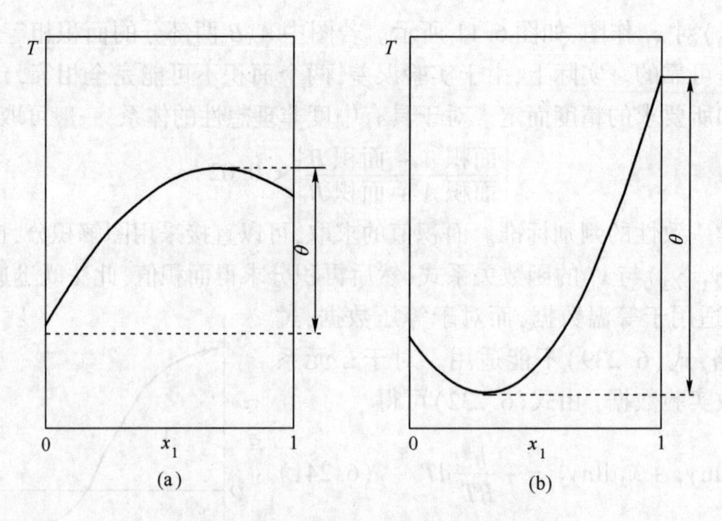

图 6.12　形成共沸物体系的最大沸点差

(a) 最高沸点混合物；(b) 最低沸点混合物

3. 微分检验法

微分检验法又称逐点检验法，是以实验数据作出 $g^E/RT—x$ 曲线为基础进行逐点检验。对于二元系，已知过量 Gibbs 自由能 g^E 与活度系数 $\ln\gamma_i$ 的关系如下：

$$\frac{g^E}{RT} = x_1\ln\gamma_1 + x_2\ln\gamma_2 \tag{6.246}$$

由所测 γ_i 值绘制出如图 6.13 所示的 $g^E/RT—x_1$ 曲线。

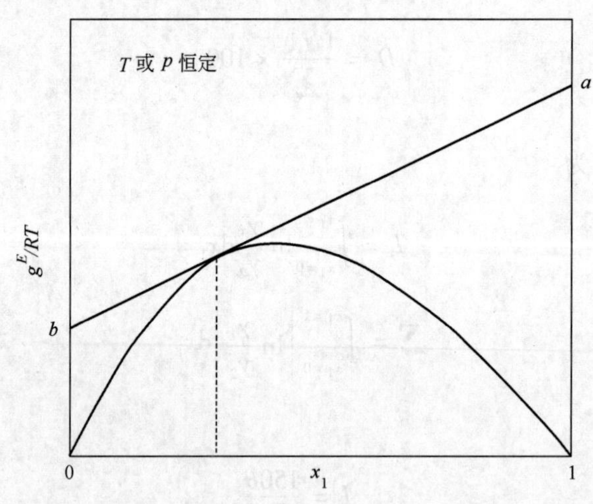

图 6.13　微分检验法

在任一组成下，对该曲线作切线，此切线于 $x_1=0$ 和 $x_1=1$ 轴上的截距应分别为

$$a = \frac{g^E}{RT} + (1 - x_1)\frac{\mathrm{d}(g^E/RT)}{\mathrm{d}x_1} \tag{6.247}$$

$$b = \frac{g^E}{RT} - x_1\frac{\mathrm{d}(g^E/RT)}{\mathrm{d}x_1} \tag{6.248}$$

将式(6.246)在等温、等压下对 x_1 微分：

$$\frac{d(g^E/RT)}{dx_1} = x_1\frac{d\ln\gamma_1}{dx_1} + \ln\gamma_1 + x_2\frac{d\ln\gamma_2}{dx_1} - \ln\gamma_2$$

$$= \ln\gamma_1 - \ln\gamma_2 + \beta \tag{6.249}$$

由 Gibbs-Duhem 方程可知

对等温数据：

$$\beta = x_1\frac{d\ln\gamma_1}{dx_1} + x_2\frac{d\ln\gamma_2}{dx_1} = \left(\frac{v^E}{RT}\right)\frac{dp}{dx_1} \tag{6.250}$$

对等压数据：

$$\beta = x_1\frac{d\ln\gamma_1}{dx_1} + x_2\frac{d\ln\gamma_2}{dx_1} = -\left(\frac{h^E}{RT^2}\right)\frac{dT}{dx_1} \tag{6.251}$$

将式(6.246)和式(6.249)分别代入式 (6.247)与式(6.248)，得

$$a = \ln\gamma_1 + x_2\beta \tag{6.252}$$

$$b = \ln\gamma_2 - x_1\beta \tag{6.253}$$

以上两式表明，由截距 a 和 b 值可以定出 $\ln\gamma_1$ 与 $\ln\gamma_2$ 值。如果定出的活度系数值和实测数据相符，则表明该点数据符合热力学一致性。显然对每一点数据均可按照上述方法进行检验。在微分检验中，对等温数据，由于液相的 $v^E \ll RT$，可取 $\beta=0$。但对等压实验数据，β 值需按式(6.251)计算。前面已经提到，由于混合热 h^E 的数据很少，β 值一般难以确定。对某些体系的等压数据，如组分沸点相近、化学结构相似，又无共沸点形成，也可取 $\beta=0$ 进行检验。

微分检验法的缺点是需对每一点数据作切线，而切线一般很难作准确。

【例 6.9】 有两套乙醇(1)—水(2)的汽—液平衡数据，温度分别为 25.0℃、54.8℃，见表 6.2。试用热力学一致性方法检验两套数据的可靠性。

表 6.2 乙醇(1)—水(2)体系等温汽—液平衡数据

$T=25.0$℃			$T=54.8$℃		
x_1	y_1	p,Pa	x_1	y_1	p,Pa
0.122	0.474	5572.8	0.00	0.00	15545.3
0.163	0.531	6026.1	0.0916	0.4753	25717.8
0.226	0.562	6386.1	0.1157	0.5036	27224.3
0.320	0.582	6759.4	0.2120	0.5723	30517.4
0.337	0.589	6799.4	0.2375	0.5828	29850.8
0.437	0.620	7026.1	0.2671	0.5888	31637.3
0.440	0.619	7039.4	0.3698	0.6151	32997.2
0.579	0.685	7306.0	0.4788	0.6554	34210.4
0.830	0.849	7786.0	0.6102	0.7102	35277.0
—	—	—	0.9145	0.9145	36783.5
—	—	—	1	1	36690.2

解:由于实验体系压力不高,汽相可按理想气体处理,活度系数可由式(6.231)计算:

$$\gamma_i = \frac{p}{p_i^s}\frac{y_i}{x_i}$$

以25.0℃的第一点为例,计算如下:

$$\gamma_1 = \frac{py_1}{p_1^s x_1} = \frac{5572.8 \times 0.474}{7839.3 \times 0.122} = 2.762$$

$$\gamma_2 = \frac{py_2}{p_2^s x_2} = \frac{5572.8 \times 0.526}{3159.7 \times 0.878} = 1.057$$

乙醇、水在25.0℃、54.8℃下的饱和蒸气压可由Antoine方程计算。

对于恒温数据,采用式(6.239)进行校验。对于25.0℃的第一点,则有

$$\ln\frac{\gamma_2}{\gamma_1} = \ln\frac{1.057}{2.762} = -0.961$$

按以上的方法计算各点数据,计算结果列于表6.3,图6.14上描绘了两个温度下$\ln(\gamma_2/\gamma_1)$与x_1的曲线,图解积分的结果列于表6.4。

表6.3　乙醇(1)—水(2)体系的热力学一致性检验的计算结果

$T=25.0$℃		$T=54.8$℃	
x_1	$\ln(\gamma_2/\gamma_1)$	x_1	$\ln(\gamma_2/\gamma_1)$
0.122	−0.961	0.0916	−1.337
0.163	−0.852	0.1157	−1.187
0.226	−0.572	0.2120	−0.747
0.320	−0.176	0.2375	−0.642
0.337	−0.128	0.2671	−0.510
0.437	0.116	0.3698	−0.143
0.440	0.425	0.4788	0.131
0.579	0.450	0.6102	0.411
0.830	0.767	0.9145	0.859

表6.4　图解积分的计算结果

T,℃	$\int_0^1\left(\ln\frac{\gamma_2}{\gamma_1}\right)\mathrm{d}x_1$	$\int_0^1\left\|\ln\frac{\gamma_2}{\gamma_1}\right\|\mathrm{d}x_1$	$D-J(J=0)$
25.0	0.0856	0.590	14.5
54.8	−0.0299	0.653	4.6

由表6.4中的结果表明,25.0℃的汽—液平衡实验数据并不符合热力学一致性,应该舍弃,而54.8℃的数据要比较好一些。

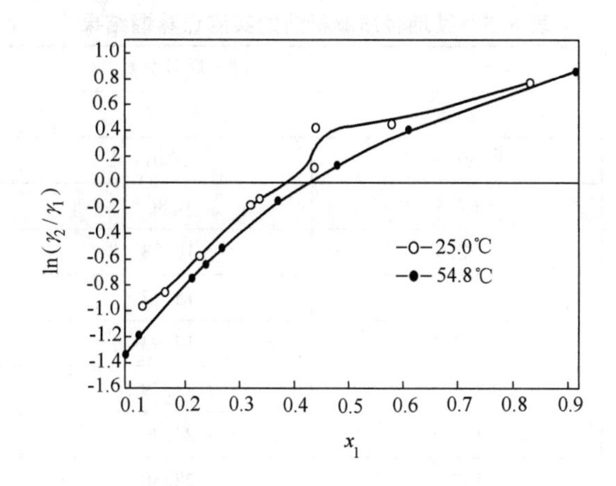

图 6.14　乙醇(1)—水(2)体系热力学一致性的校验图

6.10　石油混合物的处理

众所周知,石油是极其复杂的烃类混合物,含有的组分不计其数。因此,在对石油混合物进行相平衡和物性计算前需先加以适当的处理。

6.10.1　两类处理方法

第一类称为假组分法,也是目前应用最广的方法。该法是将石油中的非明确馏分(C_7 以后)分割为若干假组分,每个假组分(实际上仍为混合物)作为一个虚拟的纯组分参与运算。这样石油混合物的相平衡计算便可按一般的多元系处理。

第二类方法是将石油当作含有无限多组分的混合物,其组成可通过适当的分布函数来表达。这类方法首先由 Kehlen 和 Ratzsch 提出,被称为连续热力学法(continuous thermodynamics method)。虽然这种方法似乎比假组分法合理,但因计算较为复杂,而且经一些研究者的检验其计算精度一般并不优于假组分法,因此本节仅讨论假组分法。

6.10.2　石油组分的分析

一个石油样品(馏分油或原油)的组成可通过实沸点(true boiling point,简称 TBP)蒸馏或色谱模拟蒸馏(GCTBP)来测定。作为典型示例,表 6.5 给出一轻质凝析油的实沸点蒸馏结果。

通过实沸点蒸馏或色谱模拟蒸馏可将一个石油样品切割成一系列窄沸程的窄馏分,根据各个窄馏分的沸点范围可确定其平均沸点(或称中沸点)。当采用实沸点蒸馏时,由于使用的样品量较大(一般为 5 ~ 15L),在蒸馏过程中可收集到一定数量的窄馏分样品,从而可测得各个窄馏分的密度和平均分子量。然而当使用色谱模拟蒸馏时,由于注入色谱的油样很少,不可能取得各窄馏分的物性数据。在这种情况下,通常是参照 Kalz 和 Firoozabadi 提供的表格(见表 6.6)来估计各窄馏分的密度和平均分子量。这些密度和平均分子量数据将成为进一步估计各窄馏分其他性质(临界温度、临界压力和偏心因子等)的基础。

表 6.5 某地轻质凝析油的实沸点蒸馏结果

沸点范围,℃	平均沸点,℃	馏出质量分数,%	密度(20℃),g·cm^{-3}
1~40	20.5	1.07	—
40~60	50.0	2.46	0.6690
60~75	67.5	6.86	0.7420
75~90	82.5	10.03	0.7388
90~105	97.5	15.37	0.7479
105~120	112.5	17.93	0.7430
120~135	127.5	21.39	0.7488
135~150	142.5	24.79	0.7537
150~165	157.5	28.80	0.7624
165~180	172.5	30.52	0.7644
180~195	187.5	33.40	0.7784
195~210	202.5	36.70	0.7788
210~225	217.5	39.42	0.7851
225~240	232.5	43.69	0.8034
240~255	247.5	48.51	0.8160
255~270	262.5	52.07	0.8120
270~285	277.5	56.31	0.8111
285~300	292.5	60.45	0.8109
300~315	307.5	64.37	0.8158
315~330	322.5	69.68	0.8214
330~345	337.5	75.02	0.8254
345~360	352.5	78.25	0.8244
360~375	367.5	81.62	0.8260
375~390	382.5	84.40	0.8339
390~405	397.5	86.93	0.8391
405 以上	—	100	0.8762

注:凝析油的平均分子量为 181.0,凝析油的油密度(20℃)为 0.7952g·cm^{-3}。

表 6.6 **Katz-Firoozabadi 推荐的石油馏分中各碳原子数烃 C_n 的性质**

C_n	沸点范围,℃	平均沸点,℃	密度(20℃),g·cm^{-3}	平均分子量
C_6	36.5~69.2	63.9	0.685	84
C_7	69.2~98.9	91.9	0.722	96
C_8	98.9~126.1	116.7	0.745	107
C_9	126.1~151.3	142.2	0.764	121
C_{10}	151.3~174.6	165.8	0.778	134
C_{11}	174.6~196.4	187.2	0.789	147
C_{12}	196.4~216.8	208.3	0.8	161
C_{13}	216.8~235.9	227.2	0.811	175

续表

C_n	沸点范围,℃	平均沸点,℃	密度(20℃),$g \cdot cm^{-3}$	平均分子量
C_{14}	235.9~253.9	246.4	0.822	190
C_{15}	253.9~271.1	266	0.832	206
C_{16}	271.1~287.3	283	0.839	222
C_{17}	287~303	300	0.847	237
C_{18}	303~317	313	0.852	251
C_{19}	317~331	325	0.857	263
C_{20}	331~344	338	0.862	275
C_{21}	344~357	351	0.867	291
C_{22}	357~369	363	0.872	305
C_{23}	369~381	375	0.877	318
C_{24}	381~392	386	0.881	331
C_{25}	392~402	397	0.885	345
C_{26}	402~413	408	0.889	359
C_{27}	413~423	419	0.893	374
C_{28}	423~432	429	0.896	388
C_{29}	432~441	438	0.899	402
C_{30}	441~450	446	0.902	416
C_{31}	450~459	455	0.906	430
C_{32}	459~468	463	0.909	444
C_{33}	468~476	471	0.912	458
C_{34}	476~483	478	0.914	472
C_{35}	483~491	486	0.917	486
C_{36}		493	0.919	500
C_{37}		500	0.922	514
C_{38}		508	0.924	528
C_{39}		515	0.926	542
C_{40}		522	0.928	556
C_{41}		528	0.93	570
C_{42}		534	0.931	584
C_{43}		540	0.933	598
C_{44}		547	0.935	612
C_{45}		553	0.937	626

①C_n 烃组分实际上包含同一碳原子数不同结构的烃;

②平均沸点=正构烷烃常压下沸点+0.5℃。

无论是采用实沸点蒸馏或是色谱模拟蒸馏都会得到一蒸馏残液,该残液所占的质量分数往往很大(例如对重质油品),其中仍含有大量烃组分,因此残液仍是一个极复杂的混合物。为保证石油相平衡和有关热力学性质计算的可靠性,通常还需采用数学方法对残液的特性进行进一步的剖析,称之为"+馏分"的特征化(characterization of plusfraction)。

6.10.3 “+ 馏分”的特征化

对“+馏分”进行特征化一般包含以下几项内容：(1)确定“+ 馏分”中单碳原子组分(single carbon number component，简称 SCN)的分布；(2)将 SCN 组分合并(lumping)为数目较少的假组分；(3)确定所有假组分的性质(临界温度、压力和偏心因子等)。以下将依次分别予以介绍。

1. SCN 组分的分布

“+馏分”中 SCN 组分的分布可通过适当的分布函数来表示，最简单是 Pedersen 等建议的对数分布，即

$$\ln z_i = A + B \times C_n \tag{6.254}$$

式中，z_i 指 SCN 组分 i 的摩尔分数，C_n 为 SCN 组分 i 的碳原子数。常数 A 和 B 可由已知的“+馏分”的摩尔分数 z_p 及平均分子量 MW_p 定出，即 A，B 值需满足以下约束条件：

$$z_p = \sum_i z_i \tag{6.255}$$

$$MW_p = \sum_i z_i MW_p / z_p \tag{6.256}$$

对碳原子数为 7 ~45 的 SCN 组分，其 MW_i 可采表 6.6 中 Kalz 和 Firoozabadi 推荐的数值，当 $C_n > 45$ 时则可按下式推算：

$$MW_{C_n} = 4.0 + 14.0 \times C_n \tag{6.257}$$

2. SCN 组分的相对密度(或密度)分析

Pedersen 等建议“+ 馏分”SCN 组分 i 的相对密度(SG_i)可按下式估计：

$$SG_i - SG_{n_0} = D\ln \frac{n_i}{n_0} \tag{6.258}$$

式中，n_i 指 SCN 组分 i 的碳原子数；$n_0 = n_p - 1$，n_p 则指“+ 馏分”中最轻组分的碳原子数；D 是一常数。当拥有完整的实沸点蒸馏数据时，常数 D 可通过拟合残液以前各窄馏分的相对密度数据确定。如无该项数据，则可采用 Newton - Raphson 法通过联解式(6.258)和下式确定 D 值：

$$SG_p - \frac{\sum_i z_i MW_i}{\sum_i (z_i MW_i / SG_i)} = 0 \tag{6.259}$$

式中，SG_p 是指整个“+ 馏分”的实测相对密度。上式实际上是假定 SCN 组分混合时其体积具有加和性。

3. SCN 组分的组合

由于通过分析函数分割得到的 SCN 组分数目太多，为节省时间，在进行相平衡计算前必须予以组合(lumping)成若干个假组分。组合的原则并无严格的规定，通常是按每个假组分的摩尔分数或质量分数近似相等。关于应组合成几个假组分也没有统一标准，一般对较重的油

品(如原油)取3个假组分便已足够,对较轻的石油馏分可取多一些,但很少需要超过10个假组分。适宜的假组分数可通过相平衡计算结果来判断。

6.10.4 假组分临界性质和偏心因子的确定

在应用状态方程对石油馏分进行相平衡和物性计算时,必须拥有各个组分的临界温度(T_c)、临界压力(p_c)和偏心因子(ω)的数据,但因各个假组分并非纯组分,上述性质无法从手册上查到,必须通过经验关联式来估计。文献中有许多T_c、p_c、ω关联式(通常关联成假组分平均沸点T_B的函数),本节仅介绍Win和Edmister的关联式。

1. Win关联式

$$T_c = \exp[4.2009 T_B^{0.08615} SG^{0.04614}]/1.8 \tag{6.260}$$

$$p_c = 6.1483 \times 10^{12} T_B^{-2.3177} SG^{2.4853} \tag{6.261}$$

式中,T_c和T_B的单位是K,p_c的单位为Pa,SG是15.6℃/15.6℃下的相对密度。

2. Edmister的偏心因子关联式

$$\omega = \frac{3}{7}\left[\frac{\lg(p_c/1.013 \times 10^5)}{T_c/T_b - 1}\right] - 1 \tag{6.262}$$

式中,p_c的单位为Pa。

◇ 习　　题 ◇

1. 试推导出对于二元体系,偏摩尔性质与摩尔性质之间存在下列关系式:

$$\overline{M}_1 = M_m - x_2\left(\frac{\partial M_m}{\partial x_2}\right)_{T,p} = M_m + x_2\left(\frac{\partial M_m}{\partial x_1}\right)_{T,p}$$

$$\overline{M}_2 = M_m - x_1\left(\frac{\partial M_m}{\partial x_1}\right)_{T,p} = M_m + x_1\left(\frac{\partial M_m}{\partial x_2}\right)_{T,p}$$

2. 某二元系在某恒定温度和压力下的摩尔混合焓和组成的关系为

$$\Delta H = x_1 x_2 (100 x_1^2 + 50 x_2^2)$$

式中,ΔH的单位为$J \cdot mol^{-1}$。计算组分1在无限稀释状态时的偏摩尔焓和其在同温、同压下纯1组分摩尔焓的差值。

3. 向体积为$1m^3$的纯A液体中加入0.001mol的B组分,液体的体积增加量为$0.0001m^3$,若A、B纯态时的液相摩尔体积比为2∶1,求溶液中组分B的偏摩尔体积。

4. 推导维里方程(截止到第二维里系数项)的总逸度系数和组分逸度系数的表达式。已知混合物的第二维里系数和纯组分的维里系数有下面的关系:

$$nB = \frac{1}{n}\sum_i \sum_j n_i n_j B_{ij}$$

5. 推导下面逸度系数和温度及压力的关系:

(1) $\left(\frac{\partial \ln f}{\partial p}\right)_T = \frac{v}{RT}$;　$\left(\frac{\partial \ln \hat{f}_i}{\partial p}\right)_{T,x} = \frac{\overline{V}_i}{RT}$。

(2) $\left(\frac{\partial \ln f}{\partial T}\right)_p = -\frac{H - H^{id}}{RT^2}$；$\left(\frac{\partial \ln \hat{f}_i}{\partial T}\right)_{p,x} = -\frac{\overline{H}^i - H_i^{id}}{RT^2}$。

6. 推导 R-K 方程对应的纯物质和混合物组分逸度系数的表达式，并计算纯甲烷在 -120℃下饱和液体和饱和蒸气的逸度，看看二者是否相同，分析其原因。已知 -120℃时甲烷的饱和蒸气压为 1.21 MPa。

7. 证明：对于 A、B 两组分组成的溶液，若 A 高浓度范围内其分逸度符合 Lewis-Randall 规则，则 B 组分逸度一定符合 Henry 定律。

8. 推导 van Laar 方程对应的活度系数表达式式(6.129)和式(6.130)。

9. 证明 van Laar 方程中的两参数 A' 和 B' 必须同号。

10. 若测得二元溶液组分 A 的活度系数和组成具有下面的关系：

$$\ln\gamma_A = \frac{x_2^2}{(x_2 + 2x_1)^2}$$

试求另一个组分 B 的活度系数表达式。

11. 若在 T、p 下，两组分混合物中组分 1 的偏摩尔体积可表示如下：

$$\overline{V}_1 = V_1 + \alpha \cdot x_2^2$$

其中，α 仅为温度的函数。试求：(1)组分 2 的偏摩尔体积 $\overline{V}_2$ 的表达式；

(2)混合物体积 V 的表达式；

(3)V^E、$\overline{V}_1^E$ 和 $\overline{V}_2^E$ 的表达式。

12. 下列方程式是根据一固定 T、P 下测得的某体系的活度系数的关联式：

$$\ln\gamma_1 = x_2(a + bx_2), \ln\gamma_2 = x_1(a + bx_1)$$

(1)由以上关系式推导 $\frac{g^E}{RT}$ 的关系式；

(2)由所得的 $\frac{g^E}{RT}$ 关系式再推导出 $\ln\gamma_1$ 和 $\ln\gamma_2$ 关联式，是否可重新得到上面所测的式子；

(3)原活度系数关联式是否满足 Gibbs - Duhem 方程。

13. 试问两尾标的 Margules 方程能否描述具有恒沸点的二元系汽—液相平衡，假设汽相可视为理想气体。

14. 若某二元系的过量 Gibbs 自由能能够用 Wilson 方程来表达，试证明该体系的摩尔 Gibbs 自由能对摩尔分数的 2 阶偏导数一定大于零，即

$$\left(\frac{\partial^2 g}{\partial x_1^2}\right)_{T,p} > 0$$

15. 已知环己烷(1)—乙醇(2)体系对应的 NRTL 模型中的二元交互作用参数如图6.9所示，(1)用 NRTL 模型计算该体系在组成为 $x_1 = 0.2$，温度为 40℃时的活度系数 γ_1 和 γ_2；(2)如果 Wilson 方程中的二元交互作用参数和 NRTL 模型中的二元交互作用参数有下面的关系：$\lambda_{12} - \lambda_{11} = \alpha_{12}(g_{12} - g_{11})$；$\lambda_{12} - \lambda_{22} = \alpha_{12}(g_{12} - g_{22})$，用 Wilson 方程计算该体系在同样条件下的

活度系数。

16. 试以二元系为例，由 Wilson 方程的参数推算两尾标的 Margules 方程的参数。

17. 表 6.7 为某同学在实验中测得的 25℃时的乙醇(1)—水(2)体系的相平衡数据。试计算两组分的活度系数，并分析、考核数据的可靠性。假设汽相均可视为理想气体。

表 6.7　25℃时的乙醇(1)—水(2)体系的相平衡数据

x_1	y_1	p,Pa
0.122	0.474	5572.8
0.163	0.531	6026.1
0.226	0.562	6386.1
0.320	0.582	6759.4
0.337	0.590	6799.4
0.437	0.620	7026.1
0.440	0.619	7039.4
0.579	0.685	7306.0
0.800	0.849	7786.0
0.850	0.869	7886.0
0.880	0.889	7986.0
0.900	0.905	7996.0
0.950	0.950	8006.0
0.980	0.985	8010.0

第7章　相平衡及其计算方法

相平衡是相变完全终止后的稳定状态,相平衡原理是各种基于相变化的分离操作的理论基础。在化工厂里,原料由于含有各种杂质,需要提纯才能进入反应器;反应又常常是不完全的,并伴随有副反应,产物因而需要进一步处理,才能得到产品,并使未反应的原料和副产品得以被利用,所有这些都离不开分离操作。典型的分离操作有精馏、吸收、萃取、结晶等,它们的投资常达整个工厂投资的一半以上,对于有些行业如石油和煤焦油加工等,甚至达到80% ~ 90%。相平衡还和石油天然气的开采和运输有着密切联系。相是指体系中的一个均匀空间部分,其性质和其余部分有区别。每个相都是开系,它能和相邻的相进行物质交换。物质从一相迁移到另一相的过程称为该物质的相迁移过程。从宏观上看,当物质迁移停止时,称为相平衡。这时各相的性质和组成将不随时间而变化。在相平衡的条件下,各相间的有些性质如密度和黏度等相差悬殊,有些性质却完全相同,如压力和温度等。相平衡计算是各种分离过程设计和模拟中最主要的计算内容,是我们所学热力学知识的主要应用场所之一,因此对相平衡的计算方法必须重点掌握。

7.1　相平衡的基本知识

7.1.1　相平衡的判定准则

相平衡指的是混合物形成若干相,这些相之间保持着物理平衡而处于多相共存状态。根据平衡物系的 Gibbs 自由能为最小的原则,可导出相平衡的条件为:各相的温度相等、压力相等,每一组分在各相的化学位也相等。

对于由 N 个组分、π 个相构成的平衡体系,上述平衡条件可用数学式表示为

$$\begin{cases} T^{\alpha} = T^{\beta} = \cdots = T^{\pi} \\ p^{\alpha} = p^{\beta} = \cdots = p^{\pi} \\ \mu_i^{\alpha} = \mu_i^{\beta} = \cdots = \mu_i^{\pi} \end{cases} \quad (i = 1, 2, \cdots, N) \tag{7.1}$$

式(7.1)即为相平衡的化学位判据。当知道 μ_i 随压力、温度和组成的变化规律时,该式就成为定量研究温度、压力和各相组成间相互依赖关系的基础,也是多元、多相体系相平衡热力学的基本方程之一。

在上一章已经指出,由于化学位没有绝对值,需要指定标准态,应用起来很不方便,因此人们用等价的逸度判据代替化学位判据:

$$\begin{cases} T^{\alpha} = T^{\beta} = \cdots = T^{\pi} \\ p^{\alpha} = p^{\beta} = \cdots = p^{\pi} \\ \hat{f}_i^{\alpha} = \hat{f}_i^{\beta} = \cdots = \hat{f}_i^{\pi} \end{cases} \quad (i = 1, 2, \cdots, N) \tag{7.2}$$

式(7.2)就是实际使用的相平衡判据,即在处于相平衡的体系中,各相的温度、压力以及任一组分 i 在各相中的分逸度必须相等。式(7.2)同时也说明,逸度作为一个重要的热力学变

量,它的引入是必要的。

对于 π 相 N 组元体系,其强度变量有 T、p 和各相组成,总变量数应为 $[\pi(N-1)+2]$。但是在体系处于平衡时,这些强度变量并非全是独立的,也就是说,描述物系的平衡状态无需指定全部变量,只要指定其中有限数目的强度变量,其余变量也就随之确定了。这个为了确定平衡状态所需的最少独立变量数就是自由度。利用 Gibbs 于 1875 年提出的相律可以确定体系的自由度数目:

$$F=N-\pi+2 \tag{7.3}$$

自由度表示了确定体系平衡状态所需的最少独立变量数,对于一个具体的相平衡计算问题,自由度即为必须提供的已知变量的个数。如果已知条件数少于自由度,体系就不能确定,当然也就无从进行计算。而如果提供了多余自由度的已知变量,也往往会给问题的求解带来麻烦,这时应对多余的已知变量进行搁置,即认为它未知。可见,准确地确定体系的独立变量数是十分关键的。

7.1.2 相平衡的基本类型及其工业背景

根据平衡时各相的状态,可将相平衡分为以下几种基本类型。

1. 汽—液平衡

汽—液平衡的特点是汽相中的大多数组分在纯态时,在当前系统温度下可以液化,即不是超临界或不凝性组分;汽相可以看作相应液相的蒸气。汽—液平衡是最常见、最典型和最重要的一种相平衡类型,在化工过程中普遍地涉及它。例如,最常见的精馏等平衡级分离过程就是以汽—液平衡为基础的。精馏利用各组分挥发能力的差别,通过汽、液两相逆向多级接触,在热能驱动和相平衡关系的约束下,使得易挥发组分(轻组分)不断从液相往汽相中转移,而难挥发组分却由汽相向液相中迁移,使混合物得到不断分离。

2. 气—液平衡

气—液平衡是指气相中的主要组分为超临界或不凝性组分。通常意义下的气—液平衡涉及的问题主要是气体溶解度的确定问题。气—液平衡也和化工单元操作有着密切的关系,例如吸收分离过程就是以气—液平衡为基础的,它常用于纯化气态产品或从气体混合物中回收有用物质等。在生产过程中,有些混合气的副产品必须回收,如煤气中的芳烃,可采用洗油吸收方法回收芳烃获得粗苯。在合成氨生产过程中,为保证合成氨反应,必须除去变换气中的 CO_2。此外,在三废处理中,排出废气含有有害杂质,常用吸收方法净化,防止污染大气,以便保护环境。

3. 液—液平衡

有些液体只能有限地相互溶解。例如在常温下的汞和己烷,互溶度非常小,以至从实际角度,这两种液体可以看作是完全不互溶的。不仅在二元混合物中可观察到,而且在三元(或更多元)体系中均可见到部分互溶现象。液体的部分互溶性常称为相分裂(phase splitting)。液体之间有限地相互溶解,稳定液相平衡共存的情况即为液—液平衡。萃取单元操作即为利用混合物中各组分在某一溶剂中的溶解度的差异来分离液体混合物。萃取操作在工业上得到广泛应用,在石油化学工业、制药工业、食品工业、湿法冶炼工业、核工业材料提取和环境保护、治理污染中均起到重要作用。

4. 气—固平衡

气—固平衡是指气体与固体在一定条件下达到的平衡状态，一般涉及固体在气体中的溶解平衡（如元素硫在纯硫化氢和富硫化氢酸性气体中的溶解平衡）、气体在固体表面的吸附平衡。气体在固体吸附剂表面上的吸附已经成为化学工业和石油工业中非常重要的分离单元操作，例如用分子筛将空气中的氮气、二氧化碳等吸附，得到高纯度的氧气；从天然气中脱除二氧化碳和硫化物等，这些分离操作方法都在工业中得到了广泛应用，尤其是变压吸附技术已广泛应用于气体混合物分离。

5. 液—固平衡

在液相和固相之间存在两种平衡：

溶解平衡——是在不同的化学物种的液相和固相之间。

熔化平衡——是在同种化学物种的熔融态和固态之间。

晶体从溶液中的析出过程即结晶过程是典型的化工单元操作之一，而沥青质、石蜡的沉积则是石油生产和运输中常见的液—固平衡问题。

6. 气—液—固三相平衡及多相平衡

气—液—固三相平衡体系中存在气、液、固三相，例如，在可生成气体水合物的多元混合物体系中，经常涉及气相、富水相及固态水合物相三相平衡问题，有时更涉及气相、富水相、富液烃相及水合物相四相平衡问题。

在以上各种相平衡类型中，本章将重点介绍汽—液平衡，对其他类型的相平衡问题只做简单介绍。

7.2 汽—液平衡的计算类型与方法

经典热力学本身虽不能提供所需要的平衡性质的值，但它能告知所需的平衡性质和其他平衡性质间的关系。因此，人们并不需测量所有的平衡性质，而只要测量其中的某些平衡性质，凭借热力学的原理计算其他所需的平衡性质。相平衡计算是利用热力学基本原理，根据相平衡系统已知的独立变量确定其他相平衡热力学变量的过程。相平衡涉及的热力学变量主要为温度、压力和各相的组成，而相平衡计算的主要任务也就是确定平衡体系的温度、压力和各相的组成。本节首先对汽—液平衡的特征、汽—液平衡计算的基本类型及相应的算法进行详细介绍。

7.2.1 多元汽—液平衡的特征

和纯流体的汽—液相变和平衡特征不同，多元汽—液相变和平衡比较复杂。图 7.1 是一给定总组成的混合物的 $p—T$ 相图。一条被称为相包线的曲线将流体的相态分成 3 个区，液相区、汽相区和汽—液两相区。相包线包括一个泡点线分支和一个露点线分支，两者被临界点 c 所分隔，临界点左侧为泡点线，右侧为露点线。对于纯流体，露点线和泡点线是重合的，因此在给定温度下，汽—液两相只能在一个压力（饱和蒸气压）下共存；而对于多元流体，在给定温度下，汽—液两相可以在不同的压力下共存，但不同压力对应着不同的汽相、液相分率。泡点线上，液相分率为 1；在露点线上，汽相分率为 1。泡点线是两相区和液相区的分界线；露点线则是两相区和气相区的分界线。在临界点上，两个相同的相处于平衡。在接近临界点的两相区，处于平衡的两相性质几乎相同。在近临界点的单相区，很难区分是气相还是液相，通常称之为压缩流体。

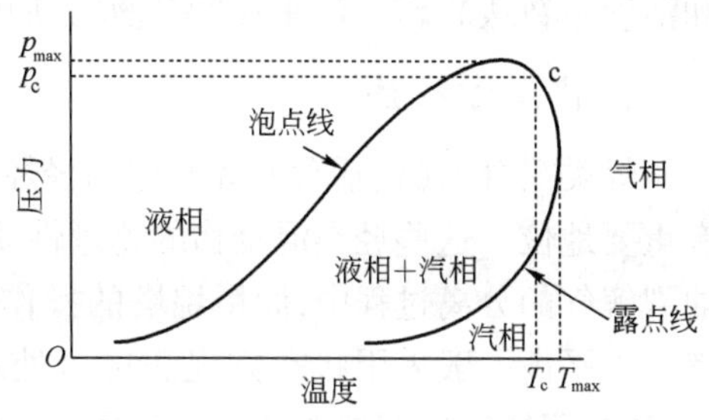

图 7.1 多元体系的 p—T 相图

在相包线的露点线一侧且位于临界温度 T_c 和临界凝析温度 T_{max} 之间的区域，如果在恒定的温度下由露点线压力较低处（低露点）出发提高压力，平衡液相的量将由零逐渐增加到最大值。然后，随压力的进一步提高，液体量却减少，最后在露点线的压力较高处（高露点）变为零，即液相完全汽化，这种现象称为反蒸发，因为正常情况下，压力升高，应该是气体液化，而不是液体蒸发。

同理，在相包线的露点线一侧 T_c 和 T_{max} 之间的区域，如果在恒定温度下降低压力，气体将仍保持为单相气体，在某个压力下液相从气相析出（高露点），但是如压力进一步降低，液相将消失（低露点）。由于降压而导致液相自气体混合物中析出的这一现象称为反冷凝，因为正常情况下，压力降低应该是液体汽化，而不是气体液化。反冷凝或反蒸发出现在 T_c 和 T_{max} 之间的温度区域内。地层温度在该区域内的天然气气藏常被称为凝析气藏，为了保持高的采收率，人们总是努力保持地层压力在高露点压力之上，使重组分不至于冷凝而损失掉。在天然气的处理和运输中也常涉及反冷凝问题，因此对天然气相包线的测定或计算往往是相关生产和设计部门的一项基本工作。

7.2.2 汽—液平衡计算的基本类型

汽—液平衡计算的任务是确定体系处于平衡时的压力、温度及汽相、液相组成。对图 7.2 所示的汽—液平衡体系，温度为 T，压力为 p，平衡汽相（处于露点）的组成为 y_i，而平衡液相（处于泡点）的组成则为 x_i。

若体系含有 C 个组分，则汽—液平衡涉及的独立变量数为 $f = C - 2 + 2 = C$，即汽—液平衡的独立变量数和体系的组分数相同。选择哪几个变量作为独立变量，原则上是任意的。根据独立变量的指定方案不同，可以将汽—液平衡计算分成以下两大类，即泡点、露点计算和平衡闪蒸计算。泡点、露点计算的特点是已知温度、压力、汽相组成、液相组成四者中的两个，去求另两个。平衡闪蒸计算是已知物系的总组成（即 z_i）和其他两个独立的热力学变量（如温度和压力），求平衡体系的汽相分率和汽相、液相组成，所以在闪蒸计算中，汽相、液相组成均是未知的。

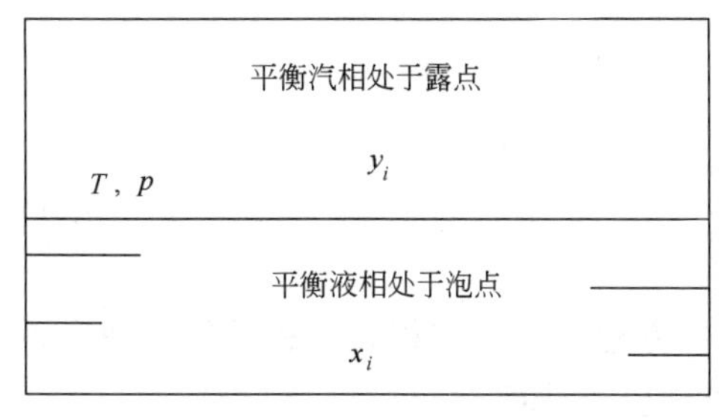

图 7.2 汽—液平衡体系

7.2.3 汽—液平衡计算的基本方法

汽—液平衡数据包括温度 T、压力 p、汽相组成 y_i 及液相组成 x_i。这些数据之间存在着一定的内在联系。在相平衡的条件下，i 组分在汽、液两相中的逸度必须相等。式(7.2)用于汽—液平衡时有

$$\hat{f}_i^{\mathrm{V}} = \hat{f}_i^{\mathrm{L}} \tag{7.4}$$

根据组分逸度计算方法的不同（上一章已经指出，计算组分逸度系数可以有状态方程法

和活度系数法)，汽—液平衡的计算方法可分为状态方程法和活度系数法两种。

1. 状态方程法

烃类混合物(包括含非烃气体的轻烃混合物)的分离在炼油、石油化工和天然气加工中占有重要地位。这些烃类混合物的物理性质决定了对它们的分离大多需在高压下进行，例如石油裂解气的分离过程中，脱甲烷塔的操作压力在3.0MPa以上，而温度在-100℃以下。高压汽—液平衡一般采用状态方程法进行处理。在工业过程中较早采用的状态方程是BWR方程，该方程能够较好地关联实验数据。但它是一个需要很多实验数据才能确定方程常数的拟合型经验方程，且适用的温度范围不宽。Starling和Han改进了BWR方程，提出的BWRS方程扩大了其应用范围，并提高了其预测性和精度。BWRS方程参数多，对其体积根的求算不能采用解析法，只能用迭代法；计算的稳定性较差，占用的机时也比较长。因此，除非一些温度较低的体系，大多数烃类体系的汽—液平衡均采用以PR方程和SRK方程为代表的一些简单的立方型状态方程进行计算。近年来，随着各种修正方法的不断提出，状态方程的混合规则也得到了不断的改进，立方型状态方程已经突破了原有的限于烃类混合物计算的限制，发展到可以用于含极性和含水体系的汽—液平衡计算，甚至可以用于部分互溶体系的计算。

如果采用状态方程法求解汽—液平衡问题，则汽相和液相的组分逸度均由状态方程计算，即

$$\hat{f}_i^{V} = \hat{\phi}_i^{V} y_i p \tag{7.5}$$

$$\hat{f}_i^{L} = \hat{\phi}_i^{L} x_i p \tag{7.6}$$

根据式(7.4)，有

$$\hat{\phi}_i^{L} x_i p = \hat{\phi}_i^{V} y_i p \tag{7.7}$$

定义i组分的相平衡常数K_i为

$$K_i = \frac{y_i}{x_i} \tag{7.8}$$

则

$$K_i = \frac{y_i}{x_i} = \frac{\hat{\phi}_i^{L}}{\hat{\phi}_i^{V}} \tag{7.9}$$

式(7.9)称为用状态方程法求解相平衡问题的工作方程。其中汽相和液相的组分逸度系数$\hat{\phi}_i^{V}$和$\hat{\phi}_i^{L}$均由第2章介绍的状态方程按第6章提供的公式计算：

$$RT\ln\hat{\phi}_i = \int_{\infty}^{V}\left[-\left(\frac{\partial p}{\partial n_i}\right)_{T,V,n_{j\neq i}} + \frac{RT}{V}\right]\mathrm{d}V - RT\ln Z$$

逸度系数的计算结果不仅和所选状态方程有关，还和状态方程所使用的混合物规则有关，有时混合规则的影响甚至超过状态方程本身。

所谓混合规则，就是由纯物质所对应的状态方程参数推算混合物所对应的状态方程参数的方法。目前使用的混合规则主要包括：(1)具有严格理论基础的维里混合规则；(2)经典的van der Waals单流体混合规则；(3)使用与组成有关的交互作用参数的混合规则；(4)局

部组成型混合规则。以下将分别做一些简单介绍。

1)维里型混合规则

维里方程的混合规则是唯一具有严格统计力学基础的混合规则,它不含任意假设;从理论上可以严格导出混合物的第二维里系数 B_m 是摩尔分数的二次函数:

$$B_m = \sum_i \sum_j x_i x_j B_{ij} \tag{7.10}$$

而第 n 维里系数则是摩尔分数的 n 次多项式。

由于通常使用的截断维里方程不适于描述高密度的流体,因此实际工程计算中,维里方程及其严格的混合规则应用较少。但由于该混合规则反映了混合参数对组成的正确依赖关系,因此它成为开发一些状态方程混合规则的基础。例如,BWR 和 BWRS 等方程中其参数的混合规则均参照了维里系数对组成的依赖关系;此外,该混合规则还成为检验其他混合规则理论上正确与否的判据。

2)van der Waals 单流体混合规则

van der Waals 单流体混合规则(简称 vdW 混合规则,也称二次型混合规则)是最简单也是目前最常用的混合规则,主要针对立方型状态方程,其形式如下:

$$b_m = \sum_i \sum_j x_i x_j b_{ij} \tag{7.11}$$

$$a_m = \sum_i \sum_j x_i x_j a_{ij} \tag{7.12}$$

虽然 vdW 混合规则提出时是完全基于经验,但后来的研究表明,在混合物对应状态原理的基础上,对随机混合物建立的 vdW 单流体模型既对应于 vdW 混合规则,而且 vdW 混合规则低密度下又符合维里方程的二次性混合规则。

在 vdW 混合规则中交互参数采用以下的组合规则:

$$b_{ij} = \frac{b_i + b_j}{2} \tag{7.13}$$

$$a_{ij} = \sqrt{a_i a_j}(1 - k_{ij}) \tag{7.14}$$

如果交互参数 b_{ij} 由式(7.13)计算,式(7.11)可简化为

$$b_m = \sum_i x_i b_i \tag{7.15}$$

式(7.14)中的 k_{ij} 称为二元交互作用参数,需要由汽—液平衡实验数据回归得到。但由于其值对温度、压力依赖性低,且认为与组成无关,并不需要太多的实验数据用于 k_{ij} 的关联。许多物质对(如甲烷—乙烷、甲烷—庚烷等)的交互作用参数可以在相关文献中查到,但应注意,不同的状态方程对应的 k_{ij} 值是不同的,使用时要对应好。使用含一个交互作用参数 k_{ij} 的 vdW 混合规则,PR、SRK 等立方型状态方程便可较好地描述非极性、弱极性和对称性较好的体系(如烃类混合物)广泛压力范围内的汽—液平衡,但不能描述强极性和高度非对称的体系。如果在 b_{ij} 的混合规则中引入第二个交互作用参数 l_{ij},即

$$b_{ij} = \frac{b_i + b_j}{2}(1 - l_{ij}) \tag{7.16}$$

可在一定程度上改善这些体系的描述效果,但仍不理想。

3)交互作用参数与组成有关的混合规则

这一混合规则主要是为了将 vdW 混合规则扩展应用于更复杂的体系而提出的。一般是对引力参数 a 的混合规则进行修改,修改后的混合规则与原 vdW 混合规则相比,交互作用参数 k_{ij}变成了组成的函数,因此称之为交互作用参数与组成有关的混合规则。

在关联烃—水体系相平衡数据时,常用到的 Kabadi 和 Danner 混合规则是这类混合规则的代表。它可写为如下形式:

$$a_m = \sum_i \sum_j x_i x_j \sqrt{a_i a_j}(1 - k_{ij}) + 2x_w^2 \sum_i x_i \sqrt{a_i a_w}\, l_{iw} \tag{7.17}$$

式中下标 w 指水,l_{iw}是描述烃—水之间相互作用的另一交互作用参数($l_{ww}=0$)。上式右边第一项实际上是 vdW 混合规则,而第二项则可以看作是对 vdW 混合规则的修正。

显然, Kabadi-Danner 混合规则实际上相当于 vdW 混合规则使用了与组成有关的交互作用参数。

使用此类混合规则可以在不失形式上简单的前提下达到后面将要介绍的 G^E 型混合规则的计算效果,并可较好地关联含极性组分的高度非理想体系的相平衡数据。但该类混合规则不满足低密度边界条件,即不能回复到第二维里系数的二次混合规则,在理论上不够严谨。

4)基于过量自由能(G^E/A^E)模型的局部组成型混合规则

基于状态方程的汽—液平衡模型不适用于液相高度非理想的体系,而由 G^E/A^E模型导出的活度系数模型则可描述非理想溶液的逸度,因而就有研究者试图将两者结合起来。所采用的基本方法是先由所选状态方程导出 G^E/A^E表达式,并使之与用于计算活度系数的G^E/A^E模型联系起来,即

$$\left(\frac{G^E}{RT}\right)_{\text{EOS}} = \left(\frac{G^E}{RT}\right)_{\text{AM}} \tag{7.18}$$

或

$$\left(\frac{A^E}{RT}\right)_{\text{EOS}} = \left(\frac{A^E}{RT}\right)_{\text{AM}} \tag{7.19}$$

式中,下标 EOS 代表状态方程,AM 代表活度系数方程。此方面的研究可参见有关文献。利用此类混合规则,可将通常只能用于烃类体系的立方型状态方程(SRK、PR、PT 等)拓展用于含极性组分的高度非理想体系的汽—液平衡计算,由此可见,混合规则在汽—液平衡计算中的关键作用。

2.活度系数法

如果采用活度系数法求解汽—液平衡问题,则汽相的组分逸度由状态方程计算,而液相的组分逸度由活度系数模型计算,即

$$\hat{f}_i^{\text{V}} = \hat{\phi}_i^{\text{V}} y_i p \tag{7.20}$$

$$\hat{f}_i^{\text{L}} = \gamma_i x_i f_i^0 \tag{7.21}$$

根据式(7.4),有

$$\hat{\phi}_i^{\text{V}} y_i p = \gamma_i x_i f_i^0 \tag{7.22}$$

此时相平衡常数的计算公式为

$$K_i = \frac{y_i}{x_i} = \frac{\gamma_i f_i^0}{\hat{\phi}_i^{\mathrm{V}} p} \tag{7.23}$$

式(7.23)称为活度系数法求解相平衡问题的工作方程。其中汽相的组分逸度 $\hat{\phi}_i^{\mathrm{V}}$ 由状态方程计算,而液相的组分活度系数 γ_i 由第6章介绍的活度系数模型计算。标准态逸度 f_i^0 一般选纯 i 组分在体系温度、压力下的逸度 f_i,其计算方法在第6章已经介绍过。在体系 T 和 p 下,f_i 可由式(7.24)计算:

$$f_i = p_i^{\mathrm{s}} \phi_i^{\mathrm{s}} \exp \frac{1}{RT} \int_{p_i^{\mathrm{s}}}^{p} v_i^{\mathrm{L}} \mathrm{d}p \tag{7.24}$$

式中,p_i^{s} 是纯液体 i 在温度 T 下的饱和蒸气压;ϕ_i^{s} 是纯 i 组分在温度为 T 时的饱和蒸气的逸度系数;指数项称 Poynting 因子,描述压力对液体逸度的影响。若压力对 v_i^{L} 的影响不大,则式(7.24)可写成

$$f_i^0(T, p, x_i = 1) = p_i^{\mathrm{s}} \phi_i^{\mathrm{s}} \exp\left[\frac{v_i^{\mathrm{L}}(p - p_i^{\mathrm{s}})}{RT}\right] \tag{7.25}$$

在蒸气压很低时,$f_i^0 \approx p_i^{\mathrm{s}}$,即纯液体的逸度和其饱和蒸气压近似相等,这一近似假设在低压汽—液平衡计算中常被采用。此时,汽相的组分逸度系数一般也近似认为等于1,而式(7.23)则简化为

$$K_i = \frac{y_i}{x_i} = \frac{\gamma_i p_i^{\mathrm{s}}}{p} \tag{7.26}$$

上式在低压下、无强极性组分时可以适用,在中、高压下均不宜采用。

3. 两种方法的比较

状态方程法和活度系数法各有优越性,可以根据不同的情况加以选用,表7.1对两种方法的优缺点作了比较。

表7.1 状态方程法和活度系数法的比较

方法	优 点	缺 点
状态方程法	1. 不需要标准态 2. 只需要 p—V—T 关系和纯物性数据,即使需要二元交互作用参数,其适用的温度、压力范围也很广 3. 可以用在近临界区 4. 可以包含超临界组分	1. 没有一个状态方程能完全适用于所有的密度范围 2. 受混合规则的影响很大 3. 采用简单混合规则时,对于含极性物质、大分子化合物和电解质的体系很难应用
活度系数法	1. 中、低压相平衡计算简单、比较适合手算 2. 可适用的体系范围广,包括含极性组分、聚合物、电解质的高度非理想体系均能适用,当然更适合仅含非极性组分的体系 3. 采用基团贡献法可预测复杂体系相平衡,无需实测实验数据	1. 高压相平衡计算不方便;难以在近临界区内应用 2. 需要较多的实验数据确定模型参数,且模型参数受到温度的影响 3. 对含有超临界组分的体系应用不够方便,需引入 Henry 定律

状态方程法和活度系数法的工作方程在热力学上是可以做到完全严格的,然而在状态方程和活度系数模型中会有近似因素,从而导致误差的产生。这种近似在不同的条件或不同的体系下各不相同。这也就是在特定的条件下,对特定体系的汽—液平衡数据关联时,不同的方法会导致不同精度的原因。

7.2.4 泡点、露点计算

汽—液平衡计算分为泡点、露点计算和平衡闪点计算两大类,从本节开始,结合汽—液平

衡计算的基本类型及其相对应的算法进行详细介绍。泡点、露点计算是最基本的汽—液平衡计算类型，是在精馏过程模拟计算中需反复进行的基本运算，在其他工艺计算中也常用到。根据独立变量指定的方式不同，它可以进一步分成以下4种：

泡点压力计算，指定液相组成$\{\bar{x}_i\}$和温度T，求汽相组成$\{\bar{y}_i\}$和压力p；

泡点温度计算，指定液相组成$\{\bar{x}_i\}$和压力p，求汽相组成$\{\bar{y}_i\}$和温度T；

露点压力计算，指定汽相组成$\{\bar{y}_i\}$和温度T，求液相组成$\{\bar{x}_i\}$和压力p；

露点温度计算，指定汽相组成$\{\bar{y}_i\}$和压力p，求液相组成$\{\bar{x}_i\}$和温度T。

当指定了温度T或压力p以及液相或汽相组成时，即确定了C个计算汽—液平衡时的自由度，因此上述4种问题是可解的。

在进行泡点计算时，需通过联解：

$$y_i = K_i x_i \qquad (1 \leqslant i \leqslant C) \tag{7.27}$$

$$\sum_{i=1}^{C} y_i = 1 \tag{7.28}$$

求解泡点温度T_B（或泡点压力p_B）及平衡汽相组成y_i。

在进行露点计算时，则需通过联解式(7.27)和式(7.29)：

$$\sum_{i=1}^{C} x_i = 1 \tag{7.29}$$

求解露点温度T_D（或露点压力p_D）及平衡液相组成x_i。

1.状态方程法计算泡点、露点

利用状态方程计算泡点、露点时，相平衡常数K_i由式(7.9)计算：

$$K_i = \hat{\phi}_i^L / \hat{\phi}_i^V$$

式中的$\hat{\phi}_i^V$和$\hat{\phi}_i^L$都是温度、压力和各相组成的函数：

$$\hat{\phi}_i^V = \phi^V(T, p, y_1, y_2, \cdots, y_{C-1}) \tag{7.30}$$

$$\hat{\phi}_i^L = \phi^L(T, p, x_1, x_2, \cdots, x_{C-1}) \tag{7.31}$$

由于$\hat{\phi}_i^V$和$\hat{\phi}_i^L$与T和p及组成都有关，因此在进行泡点、露点计算时，无法直接一步计算出结果，需要迭代求解。利用状态方程法计算泡点压力、泡点温度和露点压力的框图如图7.3～图7.5所示，计算露点温度的框图留给同学们自己绘制。

由图7.3～图7.5可以看出，用状态方程迭代求解泡点或露点均包含内、外两层循环，内循环常称为K循环，外循环称为温度循环或压力循环。进行内循环时，温度或压力是不变的，只是平衡常数K_i在变化。多次迭代后，K_i值将趋于稳定。内循环一般就是简单迭代，外循环则复杂一些，一般需采用Newton-Raphson法（参见附录Ⅶ）。

泡点、露点计算第一步输入的状态方程所需参数包括纯物质的物性参数，如临界温度、临界压力、临界压缩因子和偏心因子等，还包括二元交互作用参数。二元交互作用参数的多少又与所选用的混合规则有关。如采用vdW混合规则，则每个组分对仅需要一个二元交互作用参数k_{ij}；如果有C个组分，则需要输入的二元交互作用参数个数为$C(C-1)/2$。如果采用G^E型混合规则,则每个组分对至少需要两个二元交互作用参数,它们的取值随所选 G^E 模型而定。

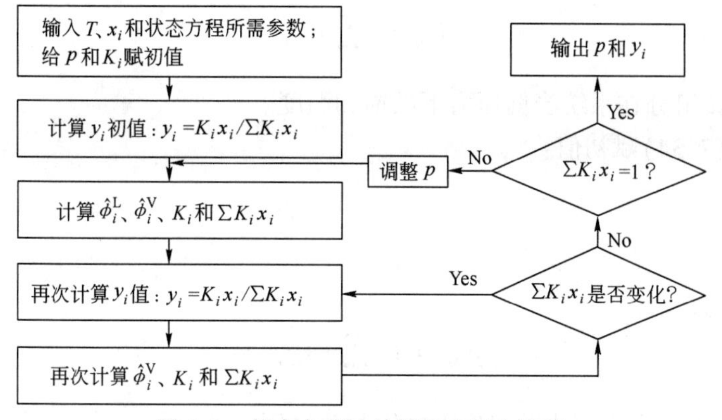

图 7.3 状态方程法计算泡点压力流程

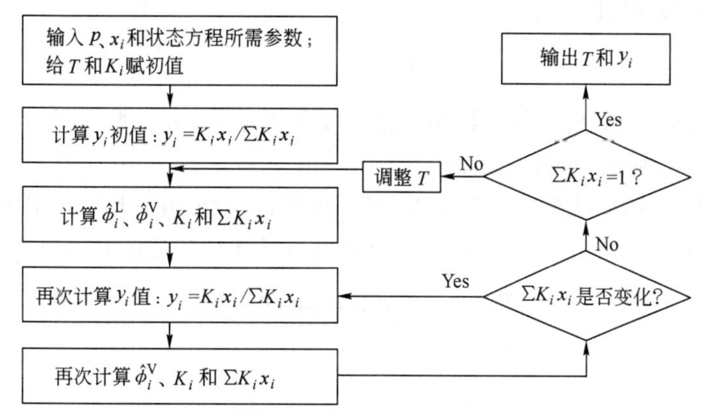

图 7.4 状态方程法计算泡点温度流程

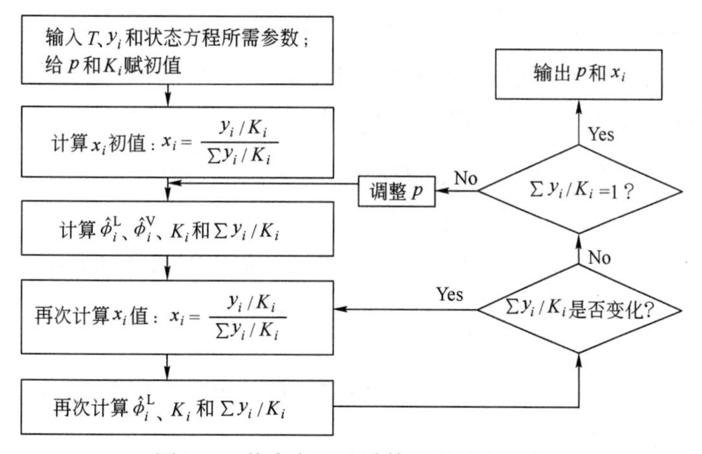

图 7.5 状态方程法计算露点压力流程

如何给泡(露)点温度或压力及相平衡常数赋初值是一个计算技巧问题,初值赋得好,计算的收敛速度就快;初值赋得不好,就可能出现不收敛的情况。常用的赋初值的方法是参考理想溶液的性质来进行赋值。如温度可用式(7.32)来赋初值:

$$T_{B0} = \sum_i x_i T_{Bi} \tag{7.32}$$

或

$$T_{D0} = \sum_i y_i T_{Bi} \tag{7.33}$$

式中　T_{Bi}——纯 i 组分在系统当前压力下的饱和温度。

压力可用式(7.34)赋初值：

$$p_{B0} = \sum_i x_i p_i^s \tag{7.34}$$

或

$$p_{D0} = 1/\sum_i (y_i/p_i^s) \tag{7.35}$$

式中　p_i^s——纯 i 组分在系统当前温度下的饱和蒸气压。

K_i 用式(7.36)赋初值：

$$K_{i0} = p_i^s/p \tag{7.36}$$

如体系含有超临界组分,不能直接用上述赋初值方法,需要一些经验性技巧,而这些技巧又需要在实际应用中摸索,不能一概而论。

【例 7.1】　采用 SRK 状态方程和 vdW 混合规则计算 20atm 压力下,丙烯(1) + 异丁烷(2)体系在整个浓度范围内的泡点温度及组成数据。已知纯物质的基本物性数据见表 7.2。

表 7.2　纯物质的基本物性数据

组　分	T_c K	p_c atm	Z_c	w
C_3H_6	365	45.6	0.275	0.148
$i-C_4H_{10}$	408.1	36.0	0.283	0.176

并假定丙烯和异丁烷的二元交互作用参数等于零。

解:SRK 状态方程的有关参数及混合规则如下：

$$p = \frac{RT}{v-b} - \frac{a(T)}{v(v+b)}$$

$$a = 0.42747R^2T_c^2/p_c\alpha(T_r)\;;\quad b = 0.08664RT_c/p_c$$

$$a = \sum\sum y_i y_j (a)_{ij}\;;\quad b = \sum y_i b_i$$

$$\alpha_i(T_r) = [1 + (0.48508 + 1.55171\omega_i - 0.15613\omega_i^2)(1 - T_{ri}^{0.5})]^2$$

逸度系数的表达式如下：

$$\ln\hat{\phi}_i = -\ln\left[z\left(1-\frac{b}{v}\right)\right] + \frac{b_i}{b}(z-1) + \frac{a}{bRT}\left(\frac{b_i}{b} - \frac{2\sqrt{a_i}}{\sqrt{a}}\right)\ln\left(1+\frac{b}{v}\right)$$

具体计算时,需先指定若干液相组成,指定方法可以随意,但根据题意要遍布 x_1 从 0 到 1 的整个范围。本例中采用从 0 ~ 1.0 分成 10 等份的方法指定 x_1 的 11 个值,见表 7.3,而 $x_2 = 1 - x_1$。然后可以根据图 7.4 所示的步骤计算对应液相组成下的泡点温度和汽相组成。注意在计算汽相的组分逸度系数时，上面逸度系数表达式中的压缩因子和摩尔体积应是汽相的压缩因子和摩尔体积。而汽相的压缩因子和摩尔体积要根据压力、温度和汽相的组成由上面指定的状态方程来计算。在求解立方型状态方程时，取最大根作为汽相的摩尔体积。在计算液相的组分逸度系数时，上面逸度系数表达式中的压缩因子和摩尔体积应是液相的压缩因子和摩尔体积。而液相的压缩因子和摩尔体积要根据压力、温度和液相的组成由上面指定的状态方程来计算。在求解立方型状态方程时，取最小根作为液相的摩尔体积。温度的迭代过程可以采用 Newton—Raphson 割线法加快收敛(参见附录Ⅶ)。

表 7.3　计算结果

x_1	T,K	y_1
0	373.42	0
0.1	367.00	0.1606
0.2	360.84	0.3067
0.3	354.93	0.4376
0.4	349.34	0.5535
0.5	344.05	0.6553
0.6	339.06	0.7445
0.7	334.39	0.8221
0.8	330.00	0.8898
0.9	325.89	0.9486
1.0	322.02	1

2. 活度系数法计算泡点、露点

对于一般性的汽—液平衡问题，从如何求取逸度的角度上进行分类，可以将求解相平衡问题分为前面提到的状态方程法与活度系数方法。虽然严格地讲，状态方程法比较普遍，可以适合各种汽—液平衡的情况，但通常认为，状态方程法对高压汽—液平衡特别有利，而在低压、中压范围内采用活度系数法较为合适。当采用活度系数方法时，相平衡计算的基本公式(7.23)、式(7.25)已在前面给出：

$$K_i = \frac{y_i}{x_i} = \frac{\gamma_i f_i^0}{\hat{\phi}_i^{\mathrm{V}} p}$$

$$f_i^0 = p_i^{\mathrm{s}} \phi_i^{\mathrm{s}} \exp \frac{v_i^{\mathrm{L}}(p - p_i^{\mathrm{s}})}{RT}$$

1) 低压下的计算方法

所谓低压和中压并无严格界限，中、低压主要指与临界点相距较远，液相的体积随压力的变化可以忽略不计；而低压较中压更低，以至汽相的非理想性十分小，可以忽略不计。

生产实践中所遇到的精馏过程大多在常压或低压下操作，因此，研究与解决低压汽—液平衡的计算有一定实际意义。对于低压汽—液平衡，基本公式可以做适当简化：在低压下，可假设 $\hat{\phi}_i^{\mathrm{V}} = 1$，$\phi_i^{\mathrm{s}} = 1$；气相可视作理想气体，而压力对液相摩尔体积影响较小，况且

$v_i^{\mathrm{L}}(p-p_i^{\mathrm{s}}) \ll RT$,Poynting 因子[即式(7.25)中的指数项]近似等于1。液相的非理想性通过活度系数 γ_i 表示。因此低压下的汽—液相平衡方程可简化为

$$K_i = \frac{y_i}{x_i} = \frac{\gamma_i p_i^{\mathrm{s}}}{p} \tag{7.37}$$

纯组分的蒸气压 p_i^{s} 的计算可参见附录Ⅳ。

(1)泡点和露点压力计算。

由于活度系数只是温度和液相组成的函数,而饱和蒸气压只是温度的函数,因此泡点压力的计算不需迭代。泡点压力的计算公式为

$$p = \sum_{i=1}^{C}(\gamma_i x_i p_i^{\mathrm{s}}) \tag{7.38}$$

$$y_i = \frac{\gamma_i x_i p_i^{\mathrm{s}}}{p} \tag{7.39}$$

进行露点压力计算时,其计算公式为

$$p = \frac{1}{\sum_{i=1}^{C}(y_i/\gamma_i p_i^{\mathrm{s}})} \tag{7.40}$$

$$x_i = \frac{y_i p}{\gamma_i p_i^{\mathrm{s}}} \tag{7.41}$$

由于活度系数和所求的液相组成有关,所以需要简单的迭代。迭代方法是先假设液体为理想溶液,按式(7.40)、式(7.41)估算液相组成和压力,再用估算的液相组成计算活度系数,然后再次由式(7.40)、式(7.41)计算液相组成和压力;如此反复迭代,直到前后两次求得压力值差别可以忽略为止。

(2)泡点和露点温度计算。

对于泡点、露点温度的计算,由于 γ_i 和 p_i^{s} 均与被求温度有关,γ_i 还与液相组成有关,因此必须采用迭代求解。

当进行泡点温度计算时,步骤如图7.6所示;当进行露点温度计算时,步骤如图7.7所示。和状态方程法类似,也可以参考式(7.32)或式(7.33)给温度赋初值。在图7.6中,当温度给定后,K_i 可根据式(7.37)一步求出,而图7.7中的 K_i 计算实际上包括一个迭代流程:先假定活度系数等于1,由式(7.41)估算液相组成 x_i,再用估算的液相组成计算活度系数 γ_i 和 K_i,然后再次由式(7.41)估算 x_i;如此反复迭代,直到前后两次求得的 K_i 值差别可以忽略为止。

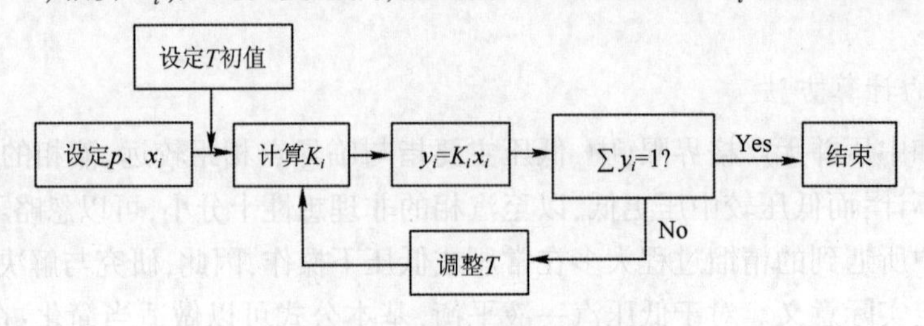

图7.6 泡点温度计算流程

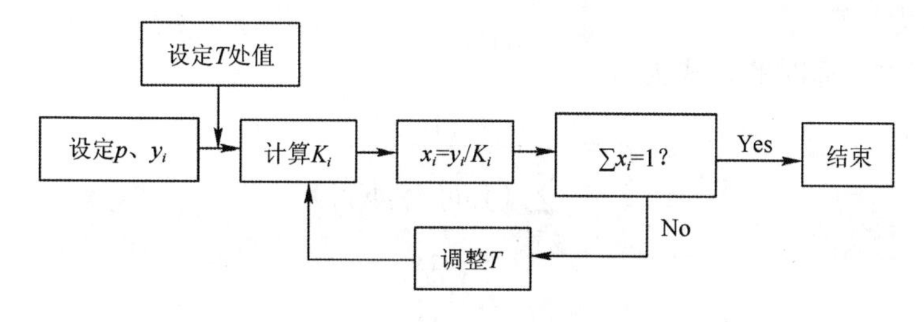

图 7.7 露点温度计算流程

2)中压下的计算方法

在中压范围(0.3~1.0MPa)内,汽相的非理想性必须考虑,但由于活度系数随压力的变化仍可忽略,因而仅将活度系数看作与温度和组成有关。而式(7.25)中的 Poynting 因子仍可假设等于1,因此工作方程为

$$K_i = \frac{y_i}{x_i} = \frac{\gamma_i p_i^s \phi_i^s}{\hat{\phi}_i^V p} \tag{7.42}$$

(1)泡点压力计算。

进行泡点压力计算时的公式为

$$p = \sum_{i=1}^{C} (\gamma_i x_i \phi_i^s p_i^s / \hat{\phi}_i^V) \tag{7.43}$$

$$y_i = \frac{\gamma_i x_i \phi_i^s p_i^s}{\hat{\phi}_i^V p} \tag{7.44}$$

采用直接迭代法进行泡点压力计算的框图如图7.8所示。首先输入给定的温度和液相组成以及计算 p_i^s、ϕ_i^s、$\hat{\phi}_i^V$ 和 γ_i 所需的参数值。由于 y_i 未知,因此无法确定 $\hat{\phi}_i^V$ 的数值,先设其初值为1.0。蒸气压 p_i^s 由附录Ⅳ中的关联式计算,ϕ_i^s 由状态方程计算,而 γ_i 则通过所选活度系数模型计算。当次迭代的 p 和 y_i 值可分别由式(7.43)和式(7.44)确定。由 y_i 值可求出 $\hat{\phi}_i^V$ 的新值并重新由式(7.43)计算新的 p 值。迭代进行至前后两次 p 的变化(δp)小于许可值 ε 为止。最终可求出泡点压力 p 和平衡汽相组成 y_i。

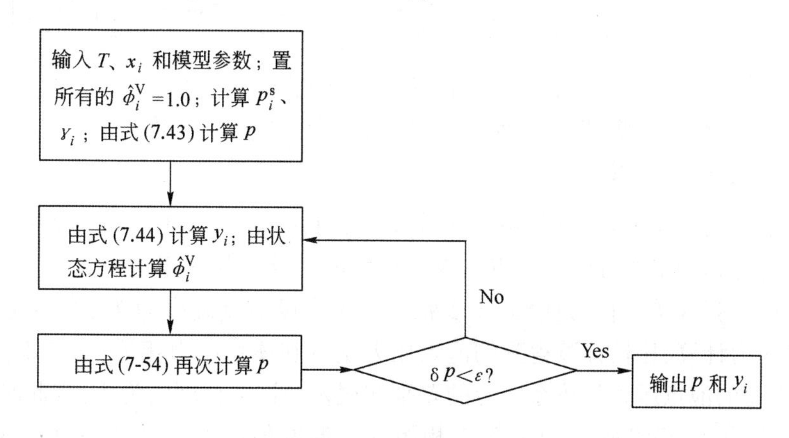

图7.8 中压下泡点压力计算框图

(2)露点压力计算。

进行露点压力计算时的公式为

$$p = \frac{1}{\sum_{i=1}^{C}(y_i\hat{\phi}_i^{\mathrm{V}}/\gamma_i\phi_i^{\mathrm{s}}p_i^{\mathrm{s}})} \tag{7.45}$$

$$x_i = \frac{y_i\hat{\phi}_i^{\mathrm{V}}p}{\gamma_i\phi_i^{\mathrm{s}}p_i^{\mathrm{s}}} \tag{7.46}$$

露点压力的计算框图如图 7.9 所示。首先输入 T 和 y_i 以及其他所需参数。由于 p、x_i 为未知，$\hat{\phi}_i^{\mathrm{V}}$ 和 γ_i 无法确定，因此其初值均置为 1.0。蒸气压 p_i^{s} 由附录Ⅳ中的关联式计算，ϕ_i^{s} 由状态方程计算；随后用式 (7.45) 和式(7.46) 计算 p 和 x_i。通过所选活度系数方程计算当次迭代的 γ_i 值并由式 (7.45) 重新计算压力 p。按新算出的较准确的 p，重新估算 $\hat{\phi}_i^{\mathrm{V}}$ 并用内循环收敛于 x_i 和 γ_i。随后用式(7.45)计算压力值，通过外循环求出压力 p。由于在内循环中计算的 x_i 不归一，因此每次求得的结果要按式(7.47)进行归一化：

$$x_i = \frac{x_i}{\sum_i x_i} \tag{7.47}$$

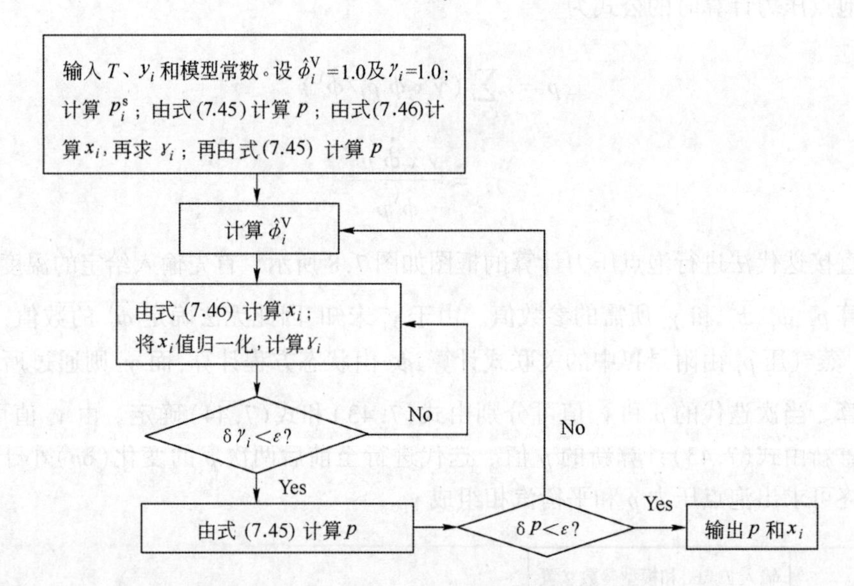

图 7.9　中压下露点压力计算框图

实际上，内循环可以省略，但使用两重循环的算法更加稳定、有效。

(3)泡点和露点温度计算。

在进行泡点或露点温度计算时，由于 T 为未知，而 p_i^{s}、ϕ_i^{s}、$\hat{\phi}_i^{\mathrm{V}}$ 和 γ_i 均与 T 有关，因此计算较为复杂。一种思路简单的方法是泡点或露点温度的计算看作一组泡点或露点压力的计算。下面以泡点温度计算为例，简要说明具体步骤。首先假设泡点温度为 T_0，在该温度下按前述方法进行泡点压力计算，比较计算得到的泡点压力是否和体系压力相等，如果不等，则调整温度的值，直到求得的泡点压力和体系压力的差别在误差允许的范围内为止，则此时的温度就是所求的泡点温度，而汽相组成即为平衡汽相组成。温度值的调整迭代方法可采用 Newton-Raphson 法(参见附录Ⅶ)。温度初值可用式(7.32)估算。

可见泡点压力和露点压力的计算是最基本的,我们要重点掌握。

【例7.2】 用 Margules 方程计算并绘制 90℃时乙醇(1)—水(2)体系的 p—x—y 相图。分别按汽相为理想气体和非理想气体两种情况进行计算,并对结果进行比较。

当汽相视作理想气体时,Poynting 因子近似等于 1,$\hat{\phi}_i^{\mathrm{V}}=1$,$\phi_i^{\mathrm{s}}=1$。

解:泡点压力的计算公式为

$$p = \sum_{i=1}^{C} \gamma_i x_i p_i^{\mathrm{s}}$$

$$y_i = \frac{\gamma_i x_i p_i^{\mathrm{s}}}{p}$$

Margules 方程:$\ln\gamma_1 = [A_{12}+2(A_{21}-A_{12})x_1]x_2^2$;$\ln\gamma_2 = [A_{21}+2(A_{12}-A_{21})x_2]x_1^2$。当温度为 90℃时,Margules 方程的参数 $A_{12}=1.6416$,$A_{21}=0.8049$。从 0~1.0 分成 20 等份的方法指定 x_1 的 21 个值,则可计算不同的压力 p 和汽相组成 y_1 值,计算结果见表 7.4。

表 7.4 计算结果

p,bar	x_1	y_1
0.701	0.0000	0.0000
0.990	0.0500	0.3227
1.163	0.1000	0.4444
1.268	0.1500	0.5057
1.334	0.2000	0.5417
1.377	0.2500	0.5655
1.408	0.3000	0.5833
1.431	0.3500	0.5983
1.451	0.4000	0.6126
1.469	0.4500	0.6275
1.486	0.5000	0.6442
1.502	0.5500	0.6634
1.517	0.6000	0.6856
1.531	0.6500	0.7114
1.543	0.7000	0.7412
1.552	0.7500	0.7752
1.559	0.8000	0.8134
1.563	0.8500	0.8556
1.565	0.9000	0.9015
1.566	0.9500	0.9501
1.566	1.0000	1.0000

当汽相视为非理想性气体时,活度系数仍可看作只与温度和组成有关。

进行泡点压力计算时的公式为

$$p = \sum_{i=1}^{C} (\gamma_i x_i \phi_i^s p_i^s / \hat{\phi}_i^V)$$

$$y_i = \frac{\gamma_i x_i \phi_i^s p_i^s}{\hat{\phi}_i^V p}$$

先求得：$p_1^s = 1.566\text{bar}, p_2^s = 0.7015\text{bar}, \phi_1^s = 1.520/1.566 = 0.971, \phi_2^s = 0.6189/0.7015 = 0.8823$ 等纯蒸气参数。再按以下程序计算：

首先输入给定的温度和液相组成以及计算 p_i^s、ϕ_i^s、$\hat{\phi}_i^V$ 和 γ_i 所需的参数值。由于 y_i 未知，因此无法确定 $\hat{\phi}_i^V$ 的数值，先设其初值为 1.0。蒸气压 p_i^s 由附录Ⅳ中的关联式计算，ϕ_i^s 由状态方程计算，而 γ_i 则通过所选的 Margules 活度系数模型计算。当次迭代的 p 和 y_i 值可分别由式(7.43)和式(7.44)确定。由 y_i 值可求出 $\hat{\phi}_i^V$ 的新值并重新由式(7.43)计算新的 p 值。迭代进行至前后两次 p 的变化(δp)小于许可值 ε 为止。最终可求出泡点压力 p 和平衡汽相组成 y_i。计算结果列于表 7.5。

表 7.5 计算结果

p, bar	x_1	y_1
0.615	0.0000	0.0000
0.892	0.0500	0.3460
1.057	0.1000	0.4710
1.157	0.1500	0.5328
1.219	0.2000	0.5687
1.260	0.2500	0.5923
1.289	0.3000	0.6098
1.312	0.3500	0.6245
1.331	0.4000	0.6385
1.349	0.4500	0.6532
1.366	0.5000	0.6694
1.383	0.5500	0.6879
1.399	0.6000	0.7093
1.414	0.6500	0.7340
1.428	0.7000	0.7623
1.440	0.7500	0.7943
1.450	0.8000	0.8300
1.459	0.8500	0.8692
1.465	0.9000	0.9112
1.471	0.9500	0.9552
1.476	1.0000	1.0000

将以上汽相分别按理想气体和非理想气体处理得到的乙醇(1)—水(2)体系相平衡结果标绘于图 7.10 中进行对比，可以发现二者的差别还是很明显的。这表明对于极性体系，即使压力很低，汽相的非理想性也不能忽略。

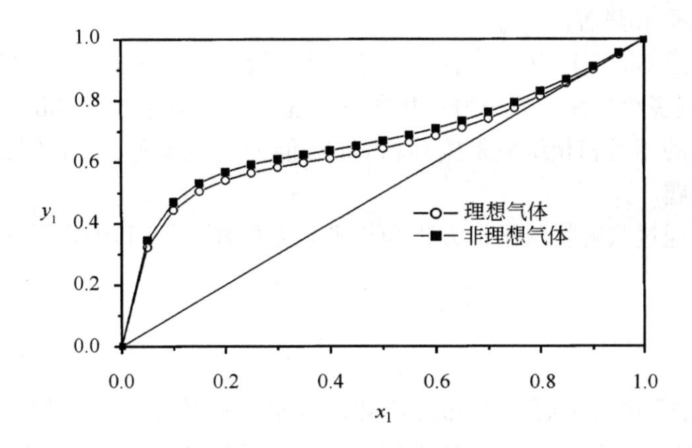

图 7.10　汽相分别按理想气体和非理想气体处理得到的
乙醇(1)—水(2)体系相平衡结果对比

7.2.5　平衡闪蒸计算

根据指定的已知条件的不同,平衡闪蒸计算分为 p—T 闪蒸计算、等焓闪蒸计算和等熵膨胀计算等不同类型,分别对应着不同的化工过程。

1. $p-T$ 闪蒸

对一在指定压力和温度下的给定混合物所作的平衡条件计算称为 p—T 闪蒸计算。闪蒸过程如图 7.11 所示。进料流有 N 个组分,其量为 F, 其组成为 z_i, $i=1,2,\cdots,N$。在通过阀膨胀进入处于固定温度 T 和压力 p 的闪蒸室后,形成两相或多相。在图 7.11 中,形成组成为 y_i 的汽相和组成为 x_i 的液相,$i=1,2,\cdots,N$。汽相的量为 V,液相的量为 L。汽相与液相呈平衡,即闪蒸室含有一个平衡级。汽化分率 e 定义为

$$e = \frac{V}{F} \tag{7.48}$$

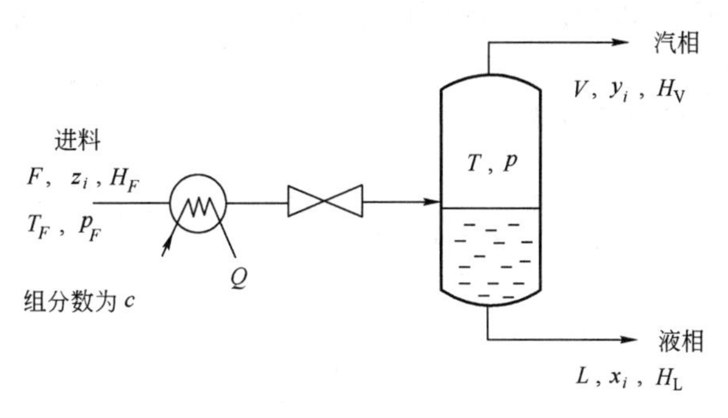

图 7.11　p—T 闪蒸过程

p—T 闪蒸计算可以用来确定:

(1)平衡共存相的数目;

(2)各相的摩尔量;

(3)各相的摩尔组成;

(4)各相的密度;

(5)各相的焓、熵和热容。

相平衡条件是总 Gibbs 自由能最小。如有可能将混合物分为总 Gibbs 能小于单相的两个相,则表明有两相或多相存在。如果另一相所有可能的组成均导致总 Gibbs 能增加,则表明仅有一相存在。最终的相数和相组成是按其总 Gibbs 能为最小来确定。我们在这里只考虑出现汽—液相共存的问题。

平衡闪蒸计算通过联解物料平衡方程和相平衡方程来进行,其中物料平衡方程为

$$z_i = ey_i + (1 - e)x_i \tag{7.49}$$

相平衡方程为

$$y_i = K_i x_i \tag{7.50}$$

和泡点、露点计算相比,闪蒸计算虽然不知道汽相或液相组成,但可以有($C-1$)个独立的物料平衡方程,考虑到 e 未知,实际相当于($C-2$)个方程。如果再指定温度、压力,则体系的自由度变为零,相平衡问题可以定解。将相平衡方程代入各组分物料平衡方程,消去 y_i 可得

$$x_i = \frac{z_i}{eK_i + (1 - e)} = \frac{z_i}{(K_i - 1)e + 1} \tag{7.51}$$

按 $\sum x_i = 1$ 可写出

$$\sum_{i=1}^{N} \frac{z_i}{(K_i - 1)e + 1} = 1 \tag{7.52}$$

于是将 p—T 闪蒸过程所涉及的基本方程合并为一个方程。由式(7.52)可知,只要知道相平衡常数,就可以求出汽化分率,继而由式(7.51)和式(7.50)计算液相组成和汽相组成。具体计算流程如图 7.12 所示。注意图 7.12 中的 K_D、K_B 分别为露点计算中获得的相平衡常数和泡点计算中获得的相平衡常数。此处实际上是提供了一种按杠杆规则给相平衡常数赋初值的方法。也可以用式(7.36)给它们赋初值,但离真值可能更远一些。如前所言,如何赋初值是一个技巧性问题,不是一个原则性问题,实际应用时可根据具体情况处置。由式(7.52)计算汽化分率 e 时,可采用 Newton-Raphson 法迭代求解(参见附录Ⅶ)。

【例 7.3】 现有由 A 和 B 组成的某二元汽—液平衡体系,其总组成为 $z_A = z_B = 0.5$。若已知当前条件下两组分的汽—液平衡常数分别为:$K_A = 2.5$、$K_B = 0.5$,试用 Newton-Raphson 法求平衡体系的汽化分率 e。

解:对于二元体系,式(7.52)变为

$$\frac{z_A}{(K_A - 1)e + 1} + \frac{z_B}{(K_B - 1)e + 1} = 1$$

将已知条件代入得

$$\frac{0.5}{1.5e + 1} + \frac{0.5}{1 - 0.5e} = 1 \tag{Ⅰ}$$

现在的问题变成求上面方程的根。如果采用 Newton-Raphson 法,需先构造下面关于变量 e 的目标函数 $F(e)$:

$$F(e) = \frac{0.5}{1.5e + 1} + \frac{0.5}{1 - 0.5e} - 1 \tag{Ⅱ}$$

当 e 的取值能满足 $F(e) = 0$ 时,我们就得到了我们需要的解。Newton-Raphson 法的基本迭代公式为

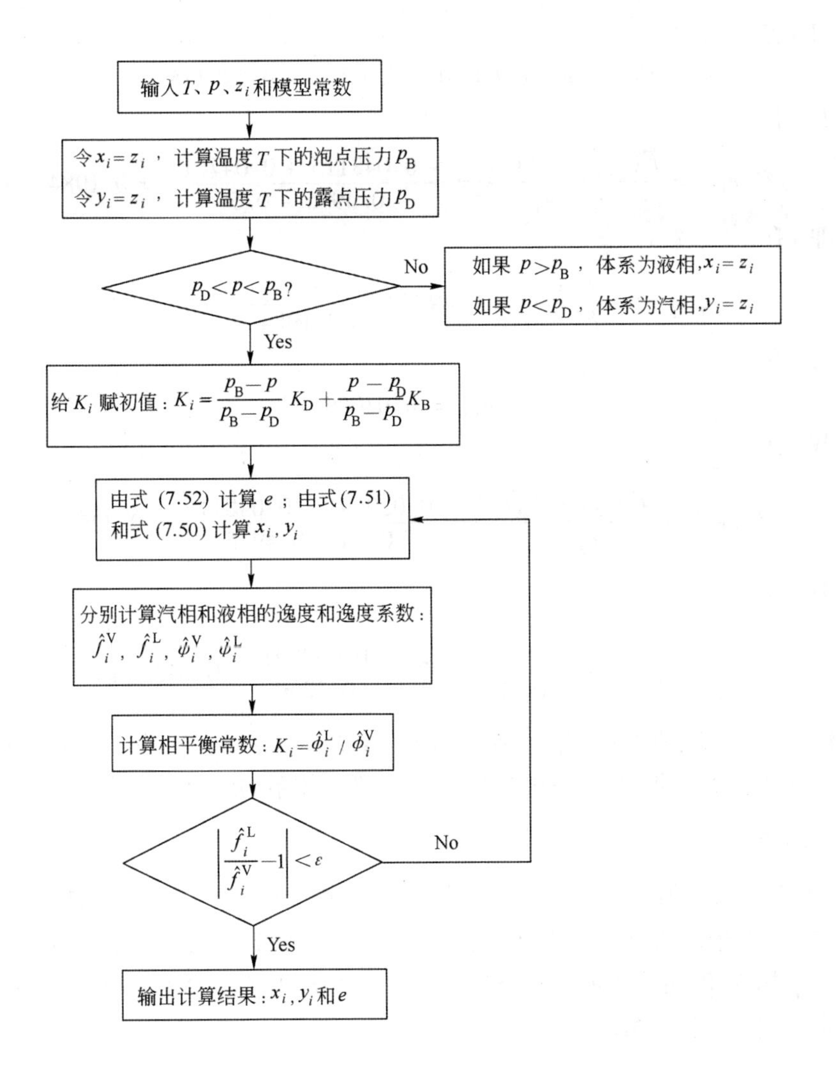

图 7.12　p—T平衡闪蒸计算框图

$$e_{i+1}=e_i-\frac{F(e_i)}{F'(e_i)} \tag{Ⅲ}$$

虽然由式(Ⅰ)可得到一阶导数$F'(e)$的解析表达式,但更多的情况下是不能得到$F'(e)$的解析表达式的。所以我们采用更一般的割线法来求$F'(e)$

$$F'(e_i)=\frac{F(e_i)-F(e_{i-1})}{e_i-e_{i-1}} \tag{Ⅳ}$$

由式(Ⅳ)可见,采用割线法需要两点函数值,相当于开始迭代时需要两个初值。为了使割线斜率和切线斜率尽可能接近,两初值点e_0和e_1选择应尽可能接近,建议取$e_1=0.995e_0$。由于$e=0$永远是方程(Ⅰ)的根,但它常常不是实际的汽化分率,因此e_0要选择得大一些。由于 Newton-Raphson 法收敛很快,即使选$e_0=1$,也可以很快收敛于实际汽化分率;而如果选择e_0和零接近,则可能收敛于无意义的结果$e=0$或发散。本例中我们取$e_0=0.5$,$e_1=0.995\times e_0=0.4975$。

由式(Ⅱ)有

$$F(e_0) = -0.047619; F(e_1) = -0.048115$$

由式(Ⅳ)有

$$F'(e_1) = \frac{F(e_1) - F(e_0)}{e_1 - e_0} = \frac{-0.048115 + 0.047619}{0.4975 - 0.5} = 0.1984$$

由式(Ⅲ)有

$$e_2 = e_1 - \frac{F(e_1)}{F'(e_1)} = 0.4975 - \frac{-0.048115}{0.1984} = 0.7400$$

由式(Ⅱ)有

$$F(e_2) = 0.030691$$

由式(Ⅳ)有

$$F'(e_2) = \frac{F(e_2) - F(e_1)}{e_2 - e_1} = \frac{0.030691 + 0.048115}{0.74 - 0.4975} = 0.3250$$

由式(Ⅲ)有

$$e_3 = e_2 - \frac{F(e_2)}{F'(e_2)} = 0.74 - \frac{0.030691}{0.3250} = 0.6455$$

如此继续迭代下去,直至相邻两次迭代结果之差($e_{i+1} - e_i$)小于某个允许误差 ε。在本例中,经过 5 次迭代,e 最后收敛于 $e = 0.66667$, 即为平衡体系的汽化分率值。

2. 等焓闪蒸

典型的等焓(绝热)闪蒸过程如图 7.13 所示。流量为 F, 总组成为 z_i 的物料于压力 p_I、温度 T_I 下经节流阀在绝热情况下减压至 p_F,而系统温度降至 T_F。由于上述节流过程是在绝热情况下进行($Q \approx 0$),因而节流前后混合物的焓 H_I^M 和 H_F^M 相等。节流后如果出现汽相和液相两相,可假定它们达到相平衡。

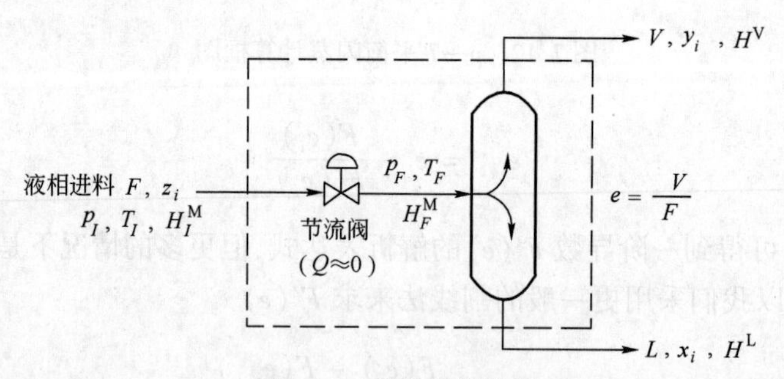

图 7.13　等焓闪蒸过程

如图 7.13 所示,等焓闪蒸计算的任务是在进口温度 T_I、压力 p_I、总组成 z_i 和出口压力 p_F 已知的情况下,求解节流后流体的温度 T_F、汽相分率 e、汽相组成 y_i、液相组成 x_i 和焓 H^V、H^L 等性质。

等焓闪蒸计算由一组 p—T 闪蒸计算组成。具体而言,就是先假定出口温度,并基于该假定的出口温度和已知的出口压力进行 p—T 闪蒸计算,并基于式(7.53)确定该假定出口温度下的出口流体的焓:

$$H_F^M = eH^V + (1 - e)H^L \tag{7.53}$$

再判断式(7.54)在允许的误差范围内是否成立:

$$H_I^M = H_F^M \tag{7.54}$$

如果式(7.54)成立,则假定的出口温度就是实际的出口温度,而 $p—T$ 闪蒸计算的结果也就是等焓闪蒸的计算结果;如果式(7.54)不成立,则调整所假设的出口温度值,直到式(7.54)成立为止。出口温度的迭代求解可采用 Newton-Raphson 法(参见附录Ⅶ)。

3. 等熵膨胀

单相气体经过透平膨胀的过程中会出现凝液,因此存在汽—液平衡问题。气体通过透平机膨胀过程涉及的相平衡计算,其任务通常是在进口气体温度、压力和出口流体压力已知的情况下求出口流体的温度和平衡的汽相、液相分率及各相组成。第 4 章已经指出,气体膨胀过程的计算第一步先要按等熵膨胀计算,得到等熵膨胀的轴功后,再按透平机的等熵效率核算实际的轴功和出口流体的焓值。确定出口流体的焓值和压力后就可以按等焓膨胀的方法求实际出口流体的温度和平衡的汽相、液相分率及各自组成。由此可见,膨胀过程计算的基本环节是等熵膨胀计算。等熵膨胀计算和等焓膨胀计算的步骤完全相同,也是由一组 $p—T$ 闪蒸计算组成,只是将判定式(7.65)中的焓换成熵就可以了。

可见 $p—T$ 闪蒸计算是各种类型的平衡闪蒸计算的基础。

7.3 气—液平衡

气—液平衡是指常规条件下的气态组分与液态组分间的平衡关系。与汽—液平衡有差别,在所定的条件下,汽—液平衡的各组分都是可凝性组分,而在气—液平衡中,至少有一种组分是非凝性的气体。

7.3.1 状态方程法

压力对液相性质的影响在高压下较显著,这种影响在低压或中压下常常可以忽略或近似处理,因此高压气—液平衡计算比低压和中压下的计算更加困难。在定组成及恒温下,可假定活度系数与压力无关,但在高压下,特别是在临界区,这个假设导致严重的误差。

因此,在高压下,一般采用状态方程法解决此问题。状态方程的选择需要适合高压气、液两相的平衡计算,并选用相应的混合规则,其计算方程为

$$\hat{\phi}_i^G y_i p = \hat{\phi}_i^L x_i p \tag{7.55}$$

简化为

$$\hat{\phi}_i^G y_i = \hat{\phi}_i^L x_i \tag{7.56}$$

气、液两相逸度系数采用同一状态方程计算,相应的混合规则中的二元交互作用参数也相同。状态方程法计算气—液平衡的流程和汽—液平衡计算完全相同,在此不再重复。

7.3.2 活度系数法

1. 理想稀溶液

在第 5 章介绍的 Henry 定律指出,对于理想稀溶液,溶质的分逸度和其摩尔组成有下面简单的关系:

$$\hat{f}_2 = H_2 \cdot x_2 \tag{7.57}$$

低压下的 Henry 常数 H_2 只是体系的种类和温度的函数，而高压下的 H_2 却是体系的种类、温度和总压的函数，其值随压力而变化。

如果压力不高，式(7.57)中的分逸度可以用分压代替，即

$$p_2 = H_2 \cdot x_2 \tag{7.58}$$

利用式(7.58)，通过测定低浓度范围内溶质的分压和溶解度，可以确定溶质气体在溶剂中的 Henry 常数 H_2。如果要将低压下的 Henry 常数应用到高压下，可将式(7.57)修正为

$$\ln \frac{\hat{f}_2}{x_2} = \ln H_2 + \frac{p\bar{V}_2}{RT} \tag{7.59}$$

式(7.60)称为 Kritchevsky-Kasarnovsky(K－K)方程，式中 $\bar{V}_2$ 是液相中溶质的偏摩尔体积。

Henry 定律适用于溶质气体溶解度较小，溶质在溶剂中不发生缔合、离解或化学反应的体系。

2. 真实溶液

对于真实溶液，应引入活度系数对式(7.57)进行修正，对溶质 2 显然适合采用Henry定律标准态。修正后的式(7.57)成为

$$\hat{f}_2^{G} = p\hat{\phi}_2^{G} y_2 = \gamma_2^{H} x_2 H_2 \tag{7.60}$$

对溶剂 1 则适合采用 Lewis-Randall 规则下标准态，即

$$\hat{f}_1^{G} = p\hat{\phi}_1^{G} y_1 = \gamma_1 x_1 f_1 \tag{7.61}$$

式(7.61)表明各组分在气相的分逸度应由状态方程计算。溶剂的标准态逸度可完全采用汽—液平衡计算中采用的方法计算，即

$$f_1 = p_1^{s}\phi_1^{s} \exp \frac{1}{RT}\int_{p_1^{s}}^{p} V_1^{L} \mathrm{d}p \tag{7.62}$$

在高压下对溶质的标准态逸度 H_2 需按 K—K 方程进行修正：

$$\ln H_2 = \ln H_2 \mid_{p \to 0} + \frac{p\bar{V}_2}{RT} \tag{7.63}$$

根据式(6.96)和式(6.100)可知，Henry 定律标准态下的活度系数 γ_i^{H} 和 Lewis-Randall 规则标准态下的活度系数 γ_i 之间存在下述的关系：

$$\gamma_i^{H} = \gamma_i / \gamma_i^{\infty} \tag{7.64}$$

γ_i 的表达式可以采用不同的活度系数模型，而由式(7.64)可求得 Henry 定律标准态下的活度系数 γ_i^{H} 表达式。

【例7.4】 323.2K 时二氧化碳(1)在水(2)中的溶解度数据见下表，利用修正 Henry 定律(Kritchevsky-Kasarnovsky 方程)求二氧化碳的偏摩尔体积和 Henry 常数值。

p, MPa	$x_1\times10^3$（摩尔分数）
2.50	7.800
5.00	13.86
7.50	18.10
10.0	20.60
12.5	21.51
15.0	22.21
20.0	23.42
30.0	25.18
40.0	26.75
60.0	29.52
70.0	30.81

解：高压下的难溶性气体在液体中的溶解度可用 K—K 方程导出的修正 Henry 定律来表示：

$$\ln\frac{\hat{f}_2}{x_2}=\ln H_2+\frac{p\bar{V}_2}{RT}$$

在 323.2K 条件下用 $\ln(\hat{f}_2/x_2)$ 对体系总压 p 作图，可近似得一直线，如图 7.14 所示，其中 $\hat{f}_2$ 由状态方程（SRK）计算。由斜率可得到 $\bar{V}_2/RT$ 值（等于 0.0014），由此得到二氧化碳的偏摩尔体积：37.1$cm^3\cdot mol^{-1}$；由截距得到 $\ln H_2$ 值，求得修正 Henry 常数值：2755.9bar。

p, bar	$x_1\times10^3$（摩尔分数）	$\hat{f}_2$, bar
25.0	7.800	22.7
50.0	13.86	40.8
75.0	18.10	54.6
100	20.60	64.1
125	21.51	70.2
150	22.21	75.6
200	23.42	85.8
300	25.18	107
400	26.75	130
600	29.52	188
700	30.81	223

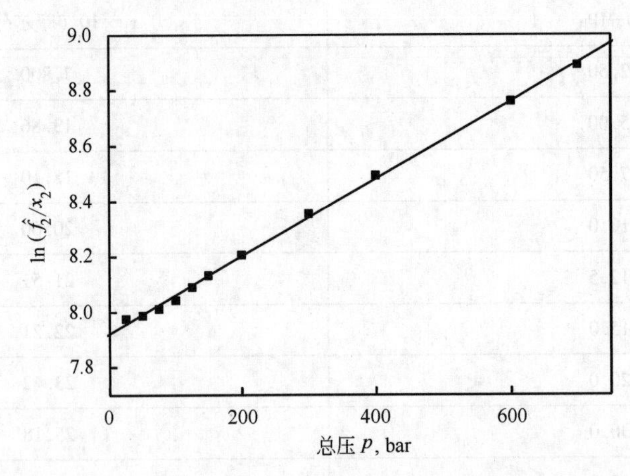

图 7.14　在 323.2K 时二氧化碳(1)—水(2)体系 $\ln(\hat{f}_2/x_2)$ 和体系总压 p 的关系图

7.4　液—液平衡

液体的部分互溶性常称为相分裂(phase splitting)。混合液体能否出现相分裂取决于它的摩尔吉布斯自由能和组成的关系。根据热力学基本原理,在已知温度、压力和组成时,平衡状态的特征是具有最小的吉布斯自由能。溶液稳定性的条件为

$$\left(\frac{\partial^2 g}{\partial x_1^2}\right)_{T,p} > 0 \tag{7.65}$$

即若式(7.65)成立,则液体混合物不会出现相分裂现象,而若

$$\left(\frac{\partial^2 g}{\partial x_1^2}\right)_{T,p} < 0 \tag{7.66}$$

则将出现相分裂现象,形成两个溶液相。二阶导数 $\left(\frac{\partial^2 g}{\partial x_1^2}\right)_{T,p}$ 为零时的组成为拐点,是一种相稳定的边界条件。

图 7.15 为二元液体混合物混合摩尔吉布斯自由能与组成的关系曲线,其中曲线Ⅰ表示完全互溶的液体混合物,而曲线Ⅱ则表示在之间出现双液相共存的液体混合物。如图 7.15 所示,曲线Ⅰ在全浓度范围内都是向上凹。在曲线Ⅰ上任意取两点 A、B 作弦后,当混合物的总组成为 x_1 时,弦上的纵坐标为 x'_1、x''_1,它表示若混合物形成两相,则总的混合吉布斯自由能应为 $\Delta g'$。由图 7.15 曲线Ⅰ中可见,$\Delta g'$ 的值始终大于实际的 Δg。在此种情况下,若混合物分为两相,则其吉布斯自由能要大于同一组成下形成单一液相时的吉布斯自由能,大家知道,自发过程总是向着自由焓减小的方向进行,所以两相必然要混合成为单一液相。所以此二元溶液在曲线Ⅰ的情况下必然是完全互溶的。

图 7.15 中的曲线Ⅱ则有所不同,在 C、D 区间内曲线呈上凸状,即具有二阶导数变化特征情况,联结 C、D 二点,以虚直线表示。其上的任意一点表示不同比例的组成分别为 x_1'和 x_1''的两液相混合得到的混合物,在图 7.15 中如 b 点所示,而 C、D 曲线上的任一点表示形成单一液相时的混合吉布斯自由能,如图 7.15 中 a 点所示。由图 7.15 可见,在同一组成下,b 点混合吉布斯自由能比 a 点低,说明在 CD 区间内,形成两个液相时的混合吉布斯自由能比形成单一液相的吉布斯自由能小,所以在此范围内,混合物必然向吉布斯自由能小的方向进行。即自动

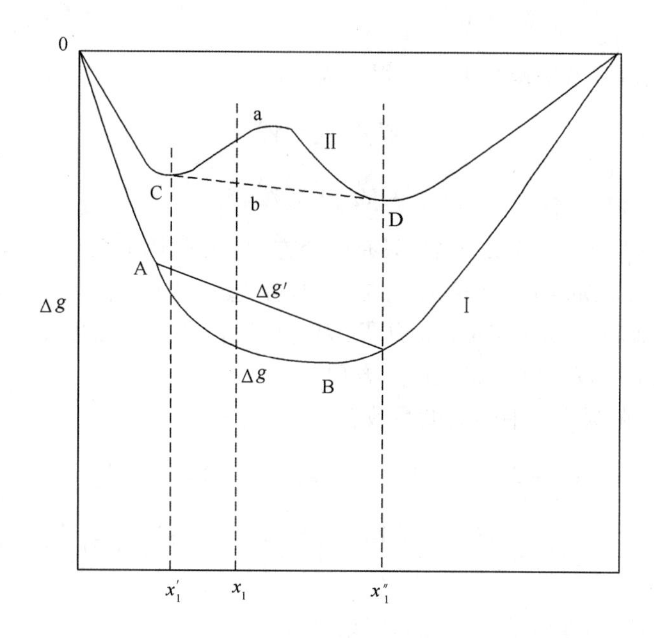

图 7.15 二元液体混合物混合吉布斯自由能与组成关系图

分成平衡两相,两液相组成分别为 $x_1{}'$ 和 $x_1{}''$,当总组成在区间发生变化时,所分成的平衡两相的组成不变化,但各相的量要发生变化,这是物料恒算(杠杆规则)所决定的。

由实验测定液—液平衡通常更为容易,特别是在接近室温时。原则上状态方程法可以用于液—液平衡的求解,但由于液—液部分互溶体系一般为高度非理想体系,以目前的状态方程发展水平还不能很好地解决这类体系组分逸度的计算,而活度系数模型则成熟得多。因此目前主要用活度系数法来求解液—液平衡,其工作方程为

$$\gamma_i^\alpha x_i^\alpha = \gamma_i^\beta x_i^\beta \tag{7.67}$$

式中,上标 α、β 指两个处于平衡的液相;下标 i 表示体系中的任一组分。

式(7.67)即为计算液—液平衡的基本方程。在求解二元系共存的液相组成时,有 4 个未知数,即 x_1^α、x_2^α、x_1^β、x_2^β。需要列出 4 个方程才能求解,这些方程是

$$x_1^\alpha \gamma_1^\alpha = x_1^\beta \gamma_1^\beta \tag{7.68}$$

$$x_2^\alpha \gamma_2^\alpha = x_2^\beta \gamma_2^\beta \tag{7.69}$$

$$x_1^\alpha + x_2^\alpha = 1 \tag{7.70}$$

$$x_1^\beta + x_2^\beta = 1 \tag{7.71}$$

低压下,若给定温度,并已知所选活度系数模型的模型参数,则活度系数均可以表示成组分的函数,通过上面 4 个方程联立求解,即可得出所需的各液相中的组成:x_1^α、x_2^α、x_1^β、x_2^β。液—液平衡主要与温度有关,和压力的关系不大,其原因在于活度系数和压力的关系不大。这一点和汽(气)—液平衡的差别很大。多元液—液平衡的计算原则上与二元系相似,不过更为复杂。如果实验可以测定 x_1^α、x_2^α、x_1^β、x_2^β,根据 Gibbs-Duhem 方程,γ_1^α、γ_2^α、γ_1^β、γ_2^β 4 个中只有两个是独立的,那么可以利用式(7.68)和式(7.69)求解。实际计算时,常选择一个两参数活度系数模型,通过确定给定温度下的两个模型参数来进一步得到活度系数。

【例 7.5】 已知水(1)—异丁醛(2)在 323K 时的液—液平衡实验数据:水在异丁醛中的含量 $x_1^\alpha = 0.12$;异丁醛在水中的含量 $x_2^\beta = 0.11$。试求两组分在两平衡液相中的活度系数 γ_1^α、

γ_2^α、γ_1^β 和 γ_2^β。

解:二元体系的液—液平衡由下列方程来描述:

$$x_1^\alpha \gamma_1^\alpha = x_1^\beta \gamma_1^\beta$$

$$x_2^\alpha \gamma_2^\alpha = x_2^\beta \gamma_2^\beta$$

现在有 γ_1^α、γ_2^α、γ_1^β 和 γ_2^β 4 个未知数,只有两个方程,无法定解,需要和 Gibbs-Duhem 方程联立才能定解。但 Gibbs-Duhem 方程为微分方程,应用起来很不方便。由于任一活度系数模型给出的活度系数均能满足 Gibbs-Duhem 方程,因此可以任选一个活度系数模型来代替 Gibbs-Duhem 方程。本例采用较简单的 Margules 方程。

对于组分水(1)在两液相中的活度系数有

$$\ln(\gamma_1^\alpha/\gamma_1^\beta) = [A_{12} + 2(A_{21} - A_{12})x_1^\alpha](x_2^\alpha)^2 - [A_{12} + 2(A_{21} - A_{12})x_1^\beta](x_2^\beta)^2$$

$$= A_{12}\left\{(x_2^\alpha)^2\left[1 + 2\left(\frac{A_{21}}{A_{12}} - 1\right)x_1^\alpha\right] - (x_2^\beta)^2\left[1 + 2\left(\frac{A_{21}}{A_{12}} - 1\right)x_1^\beta\right]\right\} \qquad (\text{Ⅰ})$$

对于组分异丁醛(2)在两液相中的活度系数有

$$\ln(\gamma_2^\alpha/\gamma_2^\beta) = [A_{21} + 2(A_{12} - A_{21})x_2^\alpha](x_1^\alpha)^2 - [A_{21} + 2(A_{12} - A_{21})x_2^\beta](x_1^\beta)^2$$

$$= A_{21}\left\{(x_1^\alpha)^2\left[1 + 2\left(\frac{A_{12}}{A_{21}} - 1\right)x_2^\alpha\right] - (x_1^\beta)^2\left[1 + 2\left(\frac{A_{12}}{A_{21}} - 1\right)x_2^\beta\right]\right\} \qquad (\text{Ⅱ})$$

又有

$$x_1^\alpha \gamma_1^\alpha = x_1^\beta \gamma_1^\beta, \gamma_1^\alpha/\gamma_1^\beta = x_1^\beta/x_1^\alpha$$

$$x_2^\alpha \gamma_2^\alpha = x_2^\beta \gamma_2^\beta, \gamma_2^\alpha/\gamma_2^\beta = x_2^\beta/x_2^\alpha$$

$$x_1^\alpha = 0.12, x_2^\alpha = 0.88, x_2^\beta = 0.11, x_1^\beta = 0.89$$

(Ⅰ)式与(Ⅱ)式相除,则可以求得 $A_{12}/A_{21} = 0.9716$;

代入式(Ⅰ),则得到 $A_{12} = 2.612$;

代入式(Ⅱ),则得到 $A_{21} = 2.688$;

根据活度系数模型 Margules 方程,则有:

$$\ln\gamma_1^\alpha = [A_{12} + 2(A_{21} - A_{12})x_1^\alpha](x_2^\alpha)^2 = 2.037, \gamma_1^\alpha = 7.668$$

$$\ln\gamma_1^\beta = [A_{12} + 2(A_{21} - A_{12})x_1^\beta](x_2^\beta)^2 = 0.0332, \gamma_1^\beta = 1.034$$

$$\ln\gamma_2^\alpha = [A_{21} + 2(A_{12} - A_{21})x_2^\alpha](x_1^\alpha)^2 = 0.0368, \gamma_2^\alpha = 1.037$$

$$\ln\gamma_2^\beta = [A_{21} + 2(A_{12} - A_{21})x_2^\beta](x_1^\beta)^2 = 2.116, \gamma_2^\beta = 8.298$$

7.5 气—固平衡

7.5.1 固体在高压气体中的溶解度

固体在高压气体中的溶解,如在天然气开发中遇到的元素硫在富含硫化氢酸性气体中的溶解,实质上是超临界流体萃取固体溶质的过程。计算固体溶质在气体中溶解度的方法通常有两种:经验关联法和状态方程法。经验关联法虽在关联固体溶解度实验数据方面取得了一定的成功,但难以用于固体溶解度的预测。状态方程法有一定的热力学理论基础,有较强的预测能力。

对于气—固平衡体系,根据逸度相等的相平衡判据,有

$$f_1^s = \hat{f}_1^G \text{(1 表示溶质,s 表示固相,G 表示气相)} \tag{7.72}$$

设固体相为纯固体溶质,其逸度可表示如下

$$f_1^s = p_1^s \cdot \phi_1^s \cdot \exp\int_{p_1^s}^{p} \frac{v_1^s \mathrm{d}p}{RT} \tag{7.73}$$

式中,p_1^s 为溶质的蒸气压;ϕ_1^s 为溶质饱和蒸汽的逸度系数,由于固体溶质的蒸气压 p_1^s 通常很小,可取 $\phi_1^s=1.0$;v_1^s 可看作与压力无关的常数。据此式(7.73)可简化为

$$f_1^s = p_1^s \cdot \exp\left(\frac{pv_1^s}{RT}\right) \tag{7.74}$$

气相中固体溶质组分的逸度可表示为

$$\hat{f}_1^G = p \cdot y_1 \cdot \hat{\phi}_1^G \tag{7.75}$$

将式(7.74)、式(7.75)代入式(7.72),即可得出计算固体溶质在高压气体中溶解度的表达式:

$$y_1 = \frac{p_1^s \cdot \exp(pv_1^s/RT)}{p \cdot \hat{\phi}_1^G} \tag{7.76}$$

由式(7.76)可以看出,计算固体溶质在高压气体中溶解度的关键是如何计算溶质在气相中的分逸度系数 $\hat{\phi}_1^G$,该值可以通过选用合适的状态方程和混合规则计算得到。

7.5.2 吸附平衡

吸附是指在固体界面层中分子间存在未饱和力场,可将其他分子吸到自己表面上来,某些组分被富集,而另一些组分被排开的现象。其逆过程称为脱附:由于分子热运动,能量大的分子可以挣脱束缚力而脱离表面。吸附时所涉及的作用力如为分子间力,则称为物理吸附,任何分子间都有作用力,所以物理吸附选择性不大,活化能也小,吸附容易,解吸也容易;吸附时所涉及的作用力如为化学键力,则称为化学吸附,它选择性大,活化能也高,吸附难,解吸也难。实际吸附往往同时存在物理吸附与化学吸附。

吸附平衡是一种特殊的相平衡过程,吸附量与温度、吸附质的逸度存在着一定的函数关系。基于单分子层吸附假设的 Langmuir 方程有较广泛的应用:

$$r = \frac{kf}{1+kf} \tag{7.77}$$

式中　r——已吸附的吸附质量和最大可能的吸附量的比值。

对混合吸附质中组分 i 的方程是

$$r_i = \frac{k_i \hat{f}_i}{1 + \sum_i k_i \hat{f}_i} \tag{7.78}$$

式中的加和是指对所有被吸附的吸附质组分，k_i 为组分 i 的 Langmuir 吸附常数。

7.6 液—固平衡

一般以活度系数法定量地计算液—固平衡。原则上可将适合汽—液平衡或液—液平衡的液相活度系数模型应用于液—固平衡中的液相。

当溶剂不能进入固相中时，固体溶质的逸度保持纯固态的值，因此，在平衡时分逸度相等的条件为

$$\hat{f}_2^{s} = f_2^{s} = \gamma_2 x_2 f_2^{scl} \tag{7.79}$$

上标 scl 表示 subcooled liquid，即过冷液体，则

$$x_2 = \frac{f_2^{s}}{\gamma_2 f_2^{scl}} \tag{7.80}$$

式中 x_2——溶液中溶质的摩尔分数；

f_2^{scl}——在熔点以下，过冷的或假想纯溶质液体的逸度。

固体的逸度和其过冷液体逸度的比值 f_2^{s}/f_2^{scl} 一般由液—固平衡实验数据确定。对于比较简单明确的体系，也可根据三相点的条件求得

$$\ln \frac{f_2^{s}}{f_2^{scl}} = \frac{\Delta H_f}{R}\left(\frac{1}{T} - \frac{1}{T_f}\right) \tag{7.81}$$

式中 $\Delta H_f = H_f^{s} - H_f^{L}$——三相点处的液体凝固焓变；

T_f——三相点温度。

式(7.81)的推导中假定：(1)液体和固体的逸度只与温度有关，压力对其影响忽略不计(因为三相点压力和实际液—固平衡体系的压力均不高，液固的体积差也不大)；(2)液—固焓差为常数。

大多数的原油均含有一定比例的重质碳烃化合物，如沥青质、石蜡等固溶物，将沥青质沉积相、石蜡沉积相视为固相，沥青质、石蜡的沉积则为一类复杂的液—固平衡问题。它们同样可以利用上述方程，结合 Flory-Huggins 高分子溶液理论(解决活度系数的计算)等进行求解。

7.7 气—液—固三相平衡或多相平衡

有些体系如含水合物体系，处于气—液—固三相平衡状态，根据相平衡准则，平衡时多元混合物中的每一组分在各相中的化学位相等。气、液相组分逸度可以采用状态方程或活度系数模型进行计算。对于固体相中的组分逸度，需根据固体的结构特点，建立特定的热力学方程或模型。例如，水合物热力学模型主要就是针对固相组分逸度或化学位的计算。本节以水合物体系为例，介绍气—液—固多相体系的相平衡热力学计算方法。

气体水合物是由气体和水在一定温度、压力条件下，生成的一种非化学计量型笼形晶体，

外观类似冰霜。天然气中的组分如 CH_4、C_2H_6、C_3H_8、$i-C_4H_{10}$、CO_2、H_2S 和其他小分子气体如 Ne、Ar、Kr、Xe、N_2、O_2 等均可以生成水合物。在气体水合物中，水分子通过氢键作用形成具有特定结构的笼状晶格主体，较小的气体分子(所谓客体分子)则被包容在笼状空穴中。目前已发现的气体水合物晶体结构有Ⅰ、Ⅱ和 H 型 3 种。

气体水合物的发现虽然已有近 200 年的历史,但是真正受到重视是近几十年。天然气水合物研究目前在世界范围内受到高度重视的原因首先在于它被公认为 21 世纪的重要后续能源。近20 年来在海洋和冻土带发现的天然气水合物资源量特别巨大,甲烷的总资源量约为$(1.8\sim2.1)\times10^{16}m^3$,有机碳储量相当于全球已探明矿物燃料(煤、石油、天然气)的 2 倍。

天然气水合物和常规油气田生产密切相关。应该说 20 世纪 60 年代到 80 年代末期,气体水合物研究的主要动力就来源于常规油气生产部门。研究的主要目标就是解决水合物堵塞井筒、油气田地面处理装置和输气管线这一长期困扰油气生产和运输的问题。国际上目前仍有相当数量的企业和研究部门在从事这方面的研究,力求开发出一种经济环保的水合物抑制剂(动力学抑制剂)来代替传统抑制剂(主要是热力学抑制剂,耗量大、污染环境)。

利用水合物独特的化学物理特征可以开发一系列高新技术,造福人类。目前国际上有很大一部分水合物研究工作者正在从事这一领域的工作,所开发的水合物应用技术涉及水资源、环保、气候、油气储运、石油化工、生化制药等诸多领域。其中典型的例子有水合物法淡化海水以弥补淡水资源的不足;水合物法永久性地将温室气体 CO_2 存于海底以改善全球气候环境;以水合物的形式储存、运输、集散天然气;水合物法分离低沸点气体混合物(如乙烯裂解气、各种炼厂干气和天然气);水合物法蓄冷等。可见气体水合物给人类带来了许多问题,也给科学技术和人类自身的发展带来了许多机遇。

水合物相平衡热力学在水合物科学研究和技术开发中占十分重要的地位,如地下天然气水合物稳定带的圈定、管道水合物抑制、所有基于水合物的应用技术开发都必须以水合物相平衡热力学为基础。水合物相平衡热力学中最关键的环节是有关水合物生成和稳定条件的确定。

在可生成气体水合物的多元混合物体系中,可能出现的共存平衡相有:气相、冰相、富水液相、富烃液相以及固态水合物相。

气体水合物相平衡的实验研究实际上就是测定其平衡生成条件,即温度和压力的平衡曲线。目前预测气体水合物生成条件的热力学模型几乎都是以经典统计热力学为基础的。van der Waals 和 Platteeuw 在 1959 年提出了一个基于经典吸附理论的基础模型;Parrish 和 Prausnitz 后来将其实用化;另一种为基于新提出的水合物生成机制而建立的 Chen-Guo 水合物模型。下面分别对其进行简要的介绍。

7.7.1 van der Waals 和 Platteeuw 水合物热力学模型

van der Waals 和 Platteeuw 提出的初始模型基于以下假设:

(1)每个空穴最多只能容纳一个气体分子。

(2)空穴被认为是球形的,气体分子和晶格上水分子间的相互作用可用分子间势能函数来描述。

(3)气体分子在空穴内可自由旋转。

(4)不同空穴的气体分子间没有相互作用,气体分子只与最邻近的水分子之间存在相互作用。

(5)水分子对水合物自由能的贡献与其所包容的气体分子的大小及种类无关(气体分子不能使水合物晶格变形)。

预测平衡的标准为

$$\mu_H = \mu_W \tag{7.82}$$

式中 μ_H——水在水合物相的化学位;

μ_W——水在富水相或冰相的化学位。

若将空水合物晶格的化学位 μ_β 作为参考态,则平衡条件如下:

$$\Delta\mu_W = \Delta\mu_H \tag{7.83}$$

其中

$$\Delta\mu_W = \mu_\beta - \mu_W \tag{7.84}$$

$$\Delta\mu_H = \mu_\beta - \mu_H \tag{7.85}$$

van der Waals 和 Platteeuw 根据水合物晶体结构的特点,应用经典统计热力学的处理方法,结合 Langmuir 气体等温吸附理论,推导出

$$\Delta\mu_H = -RT\sum_{i=1}^{2}\lambda_i \ln\left(1 - \sum_{j=1}^{N_c}\theta_{ij}\right) \tag{7.86}$$

$$\theta_{ij} = C_{ij}\hat{f}_j \Big/ \left(1 + \sum_{j=1}^{N_c} C_{ij}\hat{f}_j\right) \tag{7.87}$$

式中 λ_i——每个水合物晶格胞腔中 i 型空穴的数目与构成晶格胞腔的水分子数目之比;

θ_{ij}——客体分子 j 在 i 型空穴中的占有分率;

$\hat{f}_j$——客体分子 j 在平衡各相中的逸度;

C_{ij}——客体分子 j 在 i 型空穴中的 Langmuir 常数;

N_c—混合物中可生成气体水合物的组分数目。

从式(7.86)可以看出,客体分子的占有率 θ_{ij} 越大,μ_H 越低,水合物就越趋于稳定。通常,在稳定的气体水合物中,客体分子的占有率 θ_{ij} 的数值在 0.8~1.0。

$\hat{f}_j$ 通常可由状态方程计算,而 C_{ij} 则反映了水合物晶格空穴中客体分子与水分子之间相互作用的大小,它仅仅是温度的函数,理论上可由式(7.88)计算:

$$C_{ij} = \frac{4\pi}{kT}\int_0^R \exp\left[\frac{-W(r)}{kT}\right] r^2 \mathrm{d}r \tag{7.88}$$

式中 $W(r)$——水合物晶格空穴中客体分子与构成空穴的水分子间的势能之和;

r——客体分子偏离球形空穴中心的距离。

如果给出客体分子与水分子间的势能函数模型,便可根据加和性得出 $W(r)$,从而算出 C_{ij}。

van der Waals 和 Platteeuw 采用 Lennard-Jones 势能函数模型描述客体分子与水分子之间的相互作用,计算了 9 个纯气体在 0℃时的水合物生成压力。结果表明,对于单原子分子或近

球形分子,预测结果与实验数据较为相近;但对于非球形分子,预测结果不好。McKoy 和 Sinanoglu考察了几种不同的势能函数模型后指出,在处理非球形分子时,Kihara 势能函数模型要优于其他的势能函数模型。

Kihara 势能函数模型的表达式为

$$\Gamma(r) = \begin{cases} \infty & (r \leqslant 2a) \\ 4\varepsilon\left[\left(\dfrac{\sigma}{r-2a}\right)^{12} - \left(\dfrac{\sigma}{r-2a}\right)^{6}\right] & (r > 2a) \end{cases} \tag{7.89}$$

式中 $\Gamma(r)$——分子间相互作用势能;

ε——能量参数;

a——非球形分子核半径;

σ——$\Gamma=0$ 时的分子核间距。

由加和性假设,空穴的总势能 $W(r)$ 为

$$W(r) = 2Z\varepsilon\left[\frac{\sigma^{12}}{R^{11}r}\left(\delta^{10} + \frac{a}{R}\delta^{11}\right) - \frac{\sigma^{6}}{R^{5}r}\left(\delta^{4} + \frac{a}{R}\delta^{5}\right)\right] \tag{7.90}$$

$$\delta^{N} = \frac{1}{N}\left[\left(1 - \frac{r}{R} - \frac{a}{R}\right)^{-N} - \left(1 + \frac{r}{R} - \frac{a}{R}\right)^{-N}\right] \tag{7.91}$$

式中 N——指数,分别为 4、5、10、11;

Z——配位数,即晶格中组成每个空穴的水分子数目;

R——空穴半径。

Parrish 和 Prausnitz 使用一个经验表达式计算 C_{ij},大大地简化了 van der Waals-Platteeuw 模型中 C_{ij}的计算,C_{ij}的表达式为

$$C_{ij}(T) = \frac{A_{ij}}{T}\exp\left(\frac{B_{ij}}{T}\right) \tag{7.92}$$

式中,A_{ij}和 B_{ij}为实验拟合参数。他们拟合了 15 种气体的参数,并首次将 van der Waals-Platteeuw 模型推广到多元体系气体水合物生成压力的计算。

$\Delta\mu_{W}$ 的计算表达式为

$$\frac{\Delta\mu_{W}}{RT} = \frac{\Delta\mu_{W}^{0}}{RT_{0}} - \int_{T_0}^{T}\left(\frac{\Delta h_{W}}{RT^{2}}\right)dT + \int_{T_0}^{T}\left(\frac{\Delta\nu_{W}}{RT}\right)\left(\frac{dp}{dT}\right)dT \tag{7.93}$$

式中 Δh_{W}——空水合物晶格与液态纯水($T>273.15$K)或冰($T<273.15$K)间的摩尔焓差;

$\Delta\nu_{W}$——空水合物晶格与液态纯水($T>273.15$K)或冰($T<273.15$K)间的摩尔体积差;

$\Delta\mu_{W}^{0}$——在 T_0(通常取 273.15K)和零压下,空水合物晶格和冰间的化学位差。

dp/dT由实验测定的某一参考水合物的 p—T 平衡曲线确定。

7.7.2 Chen-Guo 水合物热力学模型

前述的水合物模型都是基于等温吸附理论建立的,实际上水合物的生成和等温吸附过程的机理是有差异的。Chen(陈光进)和 Guo(郭天民)(分别于 1996 年、1998 年)提出了一个基于水合物生成机理的水合物模型。经过改进,Chen-Guo 模型现已能推广应用至水相含盐和含

抑制剂的复杂体系。

Chen-Guo 模型基于所提出的水合物生成机理为：

第一步：通过准化学反应生成化学计量型的基础水合物(basic hydrate)。

第二步：基础水合物存在空的包腔，一些气体小分子被吸附于其中，导致水合物的非化学计量性。

在第一步中，假设溶于水中的气体分子与包围它的水分子形成不稳定的分子束。这些分子束相互缔合形成所谓的基础水合物。分子束实际上是一种多面体，它们在缔合过程中需要保持水分子的四个氢键处于饱和状态，因此不能形成紧密堆积，缔合过程中必然会形成空的包腔，被称为连接孔。这一过程可以由下面的化学反应来描述：

$$H_2O + \lambda_2 G \longrightarrow G\lambda_2 \cdot H_2O \tag{7.94}$$

式中 G——客体分子；

λ_2——基础水合物中每一个水分子所包容的客体分子数。

在第二步中，溶于水中的小分子气体(如 Ar、N_2、O_2、CH_4 等)很可能会进入连接孔中。由于连接孔孔径较小，大分子气体(如 C_2H_6、C_3H_8、$i-C_4H_{10}$、$n-C_4H_{10}$ 等)将不能进入。即使对小分子气体，其分子也不会占据所有的连接孔，因此采用 Langmuir 吸附理论来描述气体分子填充连接孔的现象较为合理。

基于上述水合物的生成机理，当体系达到平衡时，应存在两种平衡，即拟化学反应平衡和气体分子在连接孔中的物理吸附平衡。由反应平衡条件有

$$\mu_B^0 + \lambda_1 RT\ln(1-\theta) = \mu_W + \lambda_2[\mu_G^0(T) + RT\ln f] \tag{7.95}$$

由 Langmuir 吸附理论可得气体分子在连接孔中的填充率 θ 的计算公式：

$$\theta = \frac{cf}{1+cf} \tag{7.96}$$

令

$$f^0 = \exp\left[\frac{\mu_B^0 - \mu_W - \lambda_2\mu_G^0(T)}{\lambda_2 RT}\right] \tag{7.97}$$

则有

$$f = f^0(1-\theta)^\alpha \tag{7.98}$$

式中，$\alpha = \lambda_1/\lambda_2$。对于Ⅰ型水合物，$\alpha = 1/3$；对于Ⅱ型水合物，$\alpha = 2$。$f^0$可表示为

$$f^0 = f_T^0 \exp\left(\frac{\beta p}{T}\right)\alpha_W^{-1/\lambda_2} \tag{7.99}$$

式中，β 只与水合物的结构类型有关。对于结构Ⅰ，$\beta = 0.4242K \cdot bar^{-1}$；对于结构Ⅱ，$\beta = 1.0224K \cdot bar^{-1}$。$\alpha_W$ 为富水相中水的活度。若富水相中不含抑制剂，可令水的活度为1；若富水相中含有抑制剂(如甲醇)，则水的活度需由式(7.100)计算：

$$\alpha_W = \hat{f}_W / f_W \tag{7.100}$$

将f_T^0按 Antoine 方程形式关联成温度的函数：

$$f_T^0 = A\exp\left(\frac{B}{T-C}\right) \tag{7.101}$$

典型纯气体组分参数 A、B、C 的值列于表7.6中。

表 7.6 计算 f_T^0 公式(7.101)中各气体的参数值

气体	结构 I			结构 II		
	$A\times10^{-15}$,Pa	B,K	C,K	$A\times10^{-28}$,Pa	B,K	C,K
Ar	58.705	-5393.68	28.81	7.3677	-12889	-2.61
Kr	38.719	-5682.08	34.70	3.1982	-12893	4.11
N_2	97.939	-5286.59	31.65	6.8265	-12770	-1.10
O_2	62.498	-5353.95	25.93	4.3195	-12505	-0.35
CO_2	963.72	-6444.50	36.67	3.4474	-12570	6.79
H_2S	4434.2	-7540.62	31.88	3.2794	-13523	6.70
CH_4	1584.4	-6591.43	27.04	5.2602	-12955	4.08
C_2H_4	48.418	-5597.59	51.80	0.0377	-13841	0.55
C_2H_6	47.500	-5465.60	57.93	0.0399	-11491	30.4
C-C_3H_6	0.9496	-3732.47	113.6	2.3854	-13968	8.78
C_3H_8	100.00	-5400	55.50	4.1023	-13106	30.72
n-C_4H_{10}	1.00	0	0	3.5907	-12312	39.0
i-C_4H_{10}	1.00	0	0	4.5138	-12850	37.0

式(7.96)中的 Langmuir 常数 c 可用 Lennard-Jones 势能函数由严格的统计热力学公式计算。由于计算过程中需用到数值积分,为便于工程应用,先用严格法计算出某些小分子气体(可占据小孔)在不同温度下的式(7.96)中的 Langmuir 常数 c 值,然后采用 Antoine 方程形式对它们进行关联如下:

$$c = X\exp\left(\frac{Y}{T - Z}\right) \tag{7.102}$$

关联得到的系数 X、Y 和 Z 值列于表 7.7。

表 7.7 计算 Langmuir 常数公式(7.102)中各气体的参数值

气 体	$X\times10^{11}$,Pa^{-1}	Y,K	Z,K
Ar	5.6026	2657.94	-3.42
Kr	4.5684	3016.70	6.24
N_2	4.3151	2472.37	0.64
O_2	9.4987	2452.29	1.03
CO_2	1.6464	2799.66	15.90
H_2S	4.0596	3156.52	27.12
CH_4	2.3048	2752.29	23.01

由气体混合物形成的基础水合物可被看成是由几个基础水合物组分组成的固体溶液。由于同一结构的不同基础水合物的摩尔体积非常接近,因此基础水合物的混合物其过剩体积和过剩熵接近于零,从而可将基础水合物的混合物看作是正规溶液。如果忽略水合物中不同气体分子之间的相互作用,则有

$$f_i = x_i f_i^0 \left(1 - \sum_j \theta_j\right)^{\alpha} \tag{7.103}$$

$$\sum_j \theta_j = \frac{\sum_j \hat{f}_j c_j}{1 + \sum_j \hat{f}_j c_j} \tag{7.104}$$

$$\sum_i x_i = 1.0 \tag{7.105}$$

式中 $\hat{f}_j$——气体组分 j 的逸度；

θ_j——被气体组分 j 占据的连接孔的分率；

x_i——由气体组分 i 形成的基础水合物在混合基础水合物中所占的摩尔分率；

f_i^0——由式(7.99)计算得到的基础水合物组分 i 的逸度。

如果考虑客体分子间的相互作用，在计算混合水合物体系中基础水合物组分 i 的 $f_i^0(T)$ 时，式(7.101)修正为

$$f_i^0(T) = \exp\left(\frac{-\sum_j A_{ij}\theta_j}{T}\right) \cdot \left[A_i \exp\left(\frac{B_i}{T - C_i}\right)\right] \tag{7.106}$$

式中，A_{ij} 为二元交互作用参数（$A_{ij} = A_{ji}, A_{ii} = A_{jj} = 0$）。对于Ⅰ型水合物，$A_{ij}$ 可以认为全等于零；对于Ⅱ型水合物，A_{ij} 由典型的二元水合物生成数据回归得到，A_i、B_i、C_i 可由表7.6中查得。

7.7.3 水合物生成条件的计算方法

以 Chen-Guo 水合物模型为例，介绍水合物生成条件的计算方法。在指定温度下，水合物生成压力的计算步骤为：

(1)输入当前温度及富烃相和富水相的组成与相关的物性参数；

(2)给生成压力赋初值；

(3)按常规方法用 p—T 状态方程进行气—液(富水相)—液(富烃相)三相 p—T 闪蒸计算，得到气相中每个组分的逸度 $\hat{f}_i$ 和富水相中水的逸度；

(4)由式(7.106)计算 $f_i^0(T)$，由式(7.100)计算 α_W，由式(7.99)计算 f_i^0；

(5)由式(7.102)计算 c_i，由式(7.104)计算 $\sum_j \theta_j$；

(6)由式(7.103)计算每个基础水合物组分的 x_i；

(7)计算并判断 $(\sum_i x_i) - 1$ 是否足够小，否则调整压力的值(可用附录Ⅶ介绍的 Newton-Raphson 法——割线法来实现)，重复步骤(3)～(6)，直到 $(\sum_i x_i) - 1$ 满足误差精度为止，即 $(\sum_i x_i) - 1 < \varepsilon$。

水合物生成温度的计算步骤与上述水合物生成压力的计算步骤基本相同。

◇ 习 题 ◇

1. 利用低压下的汽—液相平衡方程：

$$y_i p = \gamma_i x_i p_i^{sat}$$

以及如下的活度系数方程：

$$\ln\gamma_1 = 0.46x_2^2, \ln\gamma_2 = 0.46x_1^2$$

试作出在40℃下，环己烷(1)—苯(2)体系的 p—x 相图。已知40℃下 $p_1^s = 24.6\text{kPa}, p_2^s = 24.4\text{kPa}$。

2. 19.8℃时二硫化碳(1)—环己烷(2)混合物在 $x_1 = 0.05$ 时泡点压力为20.10kPa，$x_1 = 0.95$ 时泡点压力为33.26kPa。假设 Redlich-Kwong 方程适用于汽相，van Laar 方程适用于液相，试求汽相组成。

3. 对于在20atm(1atm = 0.1MPa)和其露点下的等摩尔丙烷和己烷混合物，将其闪蒸至5atm、20℃，假定 Soave 状态方程对汽相和液相均可适用，试求闪蒸分离后的各相分率和各相的组成。

4. 甲醇(1)—乙腈(2)体系的 Wilson 方程参数和摩尔体积如下：

$$\lambda_{12} - \lambda_{11} = -2111.45\text{J}\cdot\text{mol}^{-1},\ \lambda_{21} - \lambda_{22} = 823.75\text{J}\cdot\text{mol}^{-1}$$

$$v_1 = 40.73\text{cm}^3\cdot\text{mol}^{-1},\ v_2 = 66.30\text{cm}^3\cdot\text{mol}^{-1}$$

纯物质的蒸气压分别为

$$\ln p_1^s = 16.59381 - \frac{3644.297}{t + 239.765} \qquad (p_1^s:\text{kPa}, t:℃)$$

$$\ln p_2^s = 14.72577 - \frac{3271.241}{t + 241.852} \qquad (p_2^s:\text{kPa}, t:℃)$$

试求：(1) $x_1 = 0.73$ 和 $t = 70$℃时的泡点压力；

(2) $y_1 = 0.73$ 和 $t = 70$℃时的露点压力；

(3) $x_1 = 0.79, p = 101.33\text{kPa}$ 时的泡点温度；

(4) $y_1 = 0.63, p = 101.33\text{kPa}$ 时的露点温度。

5. 用 R-K 状态方程和 vdW 混合规则估算二氧化碳(1)—丙烷(2)体系在等摩尔比和450K、16.0MPa 时的 $\hat{\phi}_1$ 和 $\hat{\phi}_2$ 值。

6. 某二元混合物的活度系数方程可近似用下式表示：$\ln\gamma_1 = Ax_2^2, \ln\gamma_2 = Ax_1^2$ 其中 A 为常数。已知其在60℃达到汽—液相平衡时能形成共沸物。现测得60℃时，$\gamma_1^\infty = 14.7, p_1^s = 0.0174\ \text{MPa}, p_2^s = 0.0667\ \text{MPa}$。设汽相可视为理想气体。试求：60℃时恒沸点的组成和恒沸压力。

7. 已知水(1)—异丁醛(2)体系在323K时的液—液平衡数据，水在异丁醛中的含量 $x_1^{\text{I}} = 0.1195$，异丁醛在水中的含量 $x_2^{\text{II}} = 0.112$，试求 van Laar 方程和 Margules 方程的参数。

8. 试证明 Wilson 方程不能用于液—液部分互溶体系。

9. 若二元系的过量 Gibbs 自由焓可用两尾标的 Margules 方程 $g^E = Ax_1x_2$ 表达。请问：该二元体系能否出现液—液分层现象？并标明条件。

附录

附录Ⅰ　单位换算表

物 理 量	转 换 关 系
长 度	1m = 100 cm = 3.28084 ft = 39.3071 in
质 量	1 kg = 10^3 g = 2.20462 lbf
力	1N = 1 kg · m · s^{-2} = 10^5 dyn = 0.224809 lbf
压 力	1bar = 10^5 kg · m^{-1} · s^{-2} = 10^5 N · m^{-2} = 10^6 dyn · cm^{-2} = 0.986923 atm = 14.5038 psia = 750.061 mmHg
体 积	1m^3 = $10^6$$cm^3$ = 10^3 L = 35.3174 ft^3 = 264.172 gal
密 度	1g/cm^3 = 10^3 kg · m^{-3} = 10^3 g · L^{-1} = 62.4278 lbf · ft^{-3} = 8.3454 lbf · gal^{-1}
能 量	1J = 1 kg · m^2 · s^{-2} = 1 N · m = 1 W · s = 10^7 dyn · cm = 10^7 erg = 10 cm^3 · bar = 10^{-2} L · bar = 10^{-5} m^3 · bar = 0.239006 cal = 9.8623 cm^3 · atm = 5.12197×10^{-3} ft^3 · psia = 0.737562 ft · lbf = 9.47831×10^{-4} Btu
功 率	1kW = 10^3 kg · m^2 · s^{-3} = 10^3 W = 10^3 J · s^{-1} = 10^3 V · A = 239.006 cal · s^{-1} = 737.562 ft · lbf · s^{-1} = 56.8699 Btu · min^{-1} = 1.34102 hp

附录Ⅱ　纯物质物性参数表

Tf_p——常压结晶点,K;T_b——标准沸点(1 atm),K;T_c——临界温度,K;p_c——临界压力,10^{-1}MPa;
V_c——临界体积,$cm^3 \cdot mol^{-1}$;Z_c——临界压缩因子;ω——Pitzer 偏心因子;μ——偶极矩,debye。

序号	分子式	名称	分子量	Tf_p	T_b	T_c	p_c	V_c	Z_c	ω	μ
1	CH_4	甲烷	16.043	90.7	111.6	190.4	46.0	99.2	0.288	0.011	0.0
2	C_2H_6	乙烷	30.070	89.9	184.6	305.4	48.8	148.3	0.285	0.099	0.0
3	C_3H_8	丙烷	44.094	85.5	231.1	369.8	42.5	203.0	0.281	0.153	0.0
4	C_3H_6	环丙烷	42.081	145.7	240.3	397.8	54.9	163.0	0.274	0.130	0.0
5	C_4H_{10}	正丁烷	58.124	134.8	272.7	425.2	38.0	255.0	0.274	0.199	0.0
6	C_4H_{10}	异丁烷	58.124	113.6	261.4	408.2	36.5	263.0	0.283	0.183	0.1
7	C_4H_8	环丁烷	56.108	182.4	285.7	460.0	49.9	210.0	0.274	0.181	—
8	C_5H_{12}	正戊烷	72.151	143.4	309.2	469.7	33.7	304.0	0.263	0.251	0.0
9	C_5H_{10}	环戊烷	70.135	179.3	322.4	511.7	45.1	260.0	0.275	0.196	0.0
10	C_6H_{14}	正己烷	86.178	177.8	341.9	507.5	30.1	370.0	0.264	0.299	0.0
11	C_6H_{12}	环己烷	84.162	279.6	353.8	553.5	40.7	308.0	0.273	0.212	0.3
12	C_7H_{16}	正庚烷	100.205	182.6	371.6	540.3	27.4	432.0	0.263	0.349	0.0
13	C_7H_{14}	环庚烷	98.189	265.0	391.6	604.2	38.1	353.0	0.268	0.237	—
14	C_8H_{18}	正辛烷	114.232	216.4	398.8	568.8	24.9	492.0	0.259	0.389	0.0
15	C_8H_{16}	环辛烷	112.216	287.6	422.0	647.2	35.6	410.0	0.271	0.236	—
16	C_9H_{20}	正壬烷	128.259	219.7	424.0	594.6	22.9	548.0	0.26	0.445	—
17	$C_{10}H_{22}$	正癸烷	142.286	243.5	447.3	617.7	21.2	603.0	0.249	0.489	0.0
18	C_2H_4	乙烯	28.054	104.0	169.3	282.4	50.4	130.4	0.280	0.089	0.0
19	C_3H_6	丙烯	42.081	87.9	225.5	364.9	46.0	181.0	0.274	0.144	0.4

续表

序号	分子式	名称	分子量	Tf_p	T_b	T_c	p_c	V_c	Z_c	ω	μ
20	C_3H_4	丙二烯	40.065	136.9	238.7	393.0	54.7	162.0	0.271	0.313	0.2
21	C_4H_8	1-丁烯	56.108	87.8	266.9	419.6	40.2	240.0	0.277	0.191	0.3
22	C_4H_8	2-丁烯(顺式)	56.108	134.3	276.9	435.6	42.0	234.0	0.271	0.202	0.3
23	C_4H_8	2-丁烯(反式)	56.108	167.6	274.0	428.6	39.9	238.0	0.266	0.205	0.0
24	C_4H_8	异丁烯	56.108	132.8	266.2	417.9	40.0	239.0	0.275	0.194	0.5
25	C_5H_{10}	1-戊烯	70.135	107.9	303.1	464.8	35.3	300.0	0.310	0.233	0.4
26	C_6H_{12}	1-己烯	84.163	133.3	336.6	504.0	31.7	350.0	0.260	0.285	0.4
27	C_7H_{14}	1-庚烯	98.189	154.3	366.8	537.3	28.3	440.0	0.280	0.358	0.3
28	C_8H_{16}	1-辛烯	112.216	171.4	394.4	566.7	26.2	464.0	0.260	0.386	0.3
29	C_9H_{18}	1-壬烯	126.243	191.8	420.0	592.0	23.4	580.0	0.280	0.430	—
30	$C_{10}H_{20}$	1-癸烯	140.270	206.9	443.7	615.0	22.0	650.0	0.280	0.491	—
31	C_2H_2	乙炔	26.038	—	188.4	308.3	61.4	112.7	0.270	0.190	0.0
32	C_4H_6	1-丁炔	54.092	147.4	281.2	463.7	47.1	220.0	0.270	0.050	0.8
33	C_4H_6	2-丁炔	54.092	240.9	300.1	488.7	50.8	221.0	0.277	0.124	0.8
34	C_5H_8	1-戊炔	68.119	167.5	313.3	493.5	40.5	278.0	0.275	0.164	0.9
35	CH_4O	甲醇	32.042	175.5	337.7	512.6	80.9	118.0	0.224	0.556	1.7
36	C_2H_6O	乙醇	46.069	159.1	351.4	513.9	61.4	167.1	0.240	0.644	1.7
37	$C_2H_6O_2$	乙二醇	62.069	260.2	470.5	645.0	77.0	—	—	—	2.2
38	C_3H_8O	正丙醇	60.096	146.9	370.3	536.8	51.7	219.0	0.253	0.623	1.7
39	C_3H_8O	异丙醇	60.096	184.7	355.4	508.3	47.6	220.0	0.248	0.665	1.7
40	$C_4H_{10}O$	正丁醇	74.123	183.9	390.9	563.1	44.2	275.0	0.259	0.593	1.8

续表

序号	分子式	名称	分子量	Tf_p	T_b	T_c	p_c	V_c	Z_c	ω	μ
41	$C_5H_{12}O$	1-戊醇	88.150	195.0	411.1	588.2	39.1	326.0	0.260	0.579	1.7
42	$C_6H_{14}O$	1-己醇	102.177	229.2	430.2	611.0	40.5	381.0	0.300	0.560	1.8
43	$C_6H_{12}O$	环己醇	100.160	298.0	434.3	625.0	37.5	—	—	0.528	1.7
44	$C_7H_{16}O$	1-庚醇	116.204	239.2	449.8	633.0	30.4	435.0	0.251	0.560	1.7
45	$C_8H_{18}O$	1-辛醇	130.231	257.7	468.3	652.5	28.6	490.0	0.258	0.587	2.0
46	$C_9H_{20}O$	1-壬醇	144.258	269.0	486.7	671.0	—	546.0	—	—	1.7
47	$C_{10}H_{22}O$	1-癸醇	158.285	280.1	506.1	687.0	22.2	600.0	0.230	—	1.8
48	CH_2O	甲醛	30.026	156.0	254.0	408.0	65.9	—	—	0.253	2.3
49	C_2H_4O	乙醛	44.054	150.2	294.0	461.0	55.7	154.0	0.220	0.303	2.5
50	C_3H_6O	丙醛	58.080	193.0	321.0	515.3	63.3	—	—	0.313	2.7
51	C_4H_8O	正丁醛	72.107	176.8	348.0	545.4	53.8	—	—	0.352	2.6
52	C_4H_8O	异丁醛	72.107	208.2	337.0	513.0	41.5	274.0	0.270	0.350	—
53	$C_5H_{10}O$	戊醛	86.134	182.0	376.0	554.0	35.4	333.0	0.260	0.400	2.6
54	CH_2O_2	甲酸	46.025	281.5	373.8	5800	—	—	—	—	1.5
55	$C_2H_4O_2$	乙酸	60.052	289.8	391.1	592.7	57.9	171.0	0.201	0.447	1.3
56	$C_3H_6O_2$	丙酸	74.080	252.5	414.5	612.0	54.0	222.0	0.183	0.520	1.5
57	$C_4H_6O_4$	丁二酸	118.090	456.0	508.0	—	—	—	—	—	2.2
58	$C_4H_8O_2$	正丁酸	88.107	267.9	437.2	628.0	52.7	290.0	0.292	0.683	1.5
59	$C_4H_8O_2$	异丁酸	88.107	227.2	427.9	609.0	40.5	292.0	0.234	0.623	1.3
60	C_6H_6	苯	78.114	278.7	353.2	562.2	48.9	259.0	0.271	0.212	0.0
61	C_7H_8	甲苯	92.141	178.0	383.8	591.8	41.0	316.0	0.263	0.263	0.4

续表

序号	分子式	名称	分子量	Tf_p	T_b	T_c	p_c	V_c	Z_c	ω	μ
62	C_8H_{10}	乙苯	106.168	175.2	409.3	617.2	36.0	374.0	0.262	0.302	0.4
63	C_9H_{12}	正丙苯	120.195	173.7	432.4	638.2	32.0	440.0	0.265	0.344	—
64	C_6H_6O	苯酚	94.113	314.0	455.0	694.2	61.3	229.0	0.240	0.438	1.6
65	C_7H_6O	苯甲醛	106.124	216.0	452.2	694.8	45.4	—	—	0.316	2.8
66	$C_7H_6O_2$	苯甲酸	122.124	395.6	523.0	752.0	45.6	341.0	0.250	0.620	1.7
67	C_8H_8	苯乙烯	104.152	242.5	418.3	647.0	39.9	—	—	0.257	0.1
68	C_6H_7N	苯胺	93.129	267.0	457.6	699.0	53.1	274.0	0.250	0.384	1.6
69	$C_2H_4O_2$	甲酸甲酯	60.052	174.2	304.9	487.2	60.0	172.0	0.255	0.257	1.8
70	$C_3H_6O_2$	甲酸乙酯	74.080	193.8	327.5	508.5	47.4	229.0	0.257	0.285	2.0
71	$C_3H_6O_2$	乙酸甲酯	74.080	175.0	330.4	506.8	46.9	228.0	0.254	0.326	1.7
72	$C_4H_8O_2$	乙酸乙酯	88.107	189.6	350.3	523.2	38.3	286.0	0.252	0.362	1.9
73	$C_4H_8O_2$	丙酸甲酯	88.107	185.7	352.8	530.6	40.0	282.0	0.256	0.350	1.7
74	$C_5H_{10}O_2$	丙酸乙酯	102.134	199.3	372.2	546.0	33.6	345.0	0.256	0.391	1.8
75	$C_5H_{10}O_2$	丁酸甲酯	102.134	188.4	375.9	554.4	34.8	340.0	0.257	0.380	1.7
76	$C_6H_{12}O_2$	丁酸乙酯	116.160	180.0	394.7	569.0	29.6	421.0	0.263	0.461	1.8
77	C_3H_6O	丙酮	58.080	178.2	329.2	508.1	47.0	209.0	0.232	0.304	2.9
78	C_2H_6O	二甲醚	46.069	131.7	248.3	400.0	52.4	178.0	0.287	0.200	1.3
79	$C_4H_{10}O$	乙醚	74.123	156.9	307.6	466.7	36.4	280.0	0.262	0.281	1.3
80	C_5H_5N	吡啶	79.102	231.5	388.4	620.0	56.3	254.0	0.277	0.243	2.3
81	C_4H_8O	四氢呋喃	72.107	164.7	338.0	540.1	51.9	224.0	0.259	0.217	1.7
82	$C_3H_8O_3$	甘油	92.095	291.0	563.0	726.0	66.8	255.0	0.280	—	3.0

续表

序号	分子式	名称	分子量	Tf_p	T_b	T_c	p_c	V_c	Z_c	ω	μ
83	$C_{10}H_8$	萘	128.174	353.5	491.1	748.4	40.5	413.0	0.269	0.302	0.0
84	H_2O	水	18.015	273.2	373.2	647.3	221.2	57.1	0.235	0.344	1.8
85	H_2S	硫化氢	34.080	189.6	213.5	373.2	89.4	98.6	0.284	0.081	0.9
86	H_3N	氨	17.031	195.4	239.8	405.5	113.5	72.5	0.244	0.250	1.5
87	H_2	氢(平衡)	2.016	14.0	20.3	33.0	12.9	64.3	0.303	-0.216	0.0
88	He	氦-3	3.017	—	3.19	3.31	1.1	72.9	0.302	-0.473	0.0
89	He	氦-4	4.003	—	4.25	5.19	2.2	57.4	0.302	-0.365	0.0
90	HCl	氯化氢	36.461	159.0	188.1	324.7	83.1	80.9	0.249	0.138	1.1
91	CO	一氧化碳	28.010	68.1	81.7	132.9	35.0	93.2	0.295	0.066	0.1
92	CO_2	二氧化碳	44.010	216.6	—	304.1	73.8	93.9	0.274	0.239	0.0
93	CS_2	二硫化碳	76.131	161.3	319.0	552.0	79.0	160.0	0.276	0.109	0.0
94	NO	一氧化氮	30.006	109.5	121.4	180.0	64.8	57.7	0.250	0.588	0.2
95	NO_2	二氧化氮	46.006	261.9	294.3	431.0	101.0	167.8	0.473	0.834	0.4
96	N_2	氮	28.013	63.3	77.4	126.2	33.9	89.8	0.290	0.039	0.0
97	Ne	氖	20.183	24.5	27.1	44.4	27.6	41.6	0.311	-0.029	0.0
98	O_2	氧	31.999	54.4	90.2	154.6	50.4	73.4	0.288	0.025	0.0
99	SO_2	二氧化硫	64.063	197.7	263.2	430.8	78.8	122.2	0.269	0.256	1.6
100	SO_3	三氧化硫	80.058	290.0	318.0	491.0	82.1	127.3	0.256	0.481	0.0

附录Ⅲ　理想气体热容参数表

恒压热容计算公式：$C_p = A + BT + CT^2 + DT^3$；$C_p$ 的单位为 $J \cdot mol^{-1} \cdot K^{-1}$，$T$ 的单位为 K。

A, B, C, D——计算理想气体定压热容的常数。

ΔH_f^0——理想气体在 298.2K 时的标准生成焓，$J \cdot mol^{-1}$。

ΔG_f^0——理想气体在 298.2K 和 1atm 时的标准 Gibbs 生成能，$J \cdot mol^{-1}$。

序号	分子式	名称	A	B	C	D	ΔH_f^0	ΔG_f^0
1	CH_4	甲烷	1.925E+1	5.213E−2	1.197E−5	−1.132E−8	−7.490E+4	−5.087E+4
2	C_2H_6	乙烷	5.409E+0	1.781E−1	−6.938E−5	8.713E−9	−8.474E+4	−3.295E+4
3	C_3H_8	丙烷	−4.224E+0	3.063E−1	−1.586E−4	3.215E−8	−1.039E+5	−2.349E+4
4	C_3H_6	环丙烷	−3.524E+1	3.813E−1	−2.881E−4	9.035E−8	5.334E+4	1.045E+5
5	C_4H_{10}	正丁烷	9.487E+0	3.313E−1	−1.108E−4	−2.822E−9	−1.262E+5	−1.610E+4
6	C_4H_{10}	异丁烷	−1.390E+0	3.847E−1	−1.846E−4	2.895E−8	−1.346E+5	−2.090E+4
7	C_4H_8	环丁烷	−5.025E+1	5.024E−1	−3.558E−4	1.047E−7	2.667E+4	1.101E+5
8	C_5H_{12}	正戊烷	−3.626E+0	4.873E−1	−2.580E−4	5.305E−8	−1.465E+5	−8.370E+3
9	C_5H_{10}	环戊烷	−5.362E+1	5.426E−1	−3.031E−4	6.485E−8	−7.729E+4	3.860E+4
10	C_6H_{14}	正己烷	−4.413E+0	5.820E−1	−3.119E−4	6.494E−8	−1.673E+5	−1.670E+2
11	C_6H_{12}	环己烷	−5.454E+1	6.113E−1	−2.523E−4	1.321E−8	−1.232E+5	3.178E+4
12	C_7H_{16}	正庚烷	−5.146E+0	6.762E−1	−3.651E−4	7.658E−8	−1.879E+5	8.000E+3
13	C_7H_{14}	环庚烷	−7.619E+1	7.867E−1	−4.204E−4	7.561E−8	−1.194E+5	6.305E+4
14	C_8H_{18}	正辛烷	−6.096E+0	7.712E−1	−4.195E−4	8.855E−8	−2.086E+5	1.640E+4
15	C_8H_{16}	环辛烷	—	—	—	—	—	—
16	C_9H_{20}	正壬烷	−8.374E+0	8.729E−1	−4.823E−4	1.031E−7	−2.292E+5	2.483E+4
17	$C_{10}H_{22}$	正癸烷	−7.913E+0	9.609E−1	−5.288E−4	1.131E−7	−2.498E+5	3.324E+4

续表

序号	分子式	名称	A	B	C	D	ΔH_f^0	ΔG_f^0
18	C_2H_4	乙烯	3.806E+0	1.566E−1	−8.348E−5	1.755E−8	5.234E+4	6.816E+4
19	C_3H_6	丙烯	3.710E+0	2.345E−1	−1.160E−4	2.205E−8	2.043E+4	6.276E+4
20	C_3H_4	丙二烯	9.906E+0	1.977E−1	−1.182E−4	2.782E−8	1.923E+5	2.025E+5
21	C_4H_8	1-丁烯	−2.994E+0	3.532E−1	−1.990E−4	4.463E−8	−1.260E+2	7.134E+4
22	C_4H_8	2-丁烯(顺式)	4.396E+1	2.953E−1	−1.018E−4	−0.616E−9	−6.990E+3	6.590E+4
23	C_4H_8	2-丁烯(反式)	1.832E+1	2.564E−1	−7.013E−5	−8.989E−9	−1.118E+4	6.301E+4
24	C_4H_8	异丁烯	1.605E+1	2.804E−1	−1.091E−4	9.098E−9	−1.691E+4	5.811E+4
25	C_5H_{10}	1-戊烯	−1.340E−1	4.329E−1	−2.317E−4	4.681E−8	−2.093E+4	7.917E+4
26	C_6H_{12}	1-己烯	−1.746E+0	5.309E−1	−2.903E−4	6.054E−8	−4.170E+4	8.750E+4
27	C_7H_{14}	1-庚烯	−3.303E+0	6.297E−1	−3.512E−4	7.607E−8	−6.234E+4	9.588E+4
28	C_8H_{16}	1-辛烯	−4.099E+0	0.239E−1	−4.036E−4	8.675E−8	−8.298E+4	1.043E+5
29	C_9H_{18}	1-壬烯	−3.718E+0	8.122E−1	−4.509E−4	9.705E−8	−1.036E+5	1.128E+5
30	$C_{10}H_{20}$	1-癸烯	−4.664E+0	9.077E−1	−5.058E−4	1.095E−7	−1.242E+5	1.211E+5
31	C_2H_2	乙炔	2.682E+1	7.578E−2	−5.007E−5	1.412E−8	2.269E+5	2.093E+5
32	C_4H_6	1-丁炔	1.255E+1	2.744E−1	−1.545E−4	3.450E−8	1.653E+5	2.022E+5
33	C_4H_6	2-丁炔	1.593E+1	2.381E−1	−1.070E−4	1.753E−8	1.464E+5	1.856E+5
34	C_5H_8	1-戊炔	1.807E+1	3.511E−1	−1.913E−4	4.098E−8	1.403E+5	1.403E+5
35	CH_4O	甲醇	2.115E+1	7.092E−2	2.587E−5	−2.852E−8	−2.013E+5	−1.626E+5
36	C_2H_6O	乙醇	9.014E+0	2.141E−1	−8.390E−5	1.373E−9	−2.350E+5	−1.684E+5
37	$C_2H_6O_2$	乙二醇	3.570E+1	2.483E−1	−1.497E−4	3.010E−8	−3.896E+5	−3.047E+5
38	C_3H_8O	正丙醇	2.470E+0	3.325E−1	−1.855E−4	4.296E−8	−2.566E+5	−1.619E+5

续表

序号	分子式	名称	A	B	C	D	ΔH_f^0	ΔG_f^0
39	C_3H_8O	异丙醇	3.243E+1	1.885E−1	6.406E−5	−9.261E−8	−2.726E+5	−1.735E+5
40	$C_4H_{10}O$	正丁醇	3.266E+0	4.180E−1	−2.242E−4	4.685E−8	−2.749E+5	−1.509E+5
41	$C_5H_{12}O$	1-戊醇	3.869E+0	5.045E−1	−2.639E−4	5.120E−8	−2.989E+5	−1.461E+5
42	$C_6H_{14}O$	1-己醇	4.811E+0	5.891E−1	−3.010E−4	5.426E−8	−3.178E+5	−1.357E+5
43	$C_6H_{12}O$	环己醇	−5.553E+1	7.214E−1	−4.086E−4	8.235E−8	−2.948E+5	−1.180E+5
44	$C_7H_{16}O$	1-庚醇	4.907E+1	6.778E−1	−3.447E−4	6.046E−8	−3.320E+5	−1.210E+5
45	$C_8H_{18}O$	1-辛醇	6.171E+0	7.607E−1	−3.797E−4	6.263E−8	−3.601E+5	−1.202E+5
46	$C_9H_{20}O$	1-壬醇	1.280E+0	8.817E−1	−4.791E−4	9.801E−8	−3.872E+5	−1.183E+5
47	$C_{10}H_{22}O$	1-癸醇	1.457E+1	8.947E−1	−3.921E−4	3.451E−8	−4.019E+5	−1.043E+5
48	CH_2O	甲醛	2.348E+1	3.157E−2	2.985E−5	−2.300E−8	−1.160E+5	−1.100E+5
49	C_2H_4O	乙醛	7.716E+0	1.823E−1	−1.007E−4	2.380E−8	−1.644E+5	−1.334E+5
50	C_3H_6O	丙醛	1.172E+1	2.614E−1	−1.300E−4	2.126E−8	−1.922E+5	−1.305E+5
51	C_4H_8O	正丁醛	1.408E+1	3.457E−1	−1.723E−4	2.887E−8	−2.052E+5	−1.148E+5
52	C_4H_8O	异丁醛	2.446E+1	3.356E−1	−2.057E−4	6.368E−8	−2.159E+5	−1.214E+5
53	$C_5H_{10}O$	戊醛	1.424E+1	4.329E−1	−2.107E−4	3.162E−8	1.403E+5	1.403E+5
54	CH_2O_2	甲酸	1.171E+1	1.358E−1	−8.411E−5	2.017E−8	−3.789E+5	−3.512E+5
55	$C_2H_4O_2$	乙酸	4.840E+0	2.549E−1	−1.753E−4	4.949E−8	−4.351E+5	−3.769E+5
56	$C_3H_6O_2$	丙酸	5.669E+0	3.689E−1	−2.865E−4	9.877E−8	−4.554E+5	−3.696E+5
57	$C_4H_6O_4$	丁二酸	1.507E+1	4.689E−1	−3.143E−4	7.938E−8	—	—
58	$C_4H_8O_2$	正丁酸	1.174E+1	4.137E−1	−2.430E−4	5.531E−8	−4.762E+5	—
59	$C_4H_8O_2$	异丁酸	9.814E+0	4.668E−1	−3.720E−4	1.350E−7	−4.842E+5	—

续表

序号	分子式	名称	A	B	C	D	ΔH_f^0	ΔG_f^0
60	C_6H_6	苯	-3.392E+1	4.739E-1	-3.017E-4	7.130E-8	8.298E+4	1.297E+5
61	C_7H_8	甲苯	-2.435E+1	5.125E-1	-2.765E-4	4.911E-8	5.003E+4	1.221E+5
62	C_8H_{10}	乙苯	-4.310E+1	7.072E-1	-4.811E-4	1.301E-7	2.981E+4	1.307E+5
63	C_9H_{12}	正丙苯	-3.129E+1	7.486E-1	-4.601E-4	1.081E-7	7.830E+3	1.373E+5
64	C_6H_6O	苯酚	-3.584E+1	5.983E-1	-4.827E-4	1.527E-7	-9.642E+4	-3.290E+4
65	C_7H_6O	苯甲醛	-1.214E+1	4.961E-1	-2.845E-4	5.167E-8	-3.680E+4	2.240E+4
66	$C_7H_6O_2$	苯甲酸	-5.129E+1	6.293E-1	-4.237E-4	1.062E-7	-2.904E+5	-2.106E+5
67	C_8H_8	苯乙烯	-2.825E+1	6.159E-1	-4.023E-4	9.935E-8	1.475E+5	2.139E+5
68	C_6H_7N	苯胺	-4.052E+1	6.385E-1	-5.133E-4	1.633E-7	8.692E+4	1.668E+5
69	$C_2H_4O_2$	甲酸甲酯	1.432E+0	2.700E-1	-1.949E-4	5.702E-8	-3.500E+5	-2.974E+5
70	$C_3H_6O_2$	甲酸乙酯	2.467E+1	2.316E-1	-2.120E-5	-5.359E-8	-3.715E+5	—
71	$C_3H_6O_2$	乙酸甲酯	1.655E+1	2.245E-1	-4.342E-5	2.914E-8	-4.097E+5	—
72	$C_4H_8O_2$	乙酸乙酯	7.235E+0	4.072E-1	-2.092E-4	2.855E-8	-4.432E+5	-3.276E+5
73	$C_4H_8O_2$	丙酸甲酯	1.820E+1	3.140E-1	-9.353E-5	-1.828E-8	—	—
74	$C_5H_{10}O_2$	丙酸乙酯	1.985E+1	4.034E-1	-1.437E-4	-7.394E-9	-4.702E+5	-3.237E+5
75	$C_5H_{10}O_2$	丁酸甲酯	—	—	—	—	—	—
76	$C_6H_{12}O_2$	丁酸乙酯	2.151E+1	4.928E-1	-1.933E-4	3.559E-9	—	—
77	C_3H_6O	丙酮	6.301E+0	2.606E-1	-1.253E-4	2.038E-8	-2.177E+5	-1.532E+5
78	C_2H_6O	二甲醚	1.702E+1	1.791E-1	-5.234E-5	-1.918E-9	-1.842E+5	-1.130E+5
79	$C_4H_{10}O$	乙醚	2.142E+1	3.359E-1	-1.035E-4	-9.357E-9	-2.524E+5	-1.224E+5
80	C_5H_5N	吡啶	3.979E+1	4.828E-1	-3.558E-4	1.004E-7	1.403E+5	1.903E+5

续表

序号	分子式	名称	A	B	C	D	ΔH_f^0	ΔG_f^0
81	C_4H_8O	四氢呋喃	1.910E +1	5.162E -1	-4.132E -4	1.454E -7	-1.843E +5	—
82	$C_3H_8O_3$	甘油	8.424E +0	4.442E -1	-3.159E -4	9.378E -8	-5.853E +5	—
83	$C_{10}H_8$	萘	-6.880E +1	8.499E -1	-6.506E -4	1.981E -7	1.511E +5	2.237E +5
84	H_2O	水	3.224E +1	1.924E -3	1.055E -5	-3.596E -9	-2.420E +5	-2.288E +5
85	H_2S	硫化氢	3.194E +1	1.436E -3	2.432E -5	-1.176E -8	-2.018E +4	-3.308E +4
86	H_3N	氨	2.731E +1	2.383E -2	1.707E -5	-1.185E -8	-4.572E +4	-1.616E +4
87	H_2	氢(平衡)	2.714E +1	9.274E -3	-1.381E -5	7.645E -9	0.0	0.0
88	He	氦-3	2.080E +1	—	—	—	0.0	0.0
89	He	氦-4	2.080E +1	—	—	—	0.0	0.0
90	HCl	氯化氢	3.067E +1	-7.201E -3	1.243E -5	-3.898E -9	-9.236E +4	-9.533E +4
91	CO	一氧化碳	3.087E +1	-1.285E -2	2.789E -5	-1.272E -8	-1.106E +5	-1.374E +5
92	CO_2	二氧化碳	1.980E +1	7.344E -2	-5.602E -5	1.715E -8	-3.938E +5	-3.946E +5
93	CS_2	二硫化碳	2.744E +1	8.127E -2	-7.666E -5	2.673E -8	1.171E +5	6.695E +4
94	NO	一氧化氮	2.935E +1	-9.378E -4	9.747E -6	-4.187E -9	9.043E +4	8.675E +4
95	NO_2	二氧化氮	2.423E +1	4.836E -2	-2.081E -5	0.293E -9	3.387E +4	5.200E +4
96	N_2	氮	3.115E +1	-1.357E -2	2.680E -5	-1.168E -8	0.0	0.0
97	Ne	氖	2.080E +1	—	—	—	0.0	0.0
98	O_2	氧	2.811E +1	-3.680E -6	1.746E -5	-1.065E -8	0.0	0.0
99	SO_2	二氧化硫	2.385E +1	6.699E -2	-4.961E -5	1.328E -8	-2.971E +5	-3.004E +5
100	SO_3	三氧化硫	1.921E +1	1.374E -1	-1.176E -4	3.700E -8	-3.960E +5	-3.713E +5

附录Ⅳ 纯物质饱和蒸气压关联式及参数表

方程式 1：$\ln(p^s/p_c) = (1-x)^{-1}(Ax + Bx^{1.5} + Cx^3 + Dx^6)$，$x = 1 - T/T_c$

方程式 2：$\ln p^s = A - B/T + C\ln T + Dp^s/T^2$

方程式 3：$\ln p^s = A - B/T + C$

p^s——蒸气压，bar；

p_c——临界压力，bar；

T_c——临界温度，K；

T——温度，K；

LDEN——液体密度，$g \cdot cm^{-3}$；

TDEN——LDEN 适用的温度，K。

序号	分子式	名称	方程式	A	B	C	D	T_{min}	T_{max}	LDEN	TDEN
1	CH_4	甲烷	1	-6.00435	1.18850	-0.83408	-1.22833	91	T_c	0.425	112
2	C_2H_6	乙烷	1	-6.34307	1.01630	-1.19116	-2.03539	133	T_c	0.548	183
3	C_3H_8	丙烷	1	-6.72219	1.33236	-2.13868	-1.38551	145	T_c	0.582	231
4	C_3H_6	环丙烷	1	-7.98411	4.38160	-5.72309	3.40444	183	T_c	0.563	288
5	C_4H_{10}	正丁烷	1	-6.88709	1.15157	-1.99873	-3.13003	170	T_c	0.579	293
6	C_4H_{10}	异丁烷	1	-6.95579	1.50090	-2.52717	-1.49776	165	T_c	0.557	293
7	C_4H_8	环丁烷	1	-7.40011	2.37997	-3.12269	-0.34310	213	T_c	0.694	293
8	C_5H_{12}	正戊烷	1	-7.28936	1.53679	-3.08367	-1.02456	195	T_c	0.626	293
9	C_5H_{10}	环戊烷	1	-6.51809	0.38442	-1.11706	-4.50275	289	T_c	0.745	293
10	C_6H_{14}	正己烷	1	-7.46765	1.44211	-3.28222	-2.50941	220	T_c	0.659	293
11	C_6H_{12}	环己烷	1	-6.96009	1.31328	-2.75683	-2.45491	293	T_c	0.779	293
12	C_7H_{16}	正庚烷	1	-7.67468	1.37068	-3.53620	-3.20243	240	T_c	0.684	293
13	C_7H_{14}	环庚烷	3	9.1616	3066.05	-56.80	—	330	435	0.810	293
14	C_8H_{18}	正辛烷	1	-7.91211	1.38007	-3.80435	-4.50132	260	T_c	0.703	293

续表

序号	分子式	名称	方程式	A	B	C	D	T_{min}	T_{max}	LDEN	TDEN
15	C_8H_{16}	环辛烷	3	9.1799	3310.62	-63.18	—	367	470	0.834	293
16	C_9H_{20}	正壬烷	1	-8.24480	1.57885	-4.38155	-4.04412	343	T_c	0.718	293
17	$C_{10}H_{22}$	正癸烷	1	-8.56523	1.97756	-5.81971	-0.29982	368	T_c	0.730	293
18	C_2H_4	乙烯	1	-6.32055	1.16819	-1.55935	-1.83552	105	T_c	0.577	163
19	C_3H_6	丙烯	1	-6.64231	1.21857	-1.81005	-2.48212	140	T_c	0.612	223
20	C_3H_4	丙二烯	3	6.5361	1054.72	-77.08	—	174	257	0.658	238
21	C_4H_8	1-丁烯	1	-6.88204	1.27051	-2.26284	-2.61632	170	T_c	0.595	293
22	C_4H_8	2-丁烯(顺式)	1	-6.88706	1.15941	-2.19304	-3.12758	203	T_c	0.621	293
23	C_4H_8	2-丁烯(反式)	2	43.517	4174.56	-5.041	1995.0	240	400	0.604	293
24	C_4H_8	异丁烯	1	-6.95542	1.35673	-2.45222	-1.46110	170	T_c	0.594	293
25	C_5H_{10}	1-戊烯	1	-7.04875	1.17813	-2.45105	-2.21727	190	T_c	0.640	293
26	C_6H_{12}	1-己烯	1	-7.76467	2.29843	-4.44302	0.89947	289	T_c	0.673	293
27	C_7H_{14}	1-庚烯	1	-8.26875	3.02688	-6.18709	4.33049	295	T_c	0.697	293
28	C_8H_{16}	1-辛烯	2	57.867	6883.34	-6.765	5235.0	320	T_c	0.715	293
29	C_9H_{18}	1-壬烯	1	-8.30824	2.03357	-5.42753	0.95331	340	T_c	0.745	273
30	$C_{10}H_{20}$	1-癸烯	1	-9.05778	3.06154	-7.07236	4.20695	360	T_c	0.741	293
31	C_2H_2	乙炔	1	-6.90128	1.26873	-2.09113	-2.75601	192	T_c	0.615	189
32	C_4H_6	1-丁炔	1	-6.29693	2.12358	-6.42124	4.11543	194	T_c	0.650	289
33	C_4H_6	2-丁炔	3	9.6669	2536.78	-37.34	—	240	320	0.691	293
34	C_5H_8	1-戊炔	3	9.4227	2515.62	-45.97	—	230	335	0.690	293

续表

序号	分子式	名称	方程式	A	B	C	D	T_{min}	T_{max}	LDEN	TDEN
35	CH_4O	甲醇	1	-8.54796	0.76982	-3.10850	1.54481	288	T_c	0.791	293
36	C_2H_6O	乙醇	1	-8.51838	0.34163	-5.73683	8.32581	293	T_c	0.789	293
37	$C_2H_6O_2$	乙二醇	3	13.62990	6022.18	-28.25	—	364	494	1.114	293
38	C_3H_8O	正丙醇	1	-8.05594	4.25183E-2	-7.51296	6.89004	260	T_c	0.804	293
39	C_3H_8O	异丙醇	1	-8.16927	-9.43213E-2	-8.10040	7.85000	250	T_c	0.786	293
40	$C_4H_{10}O$	正丁醇	1	-8.00756	0.53783	-9.34240	6.68692	275	T_c	0.810	293
41	$C_5H_{12}O$	1-戊醇	1	-8.97725	2.99791	-12.9596	8.84205	290	T_c	0.815	293
42	$C_6H_{14}O$	1-己醇	3	11.47920	4055.45	-76.49	—	308	430	0.819	293
43	$C_6H_{12}O$	环己醇	1	-8.77758	3.11622	-12.3555	7.50610	367	T_c	0.942	303
44	$C_7H_{16}O$	1-庚醇	3	8.68660	2626.42	-146.6	—	333	449	0.822	293
45	$C_8H_{18}O$	1-辛醇	1	-9.71763	4.22514	-12.9222	-3.59254	325	T_c	0.826	293
46	$C_9H_{20}O$	1-壬醇	3	8.75130	2939.54	-150.1	—	363	487	0.828	293
47	$C_{10}H_{22}O$	1-癸醇	1	-8.62283	1.39315	-8.24774	-19.21149	400	T_c	0.830	293
48	CH_2O	甲醛	1	-7.29343	1.08395	-1.63882	-2.30677	184	T_c	0.815	253
49	C_2H_4O	乙醛	1	-7.04687	0.12142	-2.66037E-2	-5.90300	273	T_c	0.778	293
50	C_3H_6O	丙醛	1	-7.18479	1.00298	-1.49247	-5.13288	235	T_c	0.797	293
51	C_4H_8O	正丁醛	1	-7.01403	0.12265	-0.00073	-8.50911	304	T_c	0.802	293
52	C_4H_8O	异丁醛	1	-7.53679	1.08548	-1.52929	-8.48589	286	T_c	0.789	293
53	$C_5H_{10}O$	戊醛	3	9.54210	3030.200	-58.15	—	277	412	0.810	293
54	CH_2O_2	甲酸	3	10.3680	3599.58	-26.09	—	271	409	1.226	288
55	$C_2H_4O_2$	乙酸	1	-7.83183	5.51929E-4	0.24709	-8.50462	304	T_c	1.049	293

续表

序号	分子式	名称	方程式	A	B	C	D	T_{min}	T_{max}	LDEN	TDEN
56	C_3H_6O	丙醛	1	-7.18479	1.00298	-1.49247	-5.13288	235	T_c	0.797	293
57	$C_4H_6O_4$	丁二酸	—	—	—	—	—	—	—	—	—
58	$C_4H_8O_2$	正丁酸	1	-10.0392	3.15679	-7.72604	5.27630	364	T_c	0.958	293
59	$C_4H_8O_2$	异丁酸	2	76.037	9222.72	-8.986	3863.	320	T_c	0.968	293
60	C_6H_6	苯	1	-6.98273	1.33213	-2.62863	-3.33399	288	T_c	0.885	289
61	C_7H_8	甲苯	1	-7.28607	1.38091	-2.83433	-2.79168	309	T_c	0.867	293
62	C_8H_{10}	乙苯	1	-7.48645	1.45488	-3.37538	-2.23048	330	T_c	0.867	293
63	C_9H_{12}	正丙苯	1	-7.92198	1.97403	-4.27504	-1.28568	346	T_c	0.862	293
64	C_6H_6O	苯酚	1	-8.75550	2.92651	-6.31601	-1.36889	380	T_c	1.059	313
65	C_7H_6O	苯甲醛	1	-7.16527	0.52710	-1.51484	-7.92908	300	T_c	1.045	293
66	$C_7H_6O_2$	苯甲酸	3	10.5432	4190.70	-125.2	—	405	560	1.075	403
67	C_8H_8	苯乙烯	1	-7.15981	1.78861	-5.10359	1.63749	303	T_c	0.906	293
68	C_6H_7N	苯胺	1	-7.65517	0.85386	-2.51602	-5.96795	376	T_c	1.022	293
69	$C_2H_4O_2$	甲酸甲酯	1	-6.99601	0.89328	-2.52294	-3.16636	220	T_c	0.974	293
70	$C_3H_6O_2$	甲酸乙酯	1	-7.16968	1.13188	-3.37309	-3.53058	277	T_c	0.927	289
71	$C_3H_6O_2$	乙酸甲酯	1	-8.05406	2.56375	-5.12994	0.16125	275	T_c	0.934	293
72	$C_4H_8O_2$	乙酸乙酯	1	-7.68521	1.36511	-4.08980	-1.75342	289	T_c	0.901	293
73	$C_4H_8O_2$	丙酸甲酯	1	-8.23756	2.71406	-5.35097	-2.34114	294	T_c	0.915	293
74	$C_5H_{10}O_2$	丙酸乙酯	1	-8.55094	3.10067	-6.99241	3.45112	307	T_c	0.895	289
75	$C_5H_{10}O_2$	丁酸甲酯	1	-7.77600	1.32028	-3.93963	-3.53112	275	T_c	0.898	293
76	$C_6H_{12}O_2$	丁酸乙酯	1	-8.00073	1.34045	-3.99843	-3.74347	290	T_c	0.879	293
77	C_3H_6O	丙酮	1	-7.45514	1.20200	-2.43926	-3.35590	259	T_c	0.790	293
78	C_2H_6O	二甲醚	1	-7.12597	1.81710	-3.10058	-0.91638	194	T_c	0.667	293

续表

序号	分子式	名称	方程式	A	B	C	D	T_{min}	T_{max}	LDEN	TDEN
79	$C_4H_{10}O$	乙醚	1	-7.29916	1.24828	-2.91931	-3.36740	250	T_c	0.713	293
80	C_5H_5N	吡啶	1	-7.07689	1.21511	-2.76681	-2.87472	340	T_c	0.983	293
81	C_4H_8O	四氢呋喃	3	9.4867	2768.38	-46.90	—	270	370	0.889	293
82	$C_3H_8O_3$	甘油	3	10.6190	4487.04	-140.2	—	440	600	1.261	293
83	$C_{10}H_8$	萘	1	-7.85178	2.17172	-3.70504	-4.81238	399	T_c	0.971	363
84	H_2O	水	1	-7.76451	1.45838	-2.77580	-1.23303	275	T_c	0.998	293
85	H_2S	硫化氢	2	36.067	3132.31	-3.985	653.0	205	T_c	0.993	214
86	HN_3	氨	2	45.327	4104.67	-5.146	615.0	220	T_c	0.639	273
87	H_2	氢(平衡)	1	-5.57929	2.60012	-0.85506	1.70503	14	T_c	0.061	20
88	He	氦-3	—	—	—	—	—	—	—	—	—
89	He	氦-4	1	-3.97466	1.00074	1.50056	-0.43020	2	T_c	0.123	4.3
90	HCl	氯化氢	2	31.994	2626.67	-3.443	538.0	180	T_c	1.193	188
91	CO	一氧化碳	1	-6.20798	1.27885	-1.34533	-2.56842	71	T_c	0.803	81
92	CO_2	二氧化碳	1	-6.95626	1.19695	-3.12614	2.99448	217	T_c	—	—
93	CS_2	二硫化碳	1	-6.63896	1.20395	-0.37653	-4.32820	277	T_c	1.293	273
94	NO	一氧化氮	2	54.894	2465.78	-7.211	209.0	115	T_c	1.28	121
95	NO_2	二氧化氮	2	55.242	6073.34	-6.094	780.0	270	T_c	1.45	293
96	N_2	氮	1	-6.09676	1.13670	-1.04072	-1.93306	63	T_c	0.804	78
97	Ne	氖	1	-6.07686	1.59402	-1.06092	4.06656	25	T_c	1.204	27
98	O_2	氧	1	-6.28275	1.73619	-1.81349	-2.53645E-2	54	T_c	1.149	90
99	SO_2	二氧化硫	2	48.882	4552.50	-5.666	990.0	235	T_c	1.455	263
100	SO_3	三氧化硫	2	132.94	10420.1	-17.38	1200.0	300	T_c	1.78	318

附录V　水蒸气热力学性质表[1]

符号说明：

p　压力，kPa（绝）　　U　比内能，$kJ \cdot kg^{-1}$

T　温度，℃　　h　比焓，$kJ \cdot kg^{-1}$

$\overline{V}$　比容，$m^3 \cdot kg^{-1}$　　S　比熵，$kJ \cdot kg^{-1} \cdot K^{-4}$

下标：

f　液气平衡时液相性质

g　汽液平衡时汽相性质

fg　汽化过程性质的变化值

①资料来源：Keenan，P. W. G. Keyes，P. G. Hill，and J. G. Moore：“Steam Table”SI Units，Wiley，NewYork，1978.

V－1　饱和水蒸气表：温度表

T	p	比容		内能			焓			熵		
℃	kPa	$\overline{V}_f$	$\overline{V}_g$	U_f	U_{fg}	U_g	h_f	h_{fg}	h_g	S_f	S_{fg}	S_g
0.01	0.6113	0.001	206.14	0	2375.3	2375.3	0.01	2501.3	2501.4	0	9.1562	9.1562
5	0.8721	0.001	147.12	20.97	2361.3	2382.3	20.98	2489.6	2510.6	0.0761	8.9496	9.0257
10	1.2276	0.001	106.38	42.00	2347.2	2389.2	42.01	2477.7	2519.8	0.1510	8.7498	8.9008
15	1.7051	0.001	77.93	62.99	2333.1	2396.1	62.99	2465.9	2528.9	0.2245	8.5569	8.7814
20	2.339	0.001	57.79	83.95	2319.0	2402.9	83.96	2454.1	2538.1	0.2966	8.3706	8.6672
25	3.169	0.001	43.36	104.88	2304.9	2408.8	104.89	2442.3	2547.2	0.3674	8.1905	8.5580
30	4.246	0.001	32.89	125.78	2290.8	2416.6	125.79	2430.5	2556.3	0.4369	8.0164	8.4533
35	5.628	0.001	25.22	146.67	2276.7	2423.4	146.68	2418.6	2565.3	0.5053	7.8478	8.3531
40	7.384	0.001	19.52	167.56	2262.6	2430.1	167.57	2406.7	2574.3	0.5725	7.6845	8.2570
45	9.593	0.001	15.26	188.44	2248.4	2436.8	188.45	2394.8	2583.2	0.6387	7.5261	8.1648
50	12.349	0.001	12.03	209.32	2234.2	2443.5	209.33	2382.7	2592.1	0.7038	7.3725	8.0763
55	15.758	0.001	9.56	230.21	2219.9	2450.1	230.23	2370.7	2600.9	0.7679	7.2234	7.9913
60	19.940	0.001	7.67	251.11	2205.5	2456.6	251.13	2358.5	2609.6	0.8312	7.0784	7.9096

续表

T ℃	p kPa	比容		内能			焓			熵		
		$\overline{V}_f$	$\overline{V}_g$	U_f	U_{fg}	U_g	h_f	h_{fg}	h_g	S_f	S_{fg}	S_g
65	25.03	0.001	6.197	272.02	2191.1	2463.1	272.06	2345.2	2618.3	0.8935	6.9375	7.831
70	31.19	0.001	5.042	292.95	2176.6	2469.6	292.98	2333.3	2626.8	0.9549	6.8004	7.7553
75	38.58	0.001	4.131	313.9	2162	2475.9	313.93	2321.4	2635.3	1.0155	6.6669	7.6824
80	47.39	0.001	3.407	334.86	2147.4	2482.2	334.91	2308.8	2643.7	1.0753	6.5369	7.6122
85	57.83	0.001	2.828	355.84	2132.6	2488.4	355.9	2296	2651.9	1.1343	6.4102	7.5445
90	70.14	0.001	2.361	376.85	2117.7	2494.5	376.92	2283.2	2660.1	1.1925	6.2866	7.4791
95	84.55	0.001	1.982	397.88	2102.7	2500.6	397.96	2270.2	2668.1	1.25	6.1659	7.4159
100	101.36	0.001	1.6729	418.94	2087.6	2506.5	419.04	2257	2676.1	1.3069	6.048	7.3549
105	120.82	0.001	1.4194	440.02	2072.3	2512.4	440.15	2243.7	2683.8	1.363	5.9328	7.2958
110	143.27	0.001	1.2102	461.14	2057	2518.1	461.8	2230.2	2691.5	1.4185	5.8202	7.2387
115	169.06	0.001	1.0366	482.3	2041.4	2523.7	482.48	2216.5	2699	1.4734	5.71	7.1833
120	198.53	0.001	0.8919	503.5	2025.8	2529.3	503.71	2202.6	2706.3	1.5276	5.602	7.1296
125	232.1	0.001	0.7706	524.74	2009.9	2534.6	524.99	2188.5	2713.5	1.5813	5.4962	7.0775
130	270.1	0.001	0.6685	546.02	1993.9	2539.9	546.31	2174.2	2720.5	1.6344	5.3925	7.0269
135	313	0.001	0.5822	567.35	1977.7	2545	567.69	2159.6	2727.3	1.687	5.2907	6.9777
140	361.3	0.001	0.5089	588.74	1961.3	2550	589.13	2144.7	2733.9	1.7391	5.1908	6.9299
145	415.4	0.001	0.4463	610.18	1944.7	2554.9	610.63	2129.6	2740.3	1.7907	5.0926	6.8833
150	475.8	0.001	0.3928	631.68	1927.9	2559.5	632.2	2114.3	2746.5	1.8418	4.996	6.8379
155	543.1	0.001	0.3468	653.24	1910.8	2564.1	653.84	2098.6	2752.4	1.8925	4.901	6.7935
160	617.8	0.001	0.3071	674.87	1893.5	2568.4	675.55	2082.6	2758.1	1.9427	4.8075	6.7502
165	700.5	0.001	0.2727	696.56	1876	2572.5	697.34	2066.2	2763.5	1.9925	4.7153	6.7078
170	791.7	0.001	0.2428	718.33	1858.1	2576.5	719.21	2049.5	2768.7	2.0419	4.6244	6.6663

续表

T	p	比容		内能			焓			熵		
℃	kPa	$\overline{V}_f$	$\overline{V}_g$	U_f	U_{fg}	U_g	h_f	h_{fg}	h_g	S_f	S_{fg}	S_g
175	892	0.001	0.2168	740.17	1840	2580.2	741.17	2032.4	2773.6	2.0909	4.5347	6.6256
180	1002.1	0.001	0.19405	762.09	1821.6	2583.7	763.22	2015	2778.2	2.1396	4.4461	6.5857
185	1122.7	0.001	0.17409	784.1	1802.9	2587	785.37	1997.1	2782.4	2.1879	4.3586	6.5465
190	1254.4	0.001	0.15654	806.19	1783.8	2590	807.62	1978.8	2786.4	2.2359	4.272	6.5079
195	1397.8	0.001	0.14105	828.37	1764.4	2592.8	829.98	1960	2790	2.2835	4.1863	6.4698
200	1553.8	0.001	0.12736	850.65	1744.7	2595.3	852.45	1940.7	2793.2	2.3309	4.1014	6.4323
210	1906.2	0.001	0.10441	895.53	1703.9	2599.5	987.76	1900.7	2798.5	2.4248	3.9337	6.3585
220	2318	0.001	0.08619	940.87	1661.5	2602.4	943.62	1858.5	2802.1	2.5178	3.7683	6.2861
230	2795	0.001	0.07158	986.74	1617.2	2603.9	990.12	1813.8	2804	2.6099	3.6047	6.2146
240	3344	0.001	0.05976	1033.21	1570.8	2604	1037.32	1766.5	2803.8	2.7015	3.4422	6.1437
250	3973	0.001	0.05013	1080.39	1522	2602.4	1085.36	1716.2	2801.5	2.7927	3.2802	6.073
260	4688	0.001	0.04221	1128.39	1470.6	2599	1134.37	1662.5	2796.9	2.8838	3.1181	6.0019
270	5499	0.001	0.03564	1177.36	1416.3	2593.7	1184.51	1605.2	2789.7	2.9751	2.9551	5.9301
280	6412	0.001	0.03017	1227.36	1358.7	2586.1	1235.99	1543.6	2779.6	3.0668	2.7903	5.8571
290	7436	0.001	0.02557	1278.92	1297.1	2576	1289.07	1477.1	2766.2	3.1594	2.6227	5.7821
300	8581	0.001	0.02167	1332	1231	2563	1344	1404.9	2749	3.2534	2.4511	5.7045
310	9856	0.001	0.01835	1387.1	159.4	2546.4	1401.3	1326	2727.3	3.3493	2.2737	5.623
320	11274	0.001	0.015488	1444.6	1080.9	2525.5	1461.5	1238.6	2700.1	3.448	2.0882	5.5362
330	12845	0.001	0.012996	1505.3	993.7	2498.9	1525.3	1140.6	2665.9	3.5507	1.8909	5.4417
340	14586	0.001	0.010797	1570.3	894.3	2464.6	1594.2	1027.9	2622	3.6594	1.6763	5.3357
350	16513	0.001	0.008813	1641.9	776.6	2418.4	1670.6	893.4	2563.9	3.7777	1.4335	5.2112
360	18651	0.001	0.006945	1725.2	626.3	2351.5	1760.5	720.5	2481	3.9147	1.1379	5.052
370	21030	0.002	0.004925	1844	384.5	2228.5	1890.5	441.6	2332.1	4.1106	0.6865	4.7971
374.14	22090	0.003	0.003155	2029.6	0	2029.6	2099.3	0	2099.3	4.4298	0	4.4298

V－2 饱和水蒸气表:压力表

p kPa	T ℃	比容		内能			焓			熵		
		$\overline{V}_f$	$\overline{V}_g$	U_f	U_{fg}	U_g	h_f	h_{fg}	h_g	S_f	S_{fg}	S_g
0.6113	0.01	0.001	206.14	0	2375.3	2375.3	0.01	2501.3	2501.4	0	9.1562	9.1562
1	6.98	0.001	129.21	29.3	2355.7	2385	29.3	2484.9	2514.2	0.1059	8.8697	8.9756
1.5	13.03	0.001	87.98	54.71	2338.6	2393.3	54.71	2470.6	2525.3	0.1957	8.6322	8.8279
2	17.5	0.001	67	73.48	2326	2399.5	73.48	2460.6	2533.5	0.2607	8.4629	8.7237
2.5	21.08	0.001	54.25	88.48	2315	2404.4	88.49	2451.6	2540	0.312	8.3311	8.6432
3	24.08	0.001	45.67	101.04	2307.5	2408.5	101.05	2444.5	2545.5	0.3545	8.2231	8.5776
4	28.96	0.001	34.8	121.45	2293.7	2415.2	121.46	2432.9	2554.4	0.4226	8.052	8.4746
5	32.88	0.001	28.19	137.81	2282.7	2420.5	137.82	2423.7	2561.5	0.4764	7.9187	8.3951
7.5	40.29	0.001	19.24	168.78	2261.7	2430.5	168.79	2406	2574.8	0.5764	7.675	8.2515
10	45.81	0.001	14.67	191.82	2246.1	2437.9	191.83	2392.8	2584.7	0.6493	7.5009	8.1502
15	53.97	0.001	10.02	225.92	2222.8	2448.7	225.94	2373.1	2599.1	0.7549	7.2536	8.0085
20	60.06	0.001	7.649	251.38	2205.4	2456.7	251.4	2358.3	2609.7	0.832	7.0766	7.9085
25	64.97	0.001	6.204	271.9	2191.2	2463.1	271.93	2346.3	2618.2	0.8931	6.9383	7.8314
30	69.1	0.001	5.229	289.2	2179.2	2468.4	289.23	2336.1	2625.3	0.9439	6.8247	7.7686
40	75.87	0.001	3.993	317.53	2159.5	2477	317.58	2319.2	2636.8	1.0259	6.6441	7.67
50	81.33	0.001	3.24	340.44	2143.4	2483.9	340.49	2305.4	2645.9	1.091	6.5029	7.5939
75	91.78	0.001	2.217	384.31	2112.4	2496.7	384.39	2278.6	2663	1.213	6.2434	7.4564
100	99.63	0.001	1.694	417.36	2088.7	2506.1	417.46	2258	2675.5	1.3026	6.0568	7.3594
125	105.99	0.001	1.3749	444.19	2069.3	2513.5	444.32	2241	2685.4	1.374	5.9104	7.2844
150	111.37	0.001	1.1593	466.94	2052.7	2519.7	467.11	2226.5	2693.6	1.4336	5.7897	7.2233
175	116.06	0.001	1.0036	486.8	2038.1	2524	486.99	2213.6	2700.6	1.4849	5.6868	7.1717
200	120.23	0.001	0.8857	504.49	2025	2529.5	504.7	2201.9	2706.7	1.5301	5.597	7.1271

续表

p kPa	T ℃	比容		内能			焓			熵		
		$\overline{V}_f$	$\overline{V}_g$	U_f	U_{fg}	U_g	h_f	h_{fg}	h_g	S_f	S_{fg}	S_g
225	124	0.001	0.7933	520.47	2013.1	2533.6	520.72	2191.3	2712.1	1.5706	5.5173	7.0878
250	127.44	0.001	0.7187	535.1	2002.1	2537.2	535.37	2181.5	2716.9	1.6072	5.4456	7.0527
275	130.6	0.001	0.6573	548.59	1991.9	2540.5	548.89	2172.4	2721.3	1.6408	5.3801	7.0209
300	133.55	0.001	0.6058	561.15	1982.4	2543.6	561.47	2163.8	2725.3	1.6718	5.3201	6.9919
325	136.3	0.001	0.562	572.9	1973.5	2546.4	573.25	2155.8	2729	1.7006	5.2646	6.9652
350	138.88	0.001	0.5243	583.95	1965	2548.9	584.33	2148.1	2732.4	1.7275	5.213	6.9405
375	141.32	0.001	0.4914	594.4	1956.9	2551.3	594.81	2140.8	2735.6	1.7528	5.1647	6.9175
400	143.63	0.001	0.4625	604.31	1949.3	2553.6	604.74	2133.8	2738.6	1.7766	5.1193	6.8959
450	147.93	0.001	0.414	622.77	1934.9	2557.6	623.25	2120.7	2743.9	1.8207	5.0359	6.8565
500	151.86	0.001	0.3749	639.68	1921.6	2561.2	640.23	2108.5	2748.7	1.8607	4.9606	6.8213
550	155.48	0.01	0.3427	655.32	1909.2	2564.5	655.93	2097	2753	1.8973	4.892	6.7893
600	158.85	0.001	0.3157	669.9	1897.5	2567.4	670.56	2086.3	2756.8	1.9312	4.8288	6.76
650	162.01	0.001	0.2927	683.56	1886.5	2470.1	684.28	2076	2760.3	1.9627	4.7703	6.7331
700	164.97	0.001	0.2729	696.44	1876.1	2572.5	697.22	2066.3	2763.5	1.9922	4.7158	6.708
750	167.78	0.001	0.2556	708.64	1866.1	2574.7	709.47	2057	2766.4	2.02	4.6647	6.6847
800	170.43	0.001	0.2404	720.22	1856.6	2576.8	721.11	2048	2769.1	2.0462	4.6166	6.6628
850	172.96	0.001	0.227	731.27	1847.4	2578.7	732.22	2039.4	2771.6	2.071	4.5711	6.6421
900	175.38	0.001	0.215	741.83	1838.6	2580.5	742.83	2031.1	2773.9	2.0946	4.528	6.6226
950	177.69	0.001	0.2042	751.95	1830.2	2582.1	753.02	2023.1	2776.1	2.1172	4.4869	6.6041
1000	179.91	0.001	0.19444	761.68	1822	2583.6	762.81	2015.3	2778.1	2.1387	4.4478	6.5865
1100	184.09	0.001	0.17753	780.09	1806.3	2586.4	781.34	2000.4	2781.7	2.1792	4.3744	6.5536
1200	187.99	0.001	0.16333	797.29	1791.5	2588.8	798.65	1986.2	2784.8	2.2166	4.3067	6.5233

续表

p kPa	T ℃	比容		内能			焓			熵		
		$\overline{V}_f$	$\overline{V}_g$	U_f	U_{fg}	U_g	h_f	h_{fg}	h_g	S_f	S_{fg}	S_g
1300	191.64	0.001	0.15125	813.44	1777.5	2591	814.93	1972.7	2787.6	2.2515	4.2438	6.4953
1400	195.07	0.001	0.14084	828.7	1764.1	2592.8	830.3	1959.7	2790	2.2842	4.185	6.4693
1500	198.32	0.001	0.13177	843.16	1751.3	2594.5	844.89	1947.3	2792.2	2.315	4.1298	6.4448
1750	205.76	0.001	0.11349	876.46	1721.4	2597.8	878.5	1917.9	2796.4	2.3851	4.0044	6.3896
2000	212.42	0.001	0.09963	906.44	1693.8	2600.3	908.79	1890.7	2799.5	2.4474	3.8935	6.3409
2250	218.45	0.001	0.08875	933.83	1668.2	2602	936.49	1365.2	2801.7	2.5035	3.7937	6.2972
2500	223.99	0.001	0.07998	959.11	1644	2603.1	962.11	1841	2803.1	2.5547	3.7028	6.2575
3000	233.9	0.001	0.06668	1004.78	1599.3	2604.1	1008.42	1795.7	2804.2	2.6457	3.5412	6.1869
3500	2242.6	0.001	0.05707	1045.43	1558.3	2603.7	1049.75	1753.7	2803.4	2.7253	3.4	6.1253
4000	250.4	0.001	0.04978	1082.31	1520	2602.3	1087.31	1714.1	2801.4	2.7964	3.2737	6.0701
5000	263.99	0.001	0.03944	1147.81	1449.3	2597.1	1154.23	1640.1	2794.3	2.9202	3.0532	5.9734
6000	275.64	0.001	0.03244	1205.44	1384.3	2589.7	1213.35	1571	2784.3	3.0267	2.8625	5.8892
7000	285.88	0.001	0.02737	1257.55	1323	2580.5	1267	1505.1	2772.1	3.1211	2.6922	5.8133
8000	295.06	0.001	0.02352	1305.57	1264.2	2569.8	1316.64	1441.3	2758	3.2068	2.5364	5.7432
9000	303.4	0.001	0.02048	1350.51	1207.3	2557.8	1363.26	1378.9	2742.1	3.2858	2.3915	5.6772
10000	311.06	0.001	0.018026	1393.04	1151.4	2544.4	1407.56	1317.1	2724.7	3.3596	2.2544	5.6141
12000	324.75	0.001	0.014263	1473	1040.7	2513.7	1491.3	1193.6	2684.9	3.4962	1.9962	5.4924
14000	336.75	0.001	0.011485	1548.6	928.2	2476.8	1571.1	1066.5	2637.6	3.6232	1.7485	5.3717
16000	347.44	0.001	0.009306	1622.7	809	2431.7	1650.1	930.6	2580.6	3.7461	1.4994	5.2455
18000	357.06	0.001	0.007489	1698.9	675.4	2374.3	1732	777.1	2509.1	3.8715	1.2329	5.1044
20000	365.81	0.002	0.005834	1785.6	507.5	2293	1826.3	583.4	2409.7	4.0139	0.913	4.9269
22000	373.8	0.002	0.003568	1961.9	125.2	2087.1	2022.2	143.4	2165.6	4.311	0.2216	4.5327
22090	274.14	0.003	0.003155	2029.6	0	2029.6	2099.3	0	2099.3	4.4298	0	4.4298

V-3 过热蒸汽表

参数	$\overline{V}$	U	h	S	$\overline{V}$	U	h	S	$\overline{V}$	U	h	S
T,℃	p=10kPa（45.81℃）*				p=50kPa（81.33℃）				p=100kPa（99.63℃）			
饱和	14.674	2437.9	2584.7	8.1502	3.240	2483.9	2645.9	7.5939	1.6940	2506.1	2675.5	7.3594
50	14.869	2443.9	2592.6	8.1749	—	—	—	—	—	—	—	—
100	17.196	2515.5	2687.5	8.4479	3.418	2511.6	2682.5	7.6947	1.6958	2506.7	2676.2	7.3614
150	19.512	2587.9	2783.0	8.6882	3.889	2585.6	2780.1	7.9401	1.9364	2582.8	2776.4	7.6134
200	21.825	2661.3	2879.5	8.9038	4.356	2659.9	2877.7	8.1580	2.172	2658.1	2875.3	7.8343
250	24.136	2736.2	2977.3	9.1002	4.820	2735.0	2976.0	8.3556	2.406	2733.7	2974.3	8.0333
300	26.445	2812.1	3076.5	8.2813	5.284	2811.3	3075.5	8.5373	2.639	2810.4	3074.3	8.2158
400	35.063	2968.9	3279.6	9.6077	6.209	2968.5	3278.9	8.8642	3.103	2967.9	3278.2	8.5435
500	35.679	3132.3	3489.1	9.8978	7.134	3132.0	3488.7	9.1546	3.565	3131.6	3488.1	8.8342
600	40.295	3302.5	3705.4	10.1608	8.057	3302.2	3705.1	9.4178	4.028	3301.9	3704.7	9.0976
700	44.911	3479.6	3928.7	10.4028	8.981	3479.4	3928.5	9.6599	4.490	3479.2	3928.8	9.3398
800	49.526	3663.8	4159.0	10.6281	9.904	3663.6	4158.9	9.8852	4.952	3663.5	4158.6	9.5652
900	54.141	3855.0	4396.4	10.8396	10.828	3854.9	4396.3	10.0967	5.414	3854.8	4396.1	9.7767
1000	58.757	4053.0	4640.6	11.0393	11.751	4052.9	4640.5	10.2964	5.875	4052.8	4640.3	9.9764
1100	63.372	4257.5	4891.2	11.2287	12.674	4257.4	4891.1	10.4859	6.337	4257.3	4891.0	10.1659
1200	67.987	4467.9	5147.8	11.4091	13.597	4467.8	5147.7	10.6662	6.799	4467.7	5147.6	10.3463
1300	72.602	4683.7	5409.7	11.5811	14.521	4683.6	5409.6	10.8382	7.260	4683.5	5409.5	10.5183
	p=200kPa（120.23℃）				p=400kPa（143.63℃）							
饱和	0.8857	2529.5	2706.7	7.1272	0.4625	2553.6	2738.6	6.8959				
150	0.9596	2576.9	2768.8	7.2795	0.4708	2564.5	2752.8	6.9299				
200	1.0803	2654.4	2870.5	7.5066	0.5342	2646.8	2860.5	7.1706				
250	1.1988	2731.2	2971.0	7.7086	0.5951	2726.1	2964.2	7.3789				
300	1.3162	2808.6	3071.8	7.8926	0.6548	2804.8	3066.8	7.5662				
400	1.5493	2966.7	3276.6	8.2218	0.7726	2964.4	3273.4	7.8985				
500	1.7814	3130.8	3487.1	8.5133	0.8893	3129.2	3484.9	8.1913				
600	2.013	3301.4	3704.0	8.7770	1.0055	3300.2	3702.4	8.4558				
700	2.244	3478.8	3927.6	9.0194	1.1215	3477.9	3926.5	8.6987				
800	2.475	3663.1	4158.2	9.2449	1.2372	3662.4	4157.3	8.9244				
900	2.706	3854.5	4395.8	9.4566	1.3529	3853.9	4395.1	9.1362				
1000	2.937	4052.5	4640.0	9.6563	1.4685	4052.0	4639.4	9.3360				
1100	3.168	4257.0	4890.7	9.8458	1.5840	4256.5	4890.2	9.5256				
1200	3.399	4467.5	5147.3	10.0262	1.6996	4467.0	5146.8	9.7060				
1300	3.630	4683.2	5409.3	10.1982	1.8151	4682.8	5408.8	9.8780				
	p=600kPa（158.85℃）				p=800kPa（170.43℃）							
饱和	0.3157	2567.4	2756.8	6.7600	0.2404	2576.8	2769.1	6.6628				
200	0.3520	2638.9	2850.1	6.9665	0.2608	2630.6	2839.3	6.8158				
250	0.3938	2720.9	2957.2	7.1816	0.2931	2715.5	2950.0	7.0384				
300	0.4344	2801.0	3061.6	7.3724	0.3214	2797.2	3056.5	7.2328				
350	0.4742	2881.2	3165.7	7.5464	0.3544	2878.2	3161.7	7.4089				
400	0.5137	2962.1	3270.3	7.7079	0.3843	2959.7	3267.1	7.5716				
500	0.5920	3127.6	3482.8	8.0021	0.4433	3126.0	3480.6	7.8673				
600	0.6697	3299.1	3700.9	8.2674	0.5018	3297.9	3699.4	8.1333				
700	0.7472	3477.0	3925.3	8.5107	0.5601	3476.2	3924.2	8.3770				
800	0.8245	3661.8	4156.5	8.7367	0.6181	3661.1	4155.6	8.6033				
900	0.9017	3853.4	4394.4	8.9486	0.6761	3852.8	4393.7	8.8153				
1000	0.9788	4051.5	4638.8	9.1485	0.7340	4051.0	4638.2	9.0153				
1100	1.0559	4256.1	4889.6	9.3381	0.7919	4255.6	4889.1	9.2050				
1200	1.1330	4466.5	5146.3	9.5185	0.8497	4466.1	5145.9	9.3855				
1300	1.2101	4682.3	5408.3	9.6906	0.9076	4681.8	5407.9	9.5575				
T,℃	p=1000kPa（179.91℃）*				p=1200kPa（187.998℃）				p=1400kPa（195.07℃）			
饱和	0.19444	2583.6	2778.1	6.5865	0.16333	2588.8	2784.8	6.5233	0.14084	2592.8	2790.0	6.4693
200	0.2060	2621.9	2827.9	6.6940	0.16930	2612.8	2815.9	6.5898	0.14302	2603.1	2803.3	6.4975
250	0.2327	2709.9	2942.6	6.9247	1.19234	2704.2	2935.0	6.8294	0.16350	2698.3	2927.2	6.7467
300	0.2579	2793.2	3051.2	7.1229	0.2138	2789.2	3045.8	7.0317	0.18228	2785.2	3040.4	6.9534
350	0.2825	2875.2	3157.7	7.3011	0.2345	2872.2	3153.6	7.2121	0.2003	2869.2	3149.5	7.3160
400	0.3066	2957.3	3263.9	7.4651	0.2548	2954.9	3260.7	7.3774	0.2178	2952.5	3257.5	7.3026
500	0.3541	3124.4	3478.5	7.7622	0.2946	3122.8	3476.3	7.6759	0.2521	3121.1	3474.1	7.6027
600	0.4011	3296.8	3697.9	8.0290	0.3339	3295.6	3696.3	7.9435	0.2860	3294.4	3694.8	7.8710

续表

参数	$\overline{V}$	U	h	S	$\overline{V}$	U	h	S	$\overline{V}$	U	h	S
700	0.4478	3475.3	3923.1	8.2731	0.3729	3474.4	3922.0	8.1881	0.3195	4373.6	3920.8	8.1160
800	0.4943	3660.4	4154.7	8.4996	0.4118	3659.7	4153.8	8.4148	0.3528	3659.0	4153.0	8.3431
900	0.5407	3852.2	4392.9	8.7118	0.4505	3851.6	4392.2	8.6272	0.3861	3851.1	4391.5	8.5556
1000	0.5871	4050.5	4637.6	8.9119	0.4892	4050.0	4637.0	8.8274	0.4192	4049.5	4636.4	8.7559
1100	0.6335	4255.1	4888.6	9.1017	0.5278	4254.6	4888.0	9.0172	0.4524	4254.1	4887.5	8.9457
1200	0.6798	4465.6	5145.4	9.2822	0.5665	4465.1	5144.9	9.1977	0.4855	4464.7	5144.4	9.1262
1300	0.7261	4681.3	5407.4	9.4543	0.6051	4680.9	5407.0	9.3698	0.5186	4680.4	5406.5	9.2984
	p = 1600kPa (201.41℃)				p = 1800kPa (207.15℃)				p = 2000kPa (212.42℃)			
饱和	0.12380	2596.0	2794.0	6.4218	0.11042	2598.4	2797.1	6.3794	0.09963	2600.3	2799.5	6.3409
225	0.13287	2644.7	2857.3	6.5518	0.11673	2636.6	2846.7	6.4808	0.10377	2628.3	2835.8	6.4147
250	0.14184	2692.3	2919.2	6.6732	0.12497	2686.0	2911.0	6.6066	0.11144	2679.6	2902.5	6.5453
300	0.15862	2781.1	3034.8	6.8844	0.14021	2776.9	3029.2	6.8226	0.12547	2772.6	3023.5	6.7664
350	0.17456	2866.1	3145.4	7.0694	0.15457	2863.0	3141.2	7.0100	0.13857	2859.8	3137.0	6.9563
400	0.19005	2950.1	3254.2	7.2374	0.16847	2947.7	3250.9	7.1794	0.15120	2945.2	3247.6	7.1271
500	0.2203	3119.5	3472.0	7.5390	0.19550	3117.9	3469.8	7.4825	0.17568	3116.2	3467.6	7.4317
600	0.2500	3293.3	3693.2	7.8080	0.2220	3292.1	3691.7	7.7523	0.19960	3290.9	3690.1	7.7024
700	0.2794	3472.7	3919.7	8.0535	0.2482	3471.8	3918.5	7.9983	0.2232	3470.9	3917.4	7.9487
800	0.3086	3658.3	4152.1	8.2808	0.2742	3657.6	4151.2	8.2258	0.2467	3657.0	4150.3	8.1765
900	0.3377	3850.5	4390.8	8.4935	0.3001	3849.8	4390.1	8.4386	0.2700	3849.3	4389.4	8.3895
1000	0.3668	4049.0	4635.8	8.6938	0.3260	4048.5	4635.2	8.6391	0.2933	4048.0	4634.6	8.5901
1100	0.3958	4253.7	4887.0	8.8837	0.3518	4253.2	4886.4	8.8290	0.3166	4252.7	4885.9	8.7800
1200	0.4248	4464.2	5143.9	9.0643	0.3776	4463.7	5143.4	9.0096	0.3398	4463.3	5142.9	8.9607
1300	0.4538	4679.9	5406.0	9.2364	0.4034	4679.5	5405.6	9.1818	0.3631	4679.0	5405.1	9.1929
	p = 3000kPa (233.90℃)											
饱和	0.06668	2604.1	2804.2	6.1869								
250	0.07058	2644.0	2855.8	6.2872								
300	0.08114	2750.1	2993.5	6.5390								
350	0.09053	2843.7	3115.3	6.7428								
400	0.09936	2932.8	3230.9	6.9212								
450	0.10787	3020.4	3344.0	7.0834								
500	0.11619	3108.0	3456.5	7.2338								
600	0.13243	3285.0	3682.3	7.5085								
700	0.14838	3466.5	3911.7	7.7571								
800	0.16414	3653.5	4145.9	7.9862								
900	0.17980	3846.5	4385.9	8.1999								
1000	0.19541	4045.4	4631.6	8.4009								
1100	0.21098	4250.3	4883.3	8.5912								
1200	0.22652	4460.9	5140.5	8.7720								
1300	0.24206	4676.6	5402.8	8.9442								
T,℃	p = 4000kPa (250.40℃)				p = 5000kPa (263.99℃)							
饱和	0.04978	2602.3	2801.4	6.0701	0.03944	2597.1	2794.3	5.9734				
275	0.05457	2667.9	2886.2	6.2285	0.04141	2631.3	2838.3	6.0544				
300	0.05884	2725.3	2960.7	6.3615	0.04532	2698.0	2924.5	6.2084				
350	0.06645	2826.7	3092.5	6.5821	0.05194	2808.7	3068.4	6.4493				
400	0.07341	2919.9	3213.6	6.7690	0.05781	2906.6	3195.7	6.6459				
450	0.08002	3010.2	3330.3	6.9363	0.06330	2999.7	3316.2	6.8186				
500	0.08643	3099.5	3445.3	7.0901	0.06857	3091.0	3433.8	6.9759				
600	0.09885	3279.1	3674.4	7.3688	0.07860	3273.0	3666.5	7.2589				
700	0.11095	3462.1	3905.9	7.6198	0.08849	3457.6	3900.1	7.5122				
800	0.12287	3650.0	4141.5	7.8502	0.09811	3646.6	4137.1	7.7440				
900	0.13469	3843.6	4382.3	8.0647	0.10762	3840.7	4378.8	7.9593				
1000	0.14645	4042.9	4628.7	8.2662	0.11707	4040.4	4625.7	8.1612				
1100	0.15817	4248.0	4880.6	8.4567	0.12648	4245.6	4878.0	8.3520				
1200	0.16987	4458.6	5138.1	8.6376	0.13587	4456.3	5135.7	8.5331				
1300	0.18156	4674.3	5400.5	8.8100	0.14526	4672.0	5398.2	8.7055				
	p = 6000kPa (275.64℃)				p = 8000kPa (295.06℃)							
饱和	0.03244	2589.7	2784.3	5.8892	0.02352	2569.8	2758.0	5.7432				
300	0.03616	2667.2	2884.2	6.0674	0.02426	2590.9	2785.0	5.7906				
350	0.04223	2789.6	3043.0	6.3335	0.02995	2747.7	2987.3	6.1301				
400	0.04739	2892.9	3177.2	6.5408	0.03432	2863.8	3138.3	6.3634				

续表

参数	$\overline{V}$	U	h	S	$\overline{V}$	U	h	S
450	0.05211	2988.9	3301.8	6.7193	0.03817	2966.7	3272.0	6.5551
500	0.05665	3082.2	3422.2	6.8803	0.04175	3064.3	3398.3	6.7240
550	0.06101	3174.6	3540.6	7.0288	0.04516	3159.8	3521.0	6.8778
600	0.06525	3266.9	3658.4	7.1677	0.04845	3254.4	3642.0	7.0206
700	0.07352	3453.1	3894.2	7.4234	0.05481	3443.9	3882.4	7.2812
800	0.08160	3643.1	4132.7	7.6566	0.06097	3636.0	4123.8	7.5173
900	0.08958	3837.8	4375.3	7.8727	0.06762	3832.1	4368.3	7.7351
1000	0.09749	4037.8	4622.7	8.0751	0.07301	4032.8	4616.9	7.9384
1100	0.10536	4243.3	4875.4	8.2661	0.07896	4238.6	4870.3	8.1300
1200	0.11321	4454.0	5133.3	8.4474	0.08489	4449.5	5128.5	8.3115
1300	0.12106	4669.6	5396.0	8.6199	0.09080	4665.0	5391.5	8.4812
	$p=10000$kPa（311.06℃）							
饱和	0.018026	2544.4	2724.7	5.6141				
325	0.019861	2610.4	2809.1	5.7568				
350	0.02242	2699.2	2923.4	5.9443				
400	0.02641	2832.4	3096.5	6.2120				
450	0.02975	2943.4	3240.9	6.4190				
500	0.03279	3045.8	3373.7	6.5966				
550	0.03564	3144.6	3500.9	6.7561				
600	0.03837	3241.7	3625.3	6.9029				
700	0.04358	3434.7	3870.5	7.1687				
800	0.04859	3628.9	4114.8	7.4077				
900	0.05349	3826.3	4361.2	7.6272				
1000	0.05832	4027.8	4611.0	7.8315				
1100	0.06312	4234.0	4865.1	8.0237				
1200	0.06789	4444.9	5123.8	8.2055				
1300	0.07265	4460.5	5387.0	8.3783				
T,℃	$p=15000$kPa（342.24℃）*				$p=20000$kPa（365.81℃）			
饱和	0.010337	2455.5	2610.5	5.3098	0.005834	2293.0	2409.7	4.9269
350	0.011470	2520.4	2692.4	5.4421				
400	0.015649	2740.7	2975.5	5.8811	0.009942	2619.3	2818.1	5.5540
450	0.018445	2879.5	3156.2	6.1404	0.012695	2806.2	3060.1	5.9017
500	0.02080	2996.6	3308.6	6.3443	0.014768	2942.9	3238.2	6.1401
550	0.02293	3104.7	3448.6	6.5199	0.016555	3062.4	3393.5	6.3348
600	0.02491	3208.6	3582.3	6.6776	0.018178	3174.0	3537.6	6.5048
650	0.02680	3310.3	3712.3	6.8224	0.019693	3281.4	3675.3	6.6582
700	0.02861	3410.9	3840.1	6.9572	0.02113	3386.4	3809.0	6.7993
800	0.03210	3610.9	4092.4	7.2040	0.02385	3592.7	4069.7	7.0544
900	0.03546	3811.9	4343.8	7.4279	0.02645	3797.5	4326.4	7.2830
1000	0.03875	4015.4	4596.6	7.6348	0.02897	4003.1	4582.5	7.4925
1100	0.04200	4222.6	4852.6	7.8283	0.03145	4211.3	4840.2	7.6874
1200	0.04523	4433.8	5112.3	8.0108	0.03391	4422.8	5101.0	7.8707
1300	0.04845	4649.1	5376.0	8.1840	0.03636	4638.0	5365.1	8.0442
	$p=30000$kPa				$p=4000$kPa			
375	0.0017892	1737.8	1791.5	3.9305	0.0016407	1677.1	1742.8	3.8290
400	0.002790	2067.4	2151.1	4.4728	0.0019077	1854.6	1930.9	4.1135
425	0.005303	2455.1	2614.2	5.1504	0.002532	2096.9	2198.1	4.5029
450	0.006735	2619.3	2821.4	5.4424	0.003693	2365.1	2512.8	4.9459
500	0.008678	2820.7	3081.1	5.7905	0.005622	2678.4	2903.3	5.4700
550	0.010168	2970.3	3275.4	6.0342	0.006984	1677.1	1742.8	3.8290
600	0.011446	3100.5	3443.9	6.2331	0.008094	3022.6	3346.4	6.0114
650	0.012596	3221.0	3598.9	6.4058	0.009063	3158.0	3520.6	6.2054
700	0.013661	3335.5	3745.6	6.5606	0.009941	3283.6	3681.2	6.3750
800	0.015623	3555.5	4024.2	6.8332	0.011523	3517.8	3978.7	6.6662
900	0.017448	3768.5	4291.9	7.0718	0.012962	3739.4	4257.9	6.9150
1000	0.019196	3978.8	4554.7	7.2867	0.014324	3954.6	4627.9	6.9150
1100	0.020903	4189.2	4816.3	7.4845	0.015642	4167.4	4793.1	7.3364
1200	0.022589	4401.3	5079.0	7.6692	0.016940	4380.1	5057.7	7.5224
1300	0.024266	4616.0	5344.0	7.8432	0.018229	4594.3	5323.5	7.6969

续表

参数	$\overline{V}$	U	h	S	$\overline{V}$	U	h	S
	$p=6000$kPa							
375	0.0015028	1609.4	1699.5	3.7174				
400	0.0016335	1745.4	1843.4	3.9318				
425	0.0018165	1892.7	2001.7	4.1626				
450	0.002085	2053.9	2179.0	4.4121				
500	0.002956	2390.6	2567.9	4.9321				
550	0.003956	2658.8	2896.2	5.3441				
600	0.004834	2801.0	3151.2	5.6452				
650	0.005595	3028.8	3364.5	5.8829				
700	0.006272	3177.2	3553.5	6.0824				
800	0.007459	3441.5	3889.1	6.4109				
900	0.008508	3681.0	4191.5	6.6805				
1000	0.009480	3906.4	4475.2	6.9127				
1100	0.010409	4124.1	4748.6	7.1195				
1200	0.011317	4338.2	5017.2	7.3083				
1300	0.012215	4551.4	5284.3	7.4837				

* 在给定压力下的饱和温度。

附录Ⅵ　三次代数方程的求根子程序

```
# include <math. h>
# include <stdio. h>

void equa( double a[4], double z[2])
{
    // SOLVES CUBIC EQUATION:
    // Z = A(0) * X * * 3 + A(1) * X * * 2 + A(2) * X + A(3) =0
    //zmax = z[0],zmin = z[1]
    int i,j,k;
    double zmax,zmin,r[2][3];
    double s,t,b,c,d;
    for (i=1; i<4; i + +)
        a[i] =a[i]/a[0];
    s = a[1]/3.0;
    t = s * a[1];
    b =0.5 * (s * (t/1.5 - a[2]) + a[3]);
    t = (t - a[2])/3.0;
    c = t * t * t;
    d = b * b - c;
    if (d > = 0.0)
    {
        d = (sqrt(d) + fabs(b));
        d = pow(d,1./3.);
        if (d ! = 0.0)
        {
            if (b > 0.0)
                b = -d;
            else
                b = d;
            c = t/b;
        }
        r[1][1] = sqrt(0.75) * (b - c);
        b = b + c;
        r[0][1] = -0.5 * b - s;
        if ((b >0.0 && s < =0.0) || (! (b >0.0 || s < =0.0)))
        {
            r[0][0] = c;
            r[1][0] = -d;
```

```
            r[0][2] =b - s;
            r[1][2] =0.0;
        }
        else
        {
            r[0][0] =b - s;
            r[0][2] =c;
            r[1][0] =0.0;
            r[1][2] = - d;
        }
    }
    else
    {
    if (b ! = 0.0)
        d = atan( sqrt( - d)/fabs(b))/3.0;
    else
        d = atan(1.0)/1.5;
    if (b > = 0.0)
        b = sqrt(t) * ( -2.);
    else
        b = sqrt(t) * 2.;
    c = cos(d) * b;
    t = - sqrt(0.75) * sin(d) * b -0.5 * c;
    d = - t - c - s;
    c = c - s;
    t = t - s;
    if (fabs(c) < = fabs(t))
    {
        r[0][2] =t;
        t = c;
    }
    else
        r[0][2] =c;
    if (fabs(d) < = fabs(t))
    {
        r[0][1] =t;
        t = d;
    }
    else
```

```
        r[0][1] = d;
    r[0][0] = t;
    for (k = 0; k < 3; k++)
        r[1][k] = 0.0;
    }
    zmax = 0.0;
    zmin = 0.0;
    for (k = 0; k < 3; k++)
    {
        if ((r[0][k] > 0.0) && (fabs(r[1][k]) < 1.0e-20))
        {
            zmin = r[0][k];
            zmax = r[0][k];
            break;
        }
    }
    for (j = 0; j < 3; j++)
    {
        if ((fabs(r[1][j]) < 1.0e-25) && (r[0][j] > zmax))
            zmax = r[0][j];
        if ((fabs(r[1][j]) < 1.0e-25) && (r[0][j] > 0.0) && (r[0][j] < zmin))
            zmin = r[0][j];
    }
    z[0] = zmax;
    z[1] = zmin;
    }
```

附录Ⅶ Newton-Raphson 迭代求根法简介

Newton-Raphson 法是一种求取非线性方程根最常用和最有效的方法。对于某个非线性方程：

$$F(x) = 0 \tag{1}$$

用 Newton-Raphson 法求解其根的过程可用图 1 来说明，其中的曲线表示函数 $F(x)$ 和 x 之间的关系，曲线和横轴的交点即为方程(1)的根。如果选定某个初值 x_0，则可以在曲线上找到对应的点$[F(x_0), x_0]$。过该点作切线，与横轴交于点 x_1，我们随后在曲线上得到点$[F(x_1), x_1]$。如果再在该点作切线，又可得到切线和横轴的交点 x_2 和曲线上的点$[F(x_2), x_2]$。如此继续下去，我们可以得到一系列切线及其与横轴的交点。从图 1 中可以看出，这些交点很快逼近曲线和横轴的交点，也就是方程(1)的根。

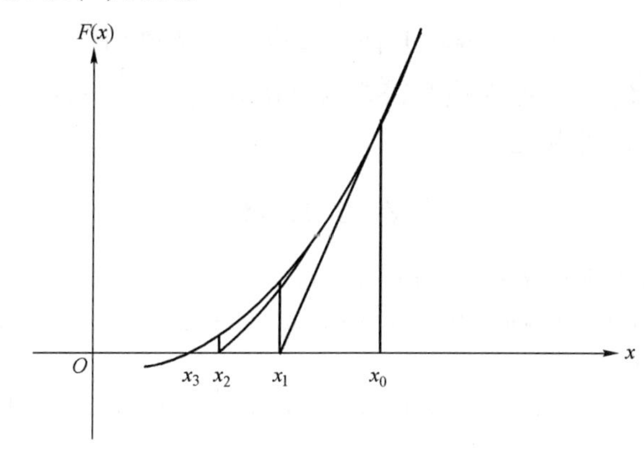

图 1 Newton-Raphson 迭代法原理示意图

上述图解法体现了一种迭代求根的数值方法。过点$[F(x_i), x_i]$的切线方程为

$$y - F(x_i) = F'(x_i)(x - x_i) \tag{2}$$

切线和横轴的交点 x_{i+1} 为

$$x_{i+1} = x_i - \frac{F(x_i)}{F'(x_i)} \tag{3}$$

式(3)就是用 Newton 法迭代求解非线性方程根的迭代方程，收敛的条件为

$$F(x_{i+1}) \to 0 \tag{4}$$

一般情况下，Newton-Raphson 法对初值的要求并不高，但如果遇到明显的凹凸交替的函数，则对初值的要求很高，选择不当，就可能发散。图 2 所示就是一个迭代可能发散的例子。

从图中可以看出，x_2 和 x_1 相比，不是离根更近了，而是离根更远了，这就是发散的特点。如果初值选在 AB 区间，就不会出现发散的问题。

实际工程应用中，常常得不出导数 $F'(x)$ 的解析式，有时甚至连 $F(x)$ 的表达式也没有，如泡点、露点计算和闪蒸计算就是如此。此时可用割线代替切线，式(3)中的斜率 $F'(x)$ 用割线斜率代替：

$$F'(x_i) = \frac{F(x_i) - F(x_{i-1})}{x_i - x_{i-1}} \tag{5}$$

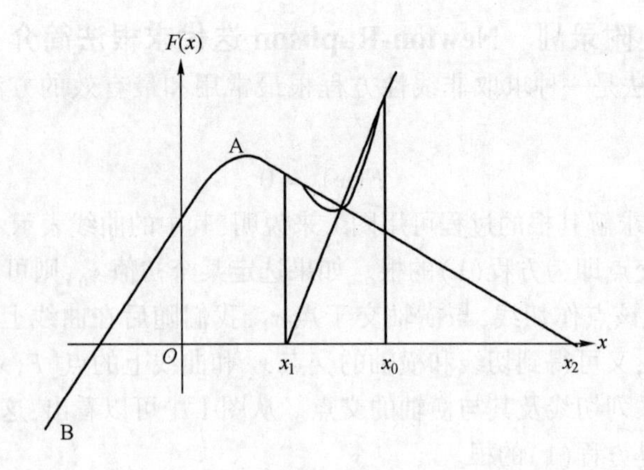

图 2　Newton-Raphson 法迭代求根发散示例

因此,如果采用割线法,开始迭代时需要两个初值:x_0、x_1。注意:x_0、x_1 不要离得太远,以尽量使割线斜率和切线斜率接近。

参 考 文 献

[1] 陈光进,等. 化工热力学. 北京:石油工业出版社,2006.

[2] Smith J M, Yan Ness H C , Abbott M M. Introduction to Chemical Engineering Thermodynamics. 6Th Ed. New York:MoGraw Hill,2002.

[3] Reid R C. Prausnitz J M , Poling B E. The Properties of Gases and Liquids. 4Th Ed. New York: MoGraw-Hill, 1987.

[4] 朱自强,徐汛. 化工热力学. 2 版. 北京:化学工业出版社,1991.

[5] 郭天民. 多元气 – 液平衡和精馏. 北京:石油工业出版社,2002.

[6] 李恪. 化工热力学. 北京:石油工业出版社,1985.

[7] 陈钟秀,顾飞燕. 化工热力学. 北京:化学工业出版社,1993.

[8] 陈新志,蔡振运, 胡望明. 化工热力学. 北京:化学工业出版社,2001.

[9] 涂淑凤,李前谋. 化工热力学. 广州:华南理工大学出版社,1992.